工业和信息化普通高等教育“十二五”规划教材立项项目

线性代数

◎ 朱柘琍 王学蕾 主编

◎ 时彬彬 陈丽珍 张莉 副主编

Linear Algebra

人民邮电出版社

北京

图书在版编目（CIP）数据

线性代数 / 朱柘琍，王学蕾主编. -- 北京 : 人民邮电出版社，2016.8（2021.3重印）
ISBN 978-7-115-42692-5

Ⅰ. ①线… Ⅱ. ①朱… ②王… Ⅲ. ①线性代数 Ⅳ. ①O151.2

中国版本图书馆CIP数据核字(2016)第187560号

内容提要

本书以行列式、矩阵、向量为工具，以线性方程组为核心，强调矩阵初等变换的作用，阐明了线性代数的基本概念、理论和方法。本书立足于学生实际需求编写，取材广泛，内容丰富，突出对数学能力的培养，强化知识的应用，体现数学思想和方法。

本书内容由浅入深、循序渐进，一些结论的证明过程简单明了，便于教师和学生在轻松愉悦的教、学过程中把握线性代数课程的理论与方法。本书在基本内容的基础上还配有丰富实例和知识小结。同时，每节有适量基础习题，每章有综合练习题，可以帮助学生巩固所学内容。本书参考学时为 30～38 学时，可作为高等学校农、林、经济及工科类专业的教材使用。

◆ 主　　编　朱柘琍　王学蕾
副 主 编　时彬彬　陈丽珍　张　莉
责任编辑　吴　婷
责任印制　彭志环
◆ 人民邮电出版社出版发行　　北京市丰台区成寿寺路 11 号
邮编　100164　　电子邮件　315@ptpress.com.cn
网址　http://www.ptpress.com.cn
大厂回族自治县聚鑫印刷有限责任公司印刷
◆ 开本：700×1000　1/16
印张：12　　2016 年 8 月第 1 版
字数：237 千字　　2021 年 3 月河北第14次印刷

定价：29.80 元

读者服务热线：(010) 81055256　印装质量热线：(010) 81055316
反盗版热线：(010) 81055315

前言

Preface

线性代数是高等学校理、工、经、管、农林各专业的一门重要的数学基础课程，用于提供自然科学和工程技术各领域中应用广泛的数学工具。

近年来，大学数学基础课程教学的一个重要且显著的变化就是以学生掌握本课程的基本内容和基本方法为前提适当减少学时，这就需要一本便于学生自学且能有助于他们牢固掌握线性代数基础知识的教材。

本书编者正是以便于少学时教和学为指导思想，在山东农业大学数学基础课多年的教学设计和多次的教学改革实践的基础上，吸收、借鉴我系优秀任课教师和现有多种教材的优点，结合编者多年的教学实践编写而成的。

全书符合教育部《大学数学课程教学基本要求》对本课程的全部要求。

本书内容共分 7 章，包括行列式、矩阵、n 维向量、线性方程组、相似矩阵、二次型、线性空间与线性变换。全书贯穿“以行列式、矩阵、向量为工具，以线性方程组为核心”的基本观点，强调矩阵初等行变换的作用，阐明了线性代数的基本概念、理论和方法。在具体内容的编排上，力求概念的自然导入，内容由浅入深、循序渐进，一些结论的证明过程简单明了。

本书在具体内容的安排上具有以下特点：

一、保持了线性代数的完整性和结构的合理性。

二、概念的引入自然、浅显，是基本思想的自然延伸和推广，便于学生理解和掌握。

三、注重几何背景，建立几何直观，从具体看抽象，将概念形象化以加深理解。

四、强调实际背景，紧密联系实际，服务专业课程。

五、所配习题数量适当，立足于帮助读者掌握基本概念和基本方法，部分习题的编排适当兼顾研究生入学考试的要求，它们有一定难度和技巧，供读者参考。

本书的目标是让教师和学生在轻松愉悦的教、学中把握线性代数课程的理论与方法，分享线性代数的乐趣，帮助学生掌握基本概念和方法，便于在后续相关专业课和以后的实际工作中使用。

本书的参考学时为 30～38 学时，各章的参考学时见下面的学时分配表。

学时分配表

项　目	课程内容	学　时
第 1 章	行列式	4～5
第 2 章	矩阵	8～10
第 3 章	n 维向量	6～8
第 4 章	线性方程组	4～5
第 5 章	相似矩阵	4～5
第 6 章	二次型	4～5
*第 7 章	线性空间与线性变换	
课时总计		30～38

本书标“*”的部分是对大纲内容的拓广与加深，但也是部分专业研究生考试的内容，教师可在教学中做出适当取舍。

本书第 1、4、7 章由王学蕾编写，第 2、5 章由朱柘琍编写，第 3、6 章由时彬彬编写，最后由朱柘琍统一定稿。

我系多位教师均仔细审阅了全书，并提出了许多宝贵意见，学院领导也提供了指导意见。在此对他们的帮助与指导表示感谢。

编　者

2016 年 5 月 12 日

目录

Contents

第1章 行列式

行列式是数学研究中的一个重要工具. 本章在介绍二阶、三阶行列式的基础上，归纳给出一般 n 阶行列式的定义，讨论行列式的基本性质，给出利用行列式求解线性方程组的方法——克莱姆(Cramer)法则.

1.1 二阶与三阶行列式

一、二阶行列式

考虑用消元法求解二元线性方程组

$$\begin{cases} a_{11}x_1 + a_{12}x_2 = b_1, \\ a_{21}x_1 + a_{22}x_2 = b_2. \end{cases} \tag{1.1.1}$$

其中 x_1，x_2 是未知量. 为消去 x_2，用 a_{22} 和 a_{12} 分别乘以两个方程的两端，得

$$\begin{cases} a_{11}a_{22}x_1 + a_{12}a_{22}x_2 = b_1a_{22}, \\ a_{21}a_{12}x_1 + a_{22}a_{12}x_2 = b_2a_{12}. \end{cases}$$

然后两个方程相减，得

$$(a_{11}a_{22} - a_{12}a_{21})x_1 = a_{22}b_1 - a_{12}b_2;$$

同理，消去 x_1，得

$$(a_{11}a_{22} - a_{12}a_{21})x_2 = a_{11}b_2 - a_{21}b_1.$$

当 $a_{11}a_{22}-a_{12}a_{21}\neq 0$ 时，方程组(1.1.1)有唯一的解

$$x_1 = \frac{a_{22}b_1 - a_{12}b_2}{a_{11}a_{22} - a_{12}a_{21}},\quad x_2 = \frac{a_{11}b_2 - a_{21}b_1}{a_{11}a_{22} - a_{12}a_{21}}. \tag{1.1.2}$$

这就是一般二元线性方程组(1.1.1)的求解公式. 为了便于记忆这个公式，我们引进新的记号来表示结果(1.1.2).

定义 1.1.1(二阶行列式)　设有 4 个可以进行加法和乘法运算的元素 a，b，c，d 排成两行两列，引用符号

$$\begin{vmatrix} a & b \\ c & d \end{vmatrix} = ad - bc, \tag{1.1.3}$$

并称之为二阶行列式. 行列式也可简记为 D.

由定义可知：二阶行列式实际上是一个算式，即从左上角到右下角的对角线(主对角线)上两元素相乘之后，减去从右上角到左下角的对角线(副对角线)上两元素的乘积，称之为计算二阶行列式的对角线法则.

注：这里 a，b，c，d 都是数，该行列式的计算结果就是一个数. 例如

$$\begin{vmatrix} 1 & 2 \\ 3 & 4 \end{vmatrix} = 1 \times 4 - 2 \times 3 = -2.$$

按照二阶行列式的定义，式(1.1.2)中 x_1，x_2 的表达式中的分母、分子可分别记为

$$D = \begin{vmatrix} a_{11} & a_{12} \\ a_{21} & a_{22} \end{vmatrix} = a_{11}a_{22} - a_{12}a_{21},$$

$$D_1 = \begin{vmatrix} b_1 & a_{12} \\ b_2 & a_{22} \end{vmatrix} = a_{22}b_1 - a_{12}b_2,$$

$$D_2 = \begin{vmatrix} a_{11} & b_1 \\ a_{21} & b_2 \end{vmatrix} = b_2a_{11} - b_1a_{21}.$$

显然，D_i $(i=1, 2)$ 即为 D 中的第 i 列换成方程组(1.1.1)的常数列所得到的行列式.

于是，当 $D \neq 0$ 时，二元线性方程组(1.1.1)的解可唯一地表示为

$$x_1 = \frac{D_1}{D}, \quad x_2 = \frac{D_2}{D}. \tag{1.1.4}$$

此为求解二元线性方程组的**克莱姆(Cramer)法则**.

记忆方法：

(1)x_1，x_2 的分母相同，其行列式由(1.1.1)中未知量系数按其原有的相对位置排成，称为方程组(1.1.1)的**系数行列式**.

(2)x_1，x_2 的分子不同，分别是把分母行列式中 x_1，x_2 的系数位置换成两个常数项，并保持两数原有的上下相对位置.

例 1.1.1 用二阶行列式求解线性方程组

$$\begin{cases} 3x_1 - 2x_2 = 12, \\ 2x_1 + \ \ x_2 = 1. \end{cases}$$

解 由于 $D = \begin{vmatrix} 3 & -2 \\ 2 & 1 \end{vmatrix} = 7 \neq 0$，且

$$D_1 = \begin{vmatrix} 12 & -2 \\ 1 & 1 \end{vmatrix} = 14, \quad D_2 = \begin{vmatrix} 3 & 12 \\ 2 & 1 \end{vmatrix} = -21.$$

由式(1.1.4)得

$$x_1 = \frac{D_1}{D} = 2, \quad x_2 = \frac{D_2}{D} = -3.$$

二、三阶行列式

同样，利用二阶行列式定义三阶行列式为以下三项的代数和：

定义 1.1.2(三阶行列式) **设有 9 个可以进行加法和乘法运算的元素排成三行三列，引用符号**

$$\begin{vmatrix} a_{11} & a_{12} & a_{13} \\ a_{21} & a_{22} & a_{23} \\ a_{31} & a_{32} & a_{33} \end{vmatrix} = a_{11}\begin{vmatrix} a_{22} & a_{23} \\ a_{32} & a_{33} \end{vmatrix} - a_{12}\begin{vmatrix} a_{21} & a_{23} \\ a_{31} & a_{33} \end{vmatrix} + a_{13}\begin{vmatrix} a_{21} & a_{22} \\ a_{31} & a_{32} \end{vmatrix}, \tag{1.1.5}$$

它的每项是原行列式中第一行的元素与划去该元素所在的行和列后的一个二阶行列式之积，每项的符号为 $(-1)^{1+j}$，其中 j 为该元素所在的列数 $(j=1, 2, 3)$.

例 1.1.2 计算

$$D = \begin{vmatrix} 2 & -1 & 1 \\ 3 & 2 & 1 \\ -1 & 3 & -1 \end{vmatrix}.$$

解 $D=2\times(-1)^{1+1}\begin{vmatrix} 2 & 1 \\ 3 & -1 \end{vmatrix}+(-1)\times(-1)^{1+2}\begin{vmatrix} 3 & 1 \\ -1 & -1 \end{vmatrix}$

$$+1\times(-1)^{1+3}\begin{vmatrix} 3 & 2 \\ -1 & 3 \end{vmatrix}=2\times(-5)+(-3+1)+(9+2)=-1.$$

类似于二元线性方程组的克莱姆法则，对于三元线性方程组

$$\begin{cases} a_{11}x_1+a_{12}x_2+a_{13}x_3=b_1, \\ a_{21}x_1+a_{22}x_2+a_{23}x_3=b_2, \\ a_{31}x_1+a_{32}x_2+a_{33}x_3=b_3. \end{cases} \tag{1.1.6}$$

记

$$D=\begin{vmatrix} a_{11} & a_{12} & a_{13} \\ a_{21} & a_{22} & a_{23} \\ a_{31} & a_{32} & a_{33} \end{vmatrix}, \quad D_1=\begin{vmatrix} b_1 & a_{12} & a_{13} \\ b_2 & a_{22} & a_{23} \\ b_3 & a_{32} & a_{33} \end{vmatrix},$$

$$D_2=\begin{vmatrix} a_{11} & b_1 & a_{13} \\ a_{21} & b_2 & a_{23} \\ a_{31} & b_3 & a_{33} \end{vmatrix}, \quad D_3=\begin{vmatrix} a_{11} & a_{12} & b_1 \\ a_{21} & a_{22} & b_2 \\ a_{31} & a_{32} & b_3 \end{vmatrix},$$

则当 $D\neq 0$ 时，线性方程组(1.1.6)有唯一解

$$x_1=\frac{D_1}{D}, \quad x_2=\frac{D_2}{D}, \quad x_3=\frac{D_3}{D}. \tag{1.1.7}$$

此为求解三元线性方程组的克莱姆(Cramer)法则.

例 1.1.3 用三阶行列式求解线性方程组

$$\begin{cases} 2x_1- x_2+x_3=1, \\ 3x_1+2x_2+x_3=2, \\ -x_1+3x_2-x_3=-1. \end{cases}$$

解 由于 $D=\begin{vmatrix} 2 & -1 & 1 \\ 3 & 2 & 1 \\ -1 & 3 & -1 \end{vmatrix}=-1\neq 0$，且

$$D_1=\begin{vmatrix} 1 & -1 & 1 \\ 2 & 2 & 1 \\ -1 & 3 & -1 \end{vmatrix}=2, \quad D_2=\begin{vmatrix} 2 & 1 & 1 \\ 3 & 2 & 1 \\ -1 & -1 & -1 \end{vmatrix}=-1, \quad D_3=\begin{vmatrix} 2 & -1 & 1 \\ 3 & 2 & 2 \\ -1 & 3 & -1 \end{vmatrix}=-6.$$

由式(1.1.7)得

$$x_1=\frac{D_1}{D}=-2,\ x_2=\frac{D_2}{D}=1,\ x_3=\frac{D_3}{D}=6.$$

可以看出，对于未知量个数等于方程个数的二、三元线性方程组，利用行列式这个工具来求解(如果有解)十分简便，结果也容易记忆. 我们自然想到对未知量个数等于方程个数的 $n(n>3)$ 元线性方程组的求解，是否也有类似的结果? 下一节，我们将用递归的方法给出 n 阶行列式的定义并讨论它们的一般性质和应用.

习题 1-1

1. 计算下列 3 阶行列式.

(1) $\begin{vmatrix} 3 & 6 & 1 \\ 1 & 0 & 5 \\ 3 & 1 & 7 \end{vmatrix}$; (2) $\begin{vmatrix} 3 & 0 & 4 \\ 2 & 3 & 2 \\ 0 & 5 & -1 \end{vmatrix}$;

(3) $\begin{vmatrix} 2 & 0 & 1 \\ 1 & -4 & -1 \\ -1 & 8 & 3 \end{vmatrix}$; (4) $\begin{vmatrix} 3 & 2 & 1 \\ 2 & 3 & 2 \\ 1 & 2 & 3 \end{vmatrix}$.

2. 求解下列线性方程组.

(1) $\begin{cases} x_1+2x_2=3, \\ 2x_1+3x_2=4. \end{cases}$ (2) $\begin{cases} x\cos\theta-y\sin\theta=a, \\ x\sin\theta+y\cos\theta=b. \end{cases}$

(3) $\begin{cases} x_1-2x_2+x_3=-2, \\ 2x_1+x_2-3x_3=1, \\ -x_1+x_2-x_3=0. \end{cases}$ (4) $\begin{cases} 2x_1-x_3=1, \\ 2x_1+4x_2-x_3=1, \\ -x_1+8x_2+3x_3=2. \end{cases}$

1.2 *n* 阶行列式

一、*n* 阶行列式的定义

定义 1.2.1 设有 n^2 个可以进行加法和乘法运算的元素排成 n 行 n 列，引用符号

$$D_n=\begin{vmatrix} a_{11} & a_{12} & \cdots & a_{1n} \\ a_{21} & a_{22} & \cdots & a_{2n} \\ \vdots & \vdots & \ddots & \vdots \\ a_{n1} & a_{n2} & \cdots & a_{nn} \end{vmatrix} \tag{1.2.1}$$

称为 n 阶行列式，它是一个算式，有时也用记号 $|a_{ij}|_{n\times n}$ 表示这个 n 阶行列式. 其中 $a_{ij}(i, j=1, 2, \cdots, n)$ 称为该行列式的元素，其中第一个下标 i 表示该元

素在第 i 行，第二个下标 j 表示该元素在第 j 列. 在本书中，行列式的元素都是数(实数)，这时行列式是一个数值，该数值可归纳定义如下：

当 $n=1$ 时，一阶行列式的值定义为 $D_1=\det(a_{11})=a_{11}$. 当 $n\geqslant 2$ 时，有

$$D_n=a_{11}A_{11}+a_{12}A_{12}+\cdots+a_{1n}A_{1n}=\sum_{j=1}^{n}a_{1j}A_{1j}. \tag{1.2.2}$$

其中
$$A_{ij}=(-1)^{i+j}M_{ij},$$
而
$$M_{ij}=\begin{vmatrix} a_{11} & \cdots & a_{1,j-1} & a_{1,j+1} & \cdots & a_{1,n} \\ \vdots & & \vdots & \vdots & & \vdots \\ a_{i-1,1} & \cdots & a_{i-1,j-1} & a_{i-1,j+1} & \cdots & a_{i-1,n} \\ a_{i+1,1} & \cdots & a_{i+1,j-1} & a_{i+1,j+1} & \cdots & a_{i+1,n} \\ \vdots & & \vdots & \vdots & & \vdots \\ a_{n1} & \cdots & a_{n,j-1} & a_{n,j+1} & \cdots & a_{nn} \end{vmatrix},$$

并称 M_{ij} 为元素 a_{ij} 的余子式，A_{ij} 为元素 a_{ij} 的代数余子式. 显然 M_{ij} 为一个 $n-1$ 阶行列式，它是在 D_n 中划去元素 a_{ij} 所在的第 i 行和第 j 列后得到的一个行列式.

由于 M_{1j} 是划去 D_n 中第一行元素 a_{1j} 所在行与列的元素后得到的余子式($j=1, 2, \cdots, n$)，因而 A_{1j} 为 D_n 的第一行诸元素 a_{1j} 所对应的代数余子式. 按这一规则求行列式的值，我们也称式(1.2.2)为行列式 D_n 按第一行的展开式，即行列式的值等于它的第一行诸元素与其对应的代数余子式乘积之和.

从 n 阶行列式定义容易看出，n 阶行列式的展开式中共有 $n!$ 项，每一项的形式为

$$\pm a_{1i_1}a_{2i_2}\cdots a_{ni_n},$$

其中 $i_1, i_2, \cdots, i_n$ 是 1, 2, …, n 的一种排列.

定义 1.2.1 是基于“余子式”的一种行列式定义，下面介绍与之等价的基于“逆序数”的另一种行列式定义. 先介绍逆序数的概念.

n 个自然数 1, 2, …, n 按一定的次序排成的一个无重复数字的有序数组称为一个 n **级排列**，记为 $i_1i_2\cdots i_n$. 显然，n 级排列共有 $n!$ 个. 其中，排列 $12\cdots n$ 称为**自然排列**. 如果在一个 n 级排列 $i_1i_2\cdots i_n$ 中有 i_s 排在 i_t 的前面，但 $i_s>i_t$，则这一对数与自然排列的顺序相反，我们称这一对数 i_s，i_t 是排列 $i_1i_2\cdots i_n$ 的一个逆序. 一个排列中逆序的总数，称为这个排列的**逆序数**，记为 $\tau(i_1i_2\cdots i_n)$. 于是有

$$\tau(12, \cdots, n)=0,$$

$\tau(i_1i_2\cdots i_n)=$(i_2 前面比 i_2 大的数的个数)$+$(i_3 前面比 i_3 大的数的个数)$+\cdots+$(i_n 前面比 i_n 大的数的个数). 例如，

$$\tau(1432)=3, \tau(3412)=4, \tau(n, n-1, \cdots, 1)=\frac{n(n-1)}{2}.$$

定义 1.2.2 设有 n^2 个可以进行加法和乘法运算的元素排成 n 行 n 列，引用符号

$$D_n=\begin{vmatrix} a_{11} & a_{12} & \cdots & a_{1n} \\ a_{21} & a_{22} & \cdots & a_{2n} \\ \vdots & \vdots & \ddots & \vdots \\ a_{n1} & a_{n2} & \cdots & a_{nn} \end{vmatrix}$$

称为 n 阶行列式，它是一个算式，其结果定义为

$$D=\sum_{i_1 i_2\cdots i_n}(-1)^{\tau(i_1 i_2\cdots i_n)}a_{1i_1}a_{2i_2}\cdots a_{ni_n}. \tag{1.2.3}$$

它是 n! 项的代数和. 这些项是一切可能取自于 D 的不同行与不同列的 n 个元素的乘积 $a_{1i_1}a_{2i_2}\cdots a_{ni_n}$. 项 $a_{1i_1}a_{2i_2}\cdots a_{ni_n}$ 的符号为 $(-1)^{\tau(i_1 i_2\cdots i_n)}$.

可以证明定义 1.2.1 与定义 1.2.2 等价，此处从略. 本书全程采用基于“余子式”的行列式定义.

例 1.2.1 试用行列式的定义，求行列式的值

$$D=\begin{vmatrix} 3 & 0 & 1 & 0 \\ 2 & 0 & 0 & 5 \\ 0 & 1 & 4 & 1 \\ 0 & 2 & 3 & 1 \end{vmatrix}.$$

解 $D=3(-1)^{1+1}\begin{vmatrix} 0 & 0 & 5 \\ 1 & 4 & 1 \\ 2 & 3 & 1 \end{vmatrix}+1(-1)^{1+3}\begin{vmatrix} 2 & 0 & 5 \\ 0 & 1 & 1 \\ 0 & 2 & 1 \end{vmatrix}$

$=15(-1)^{1+3}\begin{vmatrix} 1 & 4 \\ 2 & 3 \end{vmatrix}+2(-1)^{1+1}\begin{vmatrix} 1 & 1 \\ 2 & 1 \end{vmatrix}+5(-1)^{1+3}\begin{vmatrix} 0 & 1 \\ 0 & 2 \end{vmatrix}$

$=-77.$

例 1.2.2 计算 n 阶行列式

$$D=\begin{vmatrix} a_{11} & 0 & \cdots & 0 \\ a_{21} & a_{22} & \cdots & 0 \\ \vdots & \vdots & \ddots & \vdots \\ a_{n1} & a_{n2} & \cdots & a_{nn} \end{vmatrix}.$$

解 连续使用行列式定义，有

$$D=(-1)^{1+1}a_{11}\begin{vmatrix} a_{22} & & 0 \\ \vdots & \ddots & \\ a_{n2} & \cdots & a_{nn} \end{vmatrix}=(-1)^{1+1}a_{11}a_{22}\begin{vmatrix} a_{33} & & 0 \\ \vdots & \ddots & \\ a_{n3} & \cdots & a_{nn} \end{vmatrix}$$

$=\cdots=a_{11}a_{22}\cdots a_{nn}.$

该行列式主对角线上方的元素全为零，称之为**下三角行列式**(主对角线下方的元素全为零的行列式，称为**上三角行列式**).

同理，上三角行列式

$$\begin{vmatrix} a_{11} & a_{12} & \cdots & a_{1n} \\ 0 & a_{22} & \cdots & a_{2n} \\ \vdots & \vdots & \ddots & \vdots \\ 0 & 0 & \cdots & a_{nn} \end{vmatrix} = a_{11}a_{22}\cdots a_{nn}.$$

特别地，主对角线以外元素全为零的行列式(称为**对角行列式**)

$$\begin{vmatrix} a_{11} & & & \\ & a_{22} & & \\ & & \ddots & \\ & & & a_{nn} \end{vmatrix} = a_{11}a_{22}\cdots a_{nn}.$$

同理，可以定义关于副对角线的**对角行列式以及三角行列式**. 利用行列式的定义，关于**副对角线的对角行列式以及上、下三角行列式**，分别有如下结论：

$$\begin{vmatrix} & & & a_{1n} \\ & & a_{2n-1} & \\ & \iddots & & \\ a_{n1} & & & \end{vmatrix} = (-1)^{\frac{n(n-1)}{2}} a_{1n}a_{2n-1}\cdots a_{n1};$$

$$\begin{vmatrix} a_{11} & \cdots & a_{1n-1} & a_{1n} \\ a_{21} & \cdots & a_{2n-1} & \\ \vdots & \iddots & & \\ a_{n1} & & & \end{vmatrix} = (-1)^{\frac{n(n-1)}{2}} a_{1n}a_{2n-1}\cdots a_{n1};$$

$$\begin{vmatrix} & & & a_{1n} \\ & & a_{2n-1} & a_{2n} \\ & \iddots & \vdots & \vdots \\ a_{n1} & \cdots & a_{nn-1} & a_{nn} \end{vmatrix} = (-1)^{\frac{n(n-1)}{2}} a_{1n}a_{2n-1}\cdots a_{n1}.$$

二、n 阶行列式的性质

一般来说，用行列式的定义计算 n 阶行列式是很麻烦的. 为此，需要通过行列式的性质，简化行列式的计算. 先介绍两个基本性质.

首先引入转置行列式的概念.

考虑 n 阶行列式

$$D = \begin{vmatrix} a_{11} & a_{12} & \cdots & a_{1n} \\ a_{21} & a_{22} & \cdots & a_{2n} \\ \vdots & \vdots & \ddots & \vdots \\ a_{n1} & a_{n2} & \cdots & a_{nn} \end{vmatrix},$$

把 D 的行列互换，得到一个新行列式

$$\begin{vmatrix} a_{11} & a_{21} & \cdots & a_{n1} \\ a_{12} & a_{22} & \cdots & a_{n2} \\ \vdots & \vdots & \ddots & \vdots \\ a_{1n} & a_{2n} & \cdots & a_{nn} \end{vmatrix},$$

称为 D 的**转置行列式**，记为 D^{T}. 显然，$(D^{\mathrm{T}})^{\mathrm{T}}=D$.

例如，设 $D=\begin{vmatrix} 1 & 2 & -4 \\ -2 & 2 & 1 \\ -3 & 4 & -2 \end{vmatrix}$，则 $D^{\mathrm{T}}=\begin{vmatrix} 1 & -2 & -3 \\ 2 & 2 & 4 \\ -4 & 1 & -2 \end{vmatrix}$. 易求得 $D=-14$，$D^{\mathrm{T}}=-14$，即 $D=D^{\mathrm{T}}$. 一般地，我们有以下结论.

性质 1　行列式的值与它的转置行列式的值相等.

由性质 1 可知，行列式的行和列具有同等的地位. 因此，行列式的性质凡是对行成立的，对列同样成立，反之亦然.

性质 2　交换行列式的两行(或两列)，行列式改变符号，即

$$D=\begin{vmatrix} a_{11} & a_{12} & \cdots & a_{1n} \\ \vdots & \vdots & \vdots & \vdots \\ a_{i1} & a_{i2} & \cdots & a_{in} \\ \vdots & \vdots & \vdots & \vdots \\ a_{j1} & a_{j2} & \cdots & a_{jn} \\ \vdots & \vdots & \vdots & \vdots \\ a_{n1} & a_{n2} & \cdots & a_{nn} \end{vmatrix},\ D_1=\begin{vmatrix} a_{11} & a_{12} & \cdots & a_{1n} \\ \vdots & \vdots & \vdots & \vdots \\ a_{j1} & a_{j2} & \cdots & a_{jn} \\ \vdots & \vdots & \vdots & \vdots \\ a_{i1} & a_{i2} & \cdots & a_{in} \\ \vdots & \vdots & \vdots & \vdots \\ a_{n1} & a_{n2} & \cdots & a_{nn} \end{vmatrix},$$

则 $D=-D_1$. 其中，行列式 D_1 是由行列式 D 交换其 i、j 两行得到的.

对于二阶、三阶行列式，性质 1、性质 2 可以直接验证；对于 n 阶行列式，可用归纳法证明. 在此证明略.

推论　如果行列式有两行(列)完全相同，则行列式等于零.

证　设行列式 D 的第 i 行和第 j 行相同 $(i\neq j)$. 由性质 2，交换这两行后，行列式改变符号，所以新的行列式值为 $-D$；但另一方面，交换相同的两行，行列式并没有改变，因此 $D=-D$. 即 $D=0$.

性质 3　如果行列式某一行(列)的元素有公因子，则可以将公因子提到行列式外面. 即

$$\begin{vmatrix} a_{11} & a_{12} & \cdots & a_{1n} \\ \vdots & \vdots & \vdots & \vdots \\ ka_{i1} & ka_{i2} & \cdots & ka_{in} \\ \vdots & \vdots & \vdots & \vdots \\ a_{n1} & a_{n2} & \cdots & a_{nn} \end{vmatrix}=k\begin{vmatrix} a_{11} & a_{12} & \cdots & a_{1n} \\ \vdots & \vdots & \vdots & \vdots \\ a_{i1} & a_{i2} & \cdots & a_{in} \\ \vdots & \vdots & \vdots & \vdots \\ a_{n1} & a_{n2} & \cdots & a_{nn} \end{vmatrix}.$$

也可以说，用数 k 乘行列式的某一行(列)，其结果就等于用数 k 去乘这个行列式(证明略).

推论 1 如果行列式有一行(列)元素全为零，则该行列式等于零.

推论 2 如果行列式有两行(列)的对应元素成比例，则这个行列式等于零.

性质 4 如果行列式的某一行(列)元素都可以表示为两项的和，则这个行列式可以表示为两个行列式的和，即

$$\begin{vmatrix} a_{11} & a_{12} & \cdots & a_{1n} \\ \vdots & \vdots & \vdots & \vdots \\ a_{i1}+b_{i1} & a_{i2}+b_{i2} & \cdots & a_{in}+b_{in} \\ \vdots & \vdots & \vdots & \vdots \\ a_{n1} & a_{n2} & \cdots & a_{nn} \end{vmatrix} = \begin{vmatrix} a_{11} & a_{12} & \cdots & a_{1n} \\ \vdots & \vdots & \vdots & \vdots \\ a_{i1} & a_{i2} & \cdots & a_{in} \\ \vdots & \vdots & \vdots & \vdots \\ a_{n1} & a_{n2} & \cdots & a_{nn} \end{vmatrix} + \begin{vmatrix} a_{11} & a_{12} & \cdots & a_{1n} \\ \vdots & \vdots & \vdots & \vdots \\ b_{i1} & b_{i2} & \cdots & b_{in} \\ \vdots & \vdots & \vdots & \vdots \\ a_{n1} & a_{n2} & \cdots & a_{nn} \end{vmatrix}.$$

或者说，若两个 n 阶行列式中除某一行(列)之外，其余 $n-1$ 行(列)对应相同，则两个行列式之和只对该行(列)对应元素相加，其余行(列)保持不变.

性质 5 行列式的第 i 行(列)的元素的 k 倍加到第 j 行(列)的对应元素上，行列式的值不变，即

$$D = \begin{vmatrix} a_{11} & a_{12} & \cdots & a_{1n} \\ \vdots & \vdots & \vdots & \vdots \\ a_{i1} & a_{i2} & \cdots & a_{in} \\ \vdots & \vdots & \vdots & \vdots \\ a_{j1} & a_{j2} & \cdots & a_{jn} \\ \vdots & \vdots & \vdots & \vdots \\ a_{n1} & a_{n2} & \cdots & a_{nn} \end{vmatrix} = \begin{vmatrix} a_{11} & a_{12} & \cdots & a_{1n} \\ \vdots & \vdots & \vdots & \vdots \\ a_{i1} & a_{i2} & \cdots & a_{in} \\ \vdots & \vdots & \vdots & \vdots \\ a_{j1}+ka_{i1} & a_{j2}+ka_{i2} & \cdots & a_{jn}+ka_{in} \\ \vdots & \vdots & \vdots & \vdots \\ a_{n1} & a_{n2} & \cdots & a_{nn} \end{vmatrix}.$$

证 由性质 4，上式右边的行列式可以拆分为两个行列式的和. 对于这两个行列式，运用性质 3 的推论 2，可得结论.

三、行列式的展开式

我们将用下面定理说明，行列式不仅可像降价定义那样按第一行展开，也可以按任一行或列展开.

定理 1.2.1 行列式可按任意一行(列)展开，其展开式为

$$D = a_{i1}A_{i1} + a_{i2}A_{i2} + \cdots + a_{in}A_{in} = \sum_{t=1}^{n} a_{it}A_{it} (i = 1, 2, \cdots, n), \tag{1.2.4}$$

或 $$D = a_{1j}A_{1j} + a_{2j}A_{2j} + \cdots + a_{nj}A_{nj} = \sum_{t=1}^{n} a_{tj}A_{tj} (j = 1, 2, \cdots, n) \tag{1.2.5}$$

称为行列式按行(列)展开法则.

证 将行列式 D 中第 i 行依次与位于它上方的相邻行对换 $i-1$ 次，调到第 1

行，再按降阶定义展开，得

$$D=(-1)^{i-1}\begin{vmatrix} a_{i1} & a_{i2} & \cdots & a_{in} \\ a_{11} & a_{12} & \cdots & a_{1n} \\ \vdots & \vdots & \vdots & \vdots \\ a_{i-1,1} & a_{i-1,2} & \cdots & a_{i-1,n} \\ \vdots & \vdots & \vdots & \vdots \\ a_{n1} & a_{n2} & \cdots & a_{nn} \end{vmatrix}$$

$$=(-1)^{i-1}\sum_{t=1}^{n}(-1)^{1+t}a_{it}M_{it}$$

$$=\sum_{t=1}^{n}(-1)^{i+t}a_{it}M_{it}=\sum_{t=1}^{n}a_{it}A_{it}.$$

定理 1.2.2　行列式的某一行(列)的元素与另外一行(列)对应元素的代数余子式的乘积之和等于零. 即

$$a_{i1}A_{j1}+a_{i2}A_{j2}+\cdots+a_{in}A_{jn}=0(i\neq j), \tag{1.2.6}$$

或

$$a_{1s}A_{1t}+a_{2s}A_{2t}+\cdots+a_{ns}A_{nt}=0(s\neq t). \tag{1.2.7}$$

证　$i\neq j$ 时，有

$$D+\sum_{t=1}^{n}a_{it}A_{jt}=\sum_{t=1}^{n}a_{jt}A_{jt}+\sum_{t=1}^{n}a_{it}A_{jt}=\sum_{t=1}^{n}(a_{jt}+a_{it})A_{jt}.$$

$$=\begin{vmatrix} a_{11} & \cdots & a_{1n} \\ \vdots & \vdots & \vdots \\ a_{j1}+a_{i1} & \cdots & a_{jn}+a_{in} \\ \vdots & \vdots & \vdots \\ a_{n1} & \cdots & a_{nn} \end{vmatrix}=D.$$

所以 $a_{i1}A_{j1}+a_{i2}A_{j2}+\cdots+a_{in}A_{jn}=0(i\neq j)$.

综合定理 1.2.1 和定理 1.2.2，有

$$\sum_{t=1}^{n}a_{it}A_{jt}=\begin{cases}D, & i=j, \\ 0, & i\neq j.\end{cases} \tag{1.2.8}$$

或

$$\sum_{t=1}^{n}a_{ti}A_{tj}=\begin{cases}D, & i=j, \\ 0, & i\neq j.\end{cases} \tag{1.2.9}$$

我们可以利用行列式的上述性质，来简化行列式的计算. 下面将通过一些典型的例题，介绍行列式计算的一些常用方法.

四、*n* 阶行列式的计算

例 1.2.3　计算行列式

$$D=\begin{vmatrix} 2 & 3 & 4 & 5 \\ 5 & 6 & 7 & 8 \\ 1 & 2 & 3 & 4 \\ 6 & 7 & 8 & 9 \end{vmatrix}.$$

解 利用性质 5，第 3 行乘以 -5 和 -6 加到第二行和第四行，得

$$D=\begin{vmatrix}2&3&4&5\\0&-4&-8&-12\\1&2&3&4\\0&-5&-10&-15\end{vmatrix},$$

再利用性质 3，第二行和第四行分别提取公因子 -4 和 -5，有

$$D=(-4)\times(-5)\times\begin{vmatrix}2&3&4&5\\0&1&2&3\\1&2&3&4\\0&1&2&3\end{vmatrix},$$

此时，行列式的第二行和第四行对应位置的元素相同，由性质 2 之推论，$D=0$.

例 1.2.4 计算行列式

$$D=\begin{vmatrix}b&a&a&a\\a&b&a&a\\a&a&b&a\\a&a&a&b\end{vmatrix}.$$

解 可以看出，该行列式每一列四个元素之和都等于 $3a+b$. 连续利用性质 5，将二、三、四行逐一加到第一行上去，有

$$D=\begin{vmatrix}b+3a&b+3a&b+3a&b+3a\\a&b&a&a\\a&a&b&a\\a&a&a&b\end{vmatrix}=(b+3a)\begin{vmatrix}1&1&1&1\\a&b&a&a\\a&a&b&a\\a&a&a&b\end{vmatrix},$$

再把行列式的第一行乘以 $(-a)$ 分别加到其余各行，得

$$D=(b+3a)\begin{vmatrix}1&1&1&1\\0&b-a&0&0\\0&0&b-a&0\\0&0&0&b-a\end{vmatrix}=(b+3a)(b-a)^3.$$

例 1.2.5 证明

$$D=\begin{vmatrix}b_1+c_1&c_1+a_1&a_1+b_1\\b_2+c_2&c_2+a_2&a_2+b_2\\b_3+c_3&c_3+a_3&a_3+b_3\end{vmatrix}=2\begin{vmatrix}a_1&b_1&c_1\\a_2&b_2&c_2\\a_3&b_3&c_3\end{vmatrix}.$$

证 由性质 4，有

$$D=\begin{vmatrix}b_1&c_1+a_1&a_1+b_1\\b_2&c_2+a_2&a_2+b_2\\b_3&c_3+a_3&a_3+b_3\end{vmatrix}+\begin{vmatrix}c_1&c_1+a_1&a_1+b_1\\c_2&c_2+a_2&a_2+b_2\\c_3&c_3+a_3&a_3+b_3\end{vmatrix}=\begin{vmatrix}b_1&c_1+a_1&b_1\\b_2&c_2+a_2&b_2\\b_3&c_3+a_3&b_3\end{vmatrix}$$

$$+\begin{vmatrix} b_1 & c_1+a_1 & a_1 \\ b_2 & c_2+a_2 & a_2 \\ b_3 & c_3+a_3 & a_3 \end{vmatrix}+\begin{vmatrix} c_1 & c_1 & a_1+b_1 \\ c_2 & c_2 & a_2+b_2 \\ c_3 & c_3 & a_3+b_3 \end{vmatrix}+\begin{vmatrix} c_1 & a_1 & a_1+b_1 \\ c_2 & a_2 & a_2+b_2 \\ c_3 & a_3 & a_3+b_3 \end{vmatrix},$$

再由性质 2 及其推论，得

$$D=\begin{vmatrix} b_1 & c_1 & a_1 \\ b_2 & c_2 & a_2 \\ b_3 & c_3 & a_3 \end{vmatrix}+\begin{vmatrix} b_1 & a_1 & a_1 \\ b_2 & a_2 & a_2 \\ b_3 & a_3 & a_3 \end{vmatrix}+\begin{vmatrix} c_1 & a_1 & b_1 \\ c_2 & a_2 & b_2 \\ c_3 & a_3 & b_3 \end{vmatrix}+\begin{vmatrix} c_1 & a_1 & a_1 \\ c_2 & a_2 & a_2 \\ c_3 & a_3 & a_3 \end{vmatrix}$$

$$=2\begin{vmatrix} a_1 & b_1 & c_1 \\ a_2 & b_2 & c_2 \\ a_3 & b_3 & c_3 \end{vmatrix}.$$

例 1.2.6 计算行列式

$$D=\begin{vmatrix} 1 & 0 & -2 & -1 \\ 2 & 1 & -1 & 0 \\ 0 & 2 & 1 & -1 \\ 1 & -1 & 0 & -2 \end{vmatrix}.$$

解 首先，按照行列式的性质 5，将第一行分别乘以 -2，-1 加到第二和第四行，将第一列的元素除 $a_{11}=1$ 以外，都变为 0，得到

$$D=\begin{vmatrix} 1 & 0 & -2 & -1 \\ 0 & 1 & 3 & 2 \\ 0 & 2 & 1 & -1 \\ 0 & -1 & 2 & -1 \end{vmatrix},$$

由性质 2 及其推论，按第一列展开，有

$$D=(-1)^{1+1}\cdot 1\cdot\begin{vmatrix} 1 & 3 & 2 \\ 2 & 1 & -1 \\ -1 & 2 & -1 \end{vmatrix}=20.$$

例 1.2.7 计算行列式

$$D_n=\begin{vmatrix} x & y & 0 & \cdots & 0 & 0 \\ 0 & x & y & \cdots & 0 & 0 \\ \vdots & \vdots & \vdots & \vdots & \vdots & \vdots \\ 0 & 0 & 0 & \cdots & x & y \\ y & 0 & 0 & \cdots & 0 & x \end{vmatrix}\ (n\geqslant 2).$$

解 将行列式按第一列展开得

$$D_n=(-1)^{1+1}x\begin{vmatrix} x & y & 0 & \cdots & 0 & 0 \\ 0 & x & y & \cdots & 0 & 0 \\ \vdots & \vdots & \vdots & \vdots & \vdots & \vdots \\ 0 & 0 & 0 & \cdots & x & y \\ 0 & 0 & 0 & \cdots & 0 & x \end{vmatrix}+(-1)^{n+1}y\begin{vmatrix} y & 0 & 0 & \cdots & 0 & 0 \\ x & y & 0 & \cdots & 0 & 0 \\ \vdots & \vdots & \vdots & \vdots & \vdots & \vdots \\ 0 & 0 & 0 & \cdots & y & 0 \\ 0 & 0 & 0 & \cdots & x & y \end{vmatrix},$$

上面两个行列式分别为 $n-1$ 阶上三角行列式和 $n-1$ 阶下三角行列式，故

$$D_n=x\cdot x^{n-1}+(-1)^{n+1}y\cdot y^{n-1}=x^n+(-1)^{n+1}y^n.$$

例 1.2.8 计算行列式

$$D_n=\begin{vmatrix} a_1 & -1 & 0 & \cdots & 0 & 0 \\ a_2 & x & -1 & \cdots & 0 & 0 \\ a_3 & 0 & x & \cdots & 0 & 0 \\ \vdots & \vdots & \vdots & \ddots & \vdots & \vdots \\ a_{n-1} & 0 & 0 & \cdots & x & -1 \\ a_n & 0 & 0 & \cdots & 0 & x \end{vmatrix}.$$

解 行列式按第 n 行展开，有

$$D_n=xD_{n-1}+(-1)^{n+1}\cdot a_n\cdot(-1)^{n-1}=xD_{n-1}+a_n,$$

从而，递推得到

$$D_{n-1}=xD_{n-2}+(-1)^n\cdot a_{n-1}\cdot(-1)^{n-2}=xD_{n-2}+a_{n-1},$$

$$D_{n-2}=xD_{n-3}+a_{n-2},$$

……

$$D_2=a_1x+a_2.$$

从而

$$D_n=a_1x^{n-1}+a_2x^{n-2}+\cdots+a_{n-1}x+a_n.$$

例 1.2.9 证明 n 阶范德蒙(Vandermonde)行列式

$$D_n=\begin{vmatrix} 1 & 1 & 1 & \cdots & 1 \\ a_1 & a_2 & a_3 & \cdots & a_n \\ a_1^2 & a_2^2 & a_3^2 & \cdots & a_n^2 \\ \vdots & \vdots & \vdots & \ddots & \vdots \\ a_1^{n-1} & a_2^{n-1} & a_3^{n-1} & \cdots & a_n^{n-1} \end{vmatrix}=\prod_{1\leqslant j<i\leqslant n}(a_i-a_j).$$

其中，“Π”是连乘积符号，$\prod\limits_{1\leqslant j<i\leqslant n}(a_i-a_j)$ 表示对所有满足 $1\leqslant j<i\leqslant n$ 的项 (a_i-a_j) 的连乘积，即

$$\begin{aligned} D_n=\prod_{1\leqslant j<i\leqslant n}(a_i-a_j)=&(a_n-a_1)(a_{n-1}-a_1)\cdots(a_2-a_1)\\ &\cdot(a_n-a_2)(a_{n-1}-a_2)\cdots(a_3-a_2)\\ &\cdots\cdots\\ &\cdot(a_n-a_{n-2})(a_{n-1}-a_{n-2})\\ &\cdot(a_n-a_{n-1}). \end{aligned}$$

证 用数学归纳法证明.

当 $n=2$ 时，$D_2=\begin{vmatrix} 1 & 1 \\ a_1 & a_2 \end{vmatrix}=a_2-a_1$，结论成立；

假设结论对 $n-1$ 阶行列式成立，下面证明对于 n 阶行列式也成立.

从 D_n 的最后一行开始，自下而上，依次将上一行的 $(-a_1)$ 倍加到下一行，得

$$D_n=\begin{vmatrix}1 & 1 & 1 & \cdots & 1\\ 0 & a_2-a_1 & (a_3-a_1) & \cdots & (a_n-a_1)\\ 0 & a_2(a_2-a_1) & a_3(a_3-a_1) & \cdots & a_n(a_n-a_1)\\ \vdots & \vdots & \vdots & \ddots & \vdots\\ 0 & a_2^{n-2}(a_2-a_1) & a_3^{n-2}(a_3-a_1) & \cdots & a_n^{n-2}(a_n-a_1)\end{vmatrix},$$

再按第一列展开，得

$$D_n=\begin{vmatrix}a_2-a_1 & (a_3-a_1) & \cdots & (a_n-a_1)\\ a_2(a_2-a_1) & a_3(a_3-a_1) & \cdots & a_n(a_n-a_1)\\ \vdots & \vdots & \ddots & \vdots\\ a_2^{n-2}(a_2-a_1) & a_3^{n-2}(a_3-a_1) & \cdots & a_n^{n-2}(a_n-a_1)\end{vmatrix}$$

$$=(a_2-a_1)(a_3-a_1)\cdots(a_n-a_1)\begin{vmatrix}1 & 1 & \cdots & 1\\ a_2 & a_3 & \cdots & a_n\\ \vdots & \vdots & \ddots & \vdots\\ a_2^{n-2} & a_3^{n-2} & \cdots & a_n^{n-2}\end{vmatrix}.$$

上式的右端是 $n-1$ 阶范德蒙行列式，由归纳假定，得

$$D_n=(a_n-a_1)(a_{n-1}-a_1)\cdots(a_2-a_1)\cdot\prod_{2\leqslant j<i\leqslant n}(a_i-a_j)=\prod_{1\leqslant j<i\leqslant n}(a_i-a_j).$$

习题 1-2

1. 用定义计算行列式.

(1) $\begin{vmatrix}-1 & 2 & 3 & 3\\ 1 & 0 & 0 & 0\\ 6 & 0 & 0 & 0\\ 9 & 2 & 6 & 5\end{vmatrix}$；　　(2) $\begin{vmatrix} & & & a_{1n}\\ & & a_{2n-1} & \\ & \iddots & & \\ a_{n1} & & & \end{vmatrix}$.

2. 下列每个等式描述了行列式的一个性质，说出这些性质.

(1) $\begin{vmatrix}0 & 5 & -2\\ 1 & -3 & 6\\ 4 & -1 & 8\end{vmatrix}=-\begin{vmatrix}1 & -3 & 6\\ 0 & 5 & -2\\ 4 & -1 & 8\end{vmatrix}$；

(2) $\begin{vmatrix}2 & 6 & -2\\ 3 & -3 & 5\\ 2 & -1 & 7\end{vmatrix}=2\begin{vmatrix}1 & 3 & -1\\ 3 & -3 & 5\\ 2 & -1 & 7\end{vmatrix}$；

(3) $\begin{vmatrix}1 & 3 & -4\\ 2 & 0 & -3\\ 4 & 1 & 7\end{vmatrix}=\begin{vmatrix}1 & 3 & -4\\ 0 & -6 & 5\\ 4 & 1 & 7\end{vmatrix}$；

(4) $\begin{vmatrix} 1 & 6 & 5 \\ 0 & 4 & 4 \\ 2 & 0 & 7 \end{vmatrix} = \begin{vmatrix} 1 & 6 & 5 \\ 0 & 4 & 4 \\ 0 & 0 & 7 \end{vmatrix} + \begin{vmatrix} 0 & 6 & 5 \\ 0 & 4 & 4 \\ 2 & 0 & 7 \end{vmatrix}$.

3. 计算下面行列式，其中 $\begin{vmatrix} a & b & c \\ d & e & f \\ g & h & i \end{vmatrix} = 7$.

(1) $\begin{vmatrix} a & b & c \\ d & e & f \\ 5g & 5h & 5i \end{vmatrix}$；(2) $\begin{vmatrix} g & h & i \\ d & e & f \\ a & b & c \end{vmatrix}$；(3) $\begin{vmatrix} 2a+d & 2b+e & 2c+f \\ d & e & f \\ g & h & i \end{vmatrix}$.

4. 利用行列式的性质化下列行列式为上三角形行列式.

(1) $\begin{vmatrix} 1 & 3 & 5 \\ 2 & 1 & 1 \\ 3 & 4 & 2 \end{vmatrix}$；

(2) $\begin{vmatrix} 2 & 0 & 1 \\ 1 & -4 & -1 \\ -1 & 8 & 3 \end{vmatrix}$；

(3) $\begin{vmatrix} 1 & 2 & 0 & 1 \\ 1 & 3 & 5 & 0 \\ 0 & 1 & 5 & 6 \\ 1 & 2 & 3 & 4 \end{vmatrix}$；

(4) $\begin{vmatrix} 1 & 1 & 1 & 1 \\ 1 & 2 & 3 & 4 \\ 1 & 3 & 6 & 10 \\ 1 & 4 & 10 & 20 \end{vmatrix}$.

5. 利用展开定理按第一列计算行列式(1)(2)，选择计算量最小的行或列进行展开计算(3)(4).

(1) $\begin{vmatrix} 0 & 5 & 1 \\ 4 & -3 & 0 \\ 2 & 4 & 1 \end{vmatrix}$；

(2) $\begin{vmatrix} a & 1 & 0 & 0 \\ -1 & b & 1 & 0 \\ 0 & -1 & c & 1 \\ 0 & 0 & -1 & d \end{vmatrix}$；

(3) $\begin{vmatrix} 6 & 0 & 0 & 5 \\ 1 & 7 & 2 & -5 \\ 2 & 0 & 0 & 0 \\ 8 & 3 & 1 & 8 \end{vmatrix}$；

(4) $\begin{vmatrix} 1 & -2 & 5 & 2 \\ 0 & 0 & 3 & 0 \\ 2 & -6 & -7 & 5 \\ 5 & 0 & 4 & 4 \end{vmatrix}$.

6. 计算行列式.

(1) $\begin{vmatrix} 1 & 1 & 1 & 1 \\ 1 & -1 & 1 & 1 \\ 1 & 1 & -1 & 1 \\ 1 & 1 & 1 & -1 \end{vmatrix}$；

(2) $\begin{vmatrix} 1 & 3 & 2 & 4 \\ 2 & 1 & 3 & 1 \\ 3 & 2 & 1 & 4 \\ 2 & 1 & 0 & 1 \end{vmatrix}$；

(3) $\begin{vmatrix} 1 & 2 & -3 & -4 \\ -1 & -2 & 5 & -8 \\ 0 & -1 & 2 & -1 \\ 1 & 3 & -5 & 10 \end{vmatrix}$；

(4) $\begin{vmatrix} 1+a & b & c \\ a & 1+b & c \\ a & b & 1+c \end{vmatrix}$；

(5) $\begin{vmatrix} a & b & c & d \\ a & d & c & b \\ c & d & a & b \\ c & b & a & d \end{vmatrix}$；　　(6) $\begin{vmatrix} a & b & a+b \\ b & a+b & a \\ a+b & a & b \end{vmatrix}$.

1.3　克莱姆(Cramer)法则

本章第一节引入了利用二阶和三阶行列式求解二元、三元线性方程组的克莱姆法则. 本节将利用 n 阶行列式的性质，给出求解 n 个未知量、n 个方程的线性方程组的克莱姆法则.

设 n 个未知量、n 个方程的线性方程组为

$$\begin{cases} a_{11}x_1+a_{12}x_2+\cdots+a_{1n}x_n=b_1, \\ a_{21}x_1+a_{22}x_2+\cdots+a_{2n}x_n=b_2, \\ \cdots\cdots \\ a_{n1}x_1+a_{n2}x_2+\cdots+a_{nn}x_n=b_n. \end{cases} \tag{1.3.1}$$

其系数行列式

$$D=\begin{vmatrix} a_{11} & a_{12} & \cdots & a_{1n} \\ a_{21} & a_{22} & \cdots & a_{2n} \\ \vdots & \vdots & \ddots & \vdots \\ a_{n1} & a_{n2} & \cdots & a_{nn} \end{vmatrix}.$$

下面讨论方程组(1.3.1)的求解问题.

为消去方程组(1.3.1)中的 x_2，x_3，…，x_n 解出 x_1，用 D 的第一列元素的代数余子式 A_{11}，A_{21}，…，A_{n1} 分别乘以方程组(1.3.1)的第 1，第 2，…，第 n 个方程，得

$$\begin{cases} a_{11}A_{11}x_1+a_{12}A_{11}x_2+\cdots+a_{1n}A_{11}x_n=b_1A_{11}, \\ a_{21}A_{21}x_1+a_{22}A_{21}x_2+\cdots+a_{2n}A_{21}x_n=b_2A_{21}, \\ \cdots\cdots \\ a_{n1}A_{n1}x_1+a_{n2}A_{n1}x_2+\cdots+a_{nn}A_{n1}x_n=b_nA_{n1}. \end{cases}$$

再将上面 n 个方程的左右两端分别相加，由式(1.2.5)，有

$$\left(\sum_{i=1}^{n}a_{i1}A_{i1}\right)x_1=\sum_{i=1}^{n}b_iA_{i1},$$

即 $Dx_1=\sum_{i=1}^{n}b_iA_{i1}$.

同理可用 D 的第 $j(j=2, 3, \cdots, n)$ 列元素的代数余子式 A_{1j}，A_{2j}，…，A_{nj} 依次乘方程(1.3.1)的每一个方程，得

$$Dx_2=\sum_{i=1}^{n}b_iA_{i2},\ Dx_3=\sum_{i=1}^{n}b_iA_{i3},\ \cdots,\ Dx_n=\sum_{i=1}^{n}b_iA_{in}.$$

记行列式

$$D_j=\sum_{i=1}^{n}b_iA_{ij}=\begin{vmatrix} a_{11} & \cdots & a_{1j-1} & b_1 & a_{1j+1} & \cdots & a_{1n} \\ a_{21} & \cdots & a_{2j-1} & b_2 & a_{2j+1} & \cdots & a_{2n} \\ \vdots & \vdots & \vdots & \vdots & \vdots & \vdots & \vdots \\ a_{n1} & \cdots & a_{nj-1} & b_n & a_{nj+1} & \cdots & a_{nn} \end{vmatrix}, \tag{1.3.2}$$

D_j 是把系数行列式 D 的第 $j(j=1, 2, 3, \cdots, n)$ 列换为方程组(1.3.1)的常数列 $b_1, b_2, \cdots, b_n$ 所得到的行列式. 显然，当 $D\neq 0$ 时，方程组(1.3.1)有唯一解

$$x_1=\frac{D_1}{D},\ x_2=\frac{D_2}{D},\ \cdots,\ x_n=\frac{D_n}{D}.$$

定理 1.3.1(克莱姆(Cramer)法则)　含有 n 个未知量、n 个方程的线性方程组(1.3.1)，当其系数行列式 $D\neq 0$ 时，有且仅有一个解

$$x_1=\frac{D_1}{D},\ x_2=\frac{D_2}{D},\ \cdots,\ x_n=\frac{D_n}{D}. \tag{1.3.3}$$

其中，D_j 是把系数行列式 D 的第 j 列换为方程组的常数列 $b_1, b_2, \cdots, b_n$ 所得到的 n 阶行列式 $(j=1, 2, 3, \cdots, n)$.

例 1.3.1　解线性方程组

$$\begin{cases} x_1-x_2+2x_4=-5, \\ 3x_1+2x_2-x_3-2x_4=6, \\ 4x_1+3x_2-x_3-x_4=0, \\ 2x_1-x_3=0. \end{cases}$$

解　方程组的系数行列式

$$D=\begin{vmatrix} 1 & -1 & 0 & 2 \\ 3 & 2 & -1 & -2 \\ 4 & 3 & -1 & -1 \\ 2 & 0 & -1 & 0 \end{vmatrix}=5\neq 0,$$

故方程组有唯一解. 而

$$D_1=\begin{vmatrix} -5 & -1 & 0 & 2 \\ 6 & 2 & -1 & -2 \\ 0 & 3 & -1 & -1 \\ 0 & 0 & -1 & 0 \end{vmatrix}=10,\ D_2=\begin{vmatrix} 1 & -5 & 0 & 2 \\ 3 & 6 & -1 & -2 \\ 4 & 0 & -1 & -1 \\ 2 & 0 & -1 & 0 \end{vmatrix}=-15,$$

$$D_3=\begin{vmatrix} 1 & -1 & -5 & 2 \\ 3 & 2 & 6 & -2 \\ 4 & 3 & 0 & -1 \\ 2 & 0 & 0 & 0 \end{vmatrix}=20,\quad D_4=\begin{vmatrix} 1 & -1 & 0 & -5 \\ 3 & 2 & -1 & 6 \\ 4 & 3 & -1 & 0 \\ 2 & 0 & -1 & 0 \end{vmatrix}=-25,$$

所以方程组的解为

$$x_1=\frac{D_1}{D}=2,\ x_2=\frac{D_2}{D}=-3,\ x_3=\frac{D_3}{D}=4,\ x_4=\frac{D_4}{D}=-5.$$

如果方程组(1.3.1)的常数项全都为零，即

$$\begin{cases}a_{11}x_1+a_{12}x_2+\cdots+a_{1n}x_n=0,\\ a_{21}x_1+a_{22}x_2+\cdots+a_{2n}x_n=0,\\ \cdots\cdots\\ a_{n1}x_1+a_{n2}x_2+\cdots+a_{nn}x_n=0.\end{cases}\tag{1.3.4}$$

方程组(1.3.4)称为**齐次线性方程组**. 而方程组(1.3.1)称为**非齐次线性方程组**.

方程组(1.3.4)的系数行列式 $D\neq 0$ 时，显然，$x_1=x_2=\cdots=x_n=0$ 一定是齐次线性方程组的解，并且是唯一的一组零解. 因此，若方程组(1.3.4)具有非零解，必须 $D=0$，即有如下定理：

定理 1.3.2　含有 n 个未知量、n 个方程的齐次线性方程组(1.3.4)若有非零解，则它的系数行列式 $D=0$.

该定理说明系数行列式 $D=0$ 是齐次线性方程组(1.3.4)有非零解的必要条件. 在第四章中还将证明 $D=0$ 是齐次线性方程组(1.3.4)有非零解的充分条件.

例 1.3.2　问当 λ 为何值时，齐次线性方程组

$$\begin{cases}\lambda x_1+x_2+2x_3=0,\\ x_1+\lambda x_2-x_3=0,\\ \lambda x_3=0.\end{cases}$$

只有零解？

解　方程组的系数行列式

$$D=\begin{vmatrix}\lambda & 1 & 2\\ 1 & \lambda & -1\\ 0 & 0 & \lambda\end{vmatrix}=\lambda(\lambda^2-1).$$

当 $\lambda\neq 0$，$\lambda\neq\pm 1$ 时，方程组只有零解.

克莱姆法则只能在 $D\neq 0$ 时应用. $D=0$ 的情况将在第四章讨论.

习题 1－3

1. 用克莱姆法则求解下列线性方程组.

(1) $\begin{cases}x+y-2z=-3\\ 5x-2y+7z=22\\ 2x-5y+4z=4\end{cases}$；　　(2) $\begin{cases}2x_1+x_2-5x_3+x_4=8\\ x_1-3x_2-6x_4=9\\ 2x_2-x_3+2x_4=-5\\ x_1+4x_2-7x_3+6x_4=0\end{cases}$.

本章小结

一、行列式的定义

$$D_n=\begin{vmatrix} a_{11} & a_{12} & \cdots & a_{1n} \\ a_{21} & a_{22} & \cdots & a_{2n} \\ \vdots & \vdots & \ddots & \vdots \\ a_{n1} & a_{n2} & \cdots & a_{nn} \end{vmatrix}=a_{11}A_{11}+a_{12}A_{12}+\cdots+a_{1n}A_{1n}=\sum_{j=1}^{n}a_{1j}A_{1j}.$$

二、行列式的性质

(1) 行列式与它的转置行列式相等.

(2) 交换行列式的两行(或两列)，行列式改变符号.

(3) 如果行列式某一行(列)的元素有公因子，则可以将公因子提到行列式外面.

(4) 如果行列式的某一行(列)元素都可以表示为两项的和，则这个行列式可以表示为两个行列式的和.

(5) 行列式的第 i 行(列)元素的 k 倍加到第 j 行(列)的对应元素上，行列式的值不变.

(6) 行列式按行(列)展开法则

$$D=a_{i1}A_{i1}+a_{i2}A_{i2}+\cdots+a_{in}A_{in}=\sum_{t=1}^{n}a_{it}A_{it}\ (i=1,\ 2,\ \cdots,\ n),$$

或 $$D=a_{1j}A_{1j}+a_{2j}A_{2j}+\cdots+a_{nj}A_{nj}=\sum_{t=1}^{n}a_{tj}A_{tj}\ (j=1,\ 2,\ \cdots,\ n).$$

计算行列式时，常常用到性质(2)、(3)、(5). 性质(2)互换行(列)的位置，是配合性质(5)的应用，要注意只要两行(列)互换一次，行列式符号变一次；性质(3)是说把行(列)的公因子提出来，主要应用在把大数化小或把分数变整数便于计算.

三、克莱姆(Cramer)法则

对于有 n 个未知量、n 个方程的线性方程组

$$\begin{cases} a_{11}x_1+a_{12}x_2+\cdots+a_{1n}x_n=b_1, \\ a_{21}x_1+a_{22}x_2+\cdots+a_{2n}x_n=b_2, \\ \cdots\cdots \\ a_{n1}x_1+a_{n2}x_2+\cdots+a_{nn}x_n=b_n. \end{cases}$$

当系数行列式 $D=\begin{vmatrix} a_{11} & a_{12} & \cdots & a_{1n} \\ a_{21} & a_{22} & \cdots & a_{2n} \\ \vdots & \vdots & \ddots & \vdots \\ a_{n1} & a_{n2} & \cdots & a_{nn} \end{vmatrix}\neq 0$ 时，线性方程组有唯一解：$x_j=\dfrac{D_j}{D}$.

其中，$D_j(j=1,2,\cdots,n)$ 是把系数行列式 D 中的第 j 列元素换为常数项 $b_1,b_2,\cdots,b_n$.

特别是对于有 n 个未知量、n 个方程的齐次线性方程组，当系数行列式 $D\neq 0$ 时，方程组只有零解.（当 $D=0$ 时，解的情况将在第四章中讨论.）

实例介绍

解析几何中的行列式

行列式是由一些数值排列成的方形表格经计算得到的一个数. 早在 1683 年和 1693 年，日本数学家关孝和与德国数学家莱布尼兹就分别独立地提出了行列式的概念. 以后很长一段时间内，行列式主要应用于讨论线性方程组. 1750 年，瑞士数学家克莱姆在他的论文中提到行列式或许也可应用到解析几何中. 在这篇论文中，克莱姆用行列式构造了 xoy 平面中某些曲线的方程. 同时，他在文中提出了用行列式求解 $n\times n$ 线性方程组的著名法则. 1812 年，柯西发表论文，用行列式给出了计算某些实心多面体体积的计算公式，并且把这些公式与先前行列式的研究结果联系起来.

柯西所发现的行列式在解析几何中的应用激起了人们探究行列式应用的浓厚兴趣，前后持续了近 100 年. 在柯西所处的时代，行列式在解析几何以及数学的其他分支中都扮演着很重要的角色.

综合练习题一

1. 填空题

(1) α,β,γ 是方程 $x^3+px+q=0$ 的 3 个根，则行列式 $\begin{vmatrix} \alpha & \beta & \gamma \\ \gamma & \alpha & \beta \\ \beta & \gamma & \alpha \end{vmatrix}=$________.

(2) $\begin{vmatrix} 103 & 100 & 204 \\ 199 & 200 & 395 \\ 301 & 300 & 600 \end{vmatrix}=$________.

2. 已知 $D=\begin{vmatrix} 1 & 0 & 1 & 2 \\ -1 & 1 & 0 & 3 \\ 1 & 1 & 1 & 0 \\ -1 & 2 & 5 & 4 \end{vmatrix}$，求：(1) $A_{12}-A_{22}+A_{32}-A_{42}$；(2) $A_{41}+A_{42}+A_{43}+A_{44}$.

3. 计算下列行列式.

(1) $\begin{vmatrix} 1 & b_1 & 0 & 0 \\ -1 & 1-b_1 & b_2 & 0 \\ 0 & -1 & 1-b_2 & b_3 \\ 0 & 0 & -1 & 1-b_3 \end{vmatrix}$； (2) $\begin{vmatrix} a_1 & 1 & 1 & 1 \\ 1 & a_2 & 0 & 0 \\ 1 & 0 & a_3 & 0 \\ 1 & 0 & 0 & a_4 \end{vmatrix}$，其中 $a_i \neq 0$；

(3) $\begin{vmatrix} 1 & -1 & 1 & x-1 \\ 1 & -1 & x+1 & -1 \\ 1 & x-1 & 1 & -1 \\ x+1 & -1 & 1 & -1 \end{vmatrix}$； (4) $\begin{vmatrix} 0 & 0 & \cdots & 0 & 1 & 0 \\ 0 & 0 & \cdots & 2 & 0 & 0 \\ \vdots & \vdots & \vdots & \vdots & \vdots & \vdots \\ 2015 & 0 & \cdots & 0 & 0 & 0 \\ 0 & 0 & \cdots & 0 & 0 & 2016 \end{vmatrix}$；

(5) $\begin{vmatrix} 2 & 2 & 2 & \cdots & 2 \\ 1 & 3 & 3 & \cdots & 3 \\ 1 & 1 & 4 & \cdots & 4 \\ \vdots & \vdots & \vdots & \ddots & \vdots \\ 1 & 1 & 1 & \cdots & n+1 \end{vmatrix}$； (6) $D_n = \begin{vmatrix} x & -1 & 0 & \cdots & 0 & 0 \\ 0 & x & -1 & \cdots & 0 & 0 \\ \vdots & \vdots & \vdots & \vdots & \vdots & \vdots \\ 0 & 0 & 0 & \cdots & x & -1 \\ a_n & a_{n-1} & a_{n-2} & \cdots & a_2 & a_1 \end{vmatrix}$.

4. 证明：

$$\begin{vmatrix} a_0 & -1 & 0 & \cdots & 0 & 0 \\ a_1 & x & -1 & \cdots & 0 & 0 \\ \cdots & \cdots & \cdots & \cdots & \cdots & \cdots \\ a_{n-2} & 0 & 0 & \cdots & x & -1 \\ a_{n-1} & 0 & 0 & \cdots & 0 & x \end{vmatrix} = a_0 x^{n-1} + a_1 x^{n-2} + \cdots + a_{n-1}.$$

5. 解方程：

$$D_n = \begin{vmatrix} 1 & 1 & 1 & \cdots & 1 \\ 1 & 1-x & 1 & \cdots & 1 \\ 1 & 1 & 2-x & \cdots & 1 \\ \vdots & \vdots & \vdots & \ddots & \vdots \\ 1 & 1 & 1 & \cdots & (n-1)-x \end{vmatrix} = 0.$$

6. 已知 $f(x) = \begin{vmatrix} x & 1 & 2 & 4 \\ 1 & 2-x & 2 & 4 \\ 2 & 0 & 1 & 2-x \\ 1 & x & x+3 & x+6 \end{vmatrix}$，证明 $f'(x)=0$ 有小于1的正根.

7. 求解下列方程组.

(1) $\begin{cases} x_1 + x_2 + x_3 + x_4 = 5, \\ x_1 + 2x_2 - x_3 + 4x_4 = -2, \\ 2x_1 - 3x_2 - x_3 - 5x_4 = -2, \\ 3x_1 + x_2 + 2x_3 + 11x_4 = 0. \end{cases}$ (2) $\begin{cases} 5x_1 + 6x_2 = 1, \\ x_1 + 5x_2 + 6x_3 = 0, \\ x_2 + 5x_3 + 6x_4 = 0, \\ x_3 + 5x_4 + 6x_5 = 0, \\ x_4 + 5x_5 = 1. \end{cases}$

第2章 矩阵

本章所介绍的矩阵的概念及相应的代数运算将会为我们分析和解决方程组问题打下良好的基础. 矩阵及其延伸线性代数方程组的理论均为重要的数学工具，在数学、其他自然科学、工程技术及社会科学中有着广泛的应用.

2.1 矩阵的概念

在工程技术和经济生活中有大量与矩形数表有关的问题.

例 2.1.1 某现代化农业企业加工甲、乙、丙三种农副产品，它们的生产成本主要由原材料费用和人工费用构成. 每件产品的每项费用的预算(单位：百元)情况如下表所示.

产品 生产成本	甲	乙	丙
原材料	5	12	8
人工	2	3	4

如果我们将上表中主要关心的对象——数据，按原来次序排列成矩形数表，并加上括号以表示这些数据是一个整体，就得到矩阵

$$\begin{pmatrix} 5 & 12 & 8 \\ 2 & 3 & 4 \end{pmatrix}.$$

如果该企业 2016 年各季度产品的计划生产数如下表所示.

季度 产品	一	二	三	四
甲	200	260	240	180
乙	150	170	180	120
丙	400	420	450	450

同样，由此可得到矩阵

$$\begin{pmatrix} 200 & 260 & 240 & 180 \\ 150 & 170 & 180 & 120 \\ 400 & 420 & 450 & 450 \end{pmatrix}.$$

例 2.1.2 由 n 个未知量 m 个方程组所组成的 n 元线性方程组为

$$\begin{cases} a_{11}x_1 + a_{12}x_2 + \cdots + a_{1n}x_n = b_1, \\ a_{21}x_1 + a_{22}x_2 + \cdots + a_{2n}x_n = b_2, \\ \quad\cdots\cdots \\ a_{m1}x_1 + a_{m2}x_2 + \cdots + a_{mn}x_n = b_m. \end{cases}$$

方程组未知量的系数组成了一个 m 行 n 列数表

$$\begin{pmatrix} a_{11} & a_{12} & \cdots & a_{1n} \\ a_{21} & a_{22} & \cdots & a_{2n} \\ \vdots & \vdots & \vdots & \vdots \\ a_{m1} & a_{m2} & \cdots & a_{mn} \end{pmatrix},$$

而方程组的未知量的系数与常数项合在一起，又可组成 m 行 $n+1$ 列的数表

$$\begin{pmatrix} a_{11} & a_{12} & \cdots & a_{1n} & b_1 \\ a_{21} & a_{22} & \cdots & a_{2n} & b_2 \\ \vdots & \vdots & \vdots & \vdots & \vdots \\ a_{m1} & a_{m2} & \cdots & a_{mn} & b_m \end{pmatrix}.$$

利用这种数表，可以很方便地求解线性方程组.

一、矩阵的定义

定义 2.1.1 **$m\times n$ 个数 $a_{ij}(i=1, 2, \cdots, m; j=1, 2, \cdots, n)$ 按照一定的次序排成的 m 行 n 列的矩形数表**

$$\begin{pmatrix} a_{11} & a_{12} & \cdots & a_{1n} \\ a_{21} & a_{22} & \cdots & a_{2n} \\ \vdots & \vdots & \vdots & \vdots \\ a_{m1} & a_{m2} & \cdots & a_{mn} \end{pmatrix},$$

称为 m 行 n 列矩阵，简称 $m\times n$ 矩阵，记作 $\boldsymbol{A}_{m\times n}$ 或 $(a_{ij})_{m\times n}$. 其中 a_{ij} 称为矩阵 $\boldsymbol{A}$ 的第 i 行第 j 列元素.

如果矩阵 $\boldsymbol{A}$ 的元素全是实数，则 $\boldsymbol{A}$ 称为**实矩阵**，如果 $\boldsymbol{A}$ 的元素全是复数，则 $\boldsymbol{A}$ 称为**复矩阵**. 本书中矩阵除特别说明外，都指实矩阵.

元素全为零的矩阵，称为**零矩阵**，记作 $\boldsymbol{O}$ 或 $\boldsymbol{O}_{m\times n}$.

二、同型矩阵与矩阵的相等

如果矩阵 $\boldsymbol{A}$ 与 $\boldsymbol{B}$ 的行数相等，列数也相等，则称 $\boldsymbol{A}$ 与 $\boldsymbol{B}$ 是**同型矩阵**.

设有两个 $m\times n$ 矩阵 $\boldsymbol{A}=(a_{ij})$ 和 $\boldsymbol{B}=(b_{ij})$，如果它们对应位置的元素相等，即 $a_{ij}=b_{ij}(i=1, 2, \cdots, m; j=1, 2, \cdots, n)$，则称矩阵 $\boldsymbol{A}$，$\boldsymbol{B}$ **相等**，记作 $\boldsymbol{A}=\boldsymbol{B}$.

注意：(1)只有同型矩阵，才有可能相等；(2)不同型的零矩阵是不同的矩阵.

三、一些特殊矩阵

（1）只有一行的矩阵

$$\boldsymbol{A}=(a_1\ a_2\ \cdots\ a_n),$$

称为**行矩阵**，又称行向量.

（2）只有一列的矩阵

$$\boldsymbol{A}=\begin{pmatrix}a_1\\a_2\\\vdots\\a_m\end{pmatrix},$$

称为**列矩阵**，又称列向量.

（3）当矩阵的行数和列数相等，即 $m=n$ 时，矩阵

$$\begin{pmatrix}a_{11}&a_{12}&\cdots&a_{1n}\\a_{21}&a_{22}&\cdots&a_{2n}\\\vdots&\vdots&\ddots&\vdots\\a_{n1}&a_{n2}&\cdots&a_{nn}\end{pmatrix}$$

称为 n **阶矩阵**或 n **阶方阵**. 特别地，一阶方阵 $(a)=a$.

在 n 阶方阵 $\boldsymbol{A}$ 中，元素 a_{11}，a_{22}，…，a_{nn} 所形成的线，叫作方阵的**主对角线**.

（4）主对角线下（上）方的元素全为零的方阵

$$\boldsymbol{A}=\begin{pmatrix}a_{11}&a_{12}&\cdots&a_{1n}\\0&a_{22}&\cdots&a_{2n}\\\vdots&\vdots&\ddots&\vdots\\0&0&\cdots&a_{nn}\end{pmatrix},\ \boldsymbol{B}=\begin{pmatrix}a_{11}&0&\cdots&0\\a_{21}&a_{22}&\cdots&0\\\vdots&\vdots&\ddots&\vdots\\a_{n1}&a_{n2}&\cdots&a_{nn}\end{pmatrix}$$

称为**上（下）三角矩阵**.

（5）主对角线以外其他位置的元素全为零的 n 阶方阵

$$\begin{pmatrix}a_{11}&0&\cdots&0\\0&a_{22}&\cdots&0\\\vdots&\vdots&\ddots&\vdots\\0&0&\cdots&a_{nn}\end{pmatrix},$$

称为 n **阶对角矩阵**，记作 $\boldsymbol{A}=\mathrm{diag}(a_{11},\ a_{22},\ \cdots,\ a_{nn})$.

（6）特别地，主对角线上的元素全等于 1 的 n 阶对角矩阵

$$\begin{pmatrix}1&0&\cdots&0\\0&1&\cdots&0\\\vdots&\vdots&\ddots&\vdots\\0&0&\cdots&1\end{pmatrix},$$

称为 n 阶单位矩阵，记作 $\boldsymbol{E}$ 或 $\boldsymbol{E}_n$.

习题 2－1

1. 举例说明 n 阶行列式与 n 阶矩阵的概念有何不同？

2. 设 $\boldsymbol{A}=\begin{pmatrix}2+x & y\\ 2 & 1+z\end{pmatrix}$，$\boldsymbol{B}=\begin{pmatrix}y+2x & 0\\ z+x & 1\end{pmatrix}$，且 $\boldsymbol{A}=\boldsymbol{B}$，求 x，y，z.

2.2 矩阵的运算

本节介绍矩阵的加法、数乘、乘法、转置和方阵的行列式等基本运算. 有了这些运算，矩阵之间就有了一些最基本的关系.

一、矩阵的加法

定义 2.2.1 设矩阵 $\boldsymbol{A}=(a_{ij})$ 与 $\boldsymbol{B}=(b_{ij})$ 都是 $m\times n$ 矩阵. $\boldsymbol{A}$ 与 $\boldsymbol{B}$ 对应位置的元素相加，所得的矩阵 $\boldsymbol{C}=(a_{ij}+b_{ij})_{m\times n}$ 称为矩阵 $\boldsymbol{A}$ 与 $\boldsymbol{B}$ 的和，记为 $\boldsymbol{A}+\boldsymbol{B}$，即 $\boldsymbol{C}=\boldsymbol{A}+\boldsymbol{B}$.

$$\boldsymbol{A}+\boldsymbol{B}=\begin{pmatrix}a_{11}+b_{11} & a_{12}+b_{12} & \cdots & a_{1n}+b_{1n}\\ a_{21}+b_{21} & a_{22}+b_{22} & \cdots & a_{2n}+b_{2n}\\ \vdots & \vdots & \vdots & \vdots\\ a_{m1}+b_{m1} & a_{m2}+b_{m2} & \cdots & a_{mn}+b_{mn}\end{pmatrix}.$$

注意：只有当两个矩阵是同型矩阵时，这两个矩阵才能进行加法运算.

例 2.2.1 设矩阵 $\boldsymbol{A}=\begin{pmatrix}1 & 2 & 3\\ -1 & 5 & 3\end{pmatrix}$，$\boldsymbol{B}=\begin{pmatrix}0 & 1 & 2\\ 3 & 1 & -1\end{pmatrix}$，那么

$$\boldsymbol{A}+\boldsymbol{B}=\begin{pmatrix}1+0 & 2+1 & 3+2\\ -1+3 & 5+1 & 3-1\end{pmatrix}=\begin{pmatrix}1 & 3 & 5\\ 2 & 6 & 2\end{pmatrix}.$$

矩阵 $\boldsymbol{A}=(a_{ij})_{m\times n}$ 的全部元素改变符号后得到的新矩阵 $(-a_{ij})_{m\times n}$，称为矩阵 $\boldsymbol{A}$ 的**负矩阵**，记作 $-\boldsymbol{A}$，即 $-\boldsymbol{A}=(-a_{ij})_{m\times n}$.

由矩阵加法和负矩阵的概念，矩阵的**减法**可定义为

$$\boldsymbol{A}-\boldsymbol{B}=\boldsymbol{A}+(-\boldsymbol{B})=(a_{ij}-b_{ij})_{m\times n}.$$

矩阵的加法满足如下运算律(设 $\boldsymbol{A}$，$\boldsymbol{B}$，$\boldsymbol{C}$ 都是 $m\times n$ 矩阵)：

(1) 交换律：$\boldsymbol{A}+\boldsymbol{B}=\boldsymbol{B}+\boldsymbol{A}$.

(2) 结合律：$(\boldsymbol{A}+\boldsymbol{B})+\boldsymbol{C}=\boldsymbol{A}+(\boldsymbol{B}+\boldsymbol{C})$.

(3) $\boldsymbol{A}+\boldsymbol{O}=\boldsymbol{O}+\boldsymbol{A}=\boldsymbol{A}$，其中 $\boldsymbol{O}$ 是与 $\boldsymbol{A}$ 同型的零矩阵.

(4) $\boldsymbol{A}+(-\boldsymbol{A})=\boldsymbol{O}$.

由矩阵加法的运算规则，容易得到以下结论：

(1) 在一个矩阵等式的两端同时加上或减去某一个矩阵，等式仍然成立，即

若 $\boldsymbol{A}=\boldsymbol{B}$，则 $\boldsymbol{A}+\boldsymbol{C}=\boldsymbol{B}+\boldsymbol{C}$，$\boldsymbol{A}-\boldsymbol{C}=\boldsymbol{B}-\boldsymbol{C}$.

(2) 如果 $\boldsymbol{A}+\boldsymbol{C}=\boldsymbol{B}+\boldsymbol{C}$，则 $\boldsymbol{A}=\boldsymbol{B}$.

二、数与矩阵的乘法

定义 2.2.2 设 $\boldsymbol{A}=(a_{ij})_{m\times n}$，$k$ 为常数，数 k 乘以矩阵 $\boldsymbol{A}$ 的每一个元素，所得的矩阵 $(ka_{ij})_{m\times n}$ 称为数 k 与矩阵 $\boldsymbol{A}$ 的乘积，记作 $k\boldsymbol{A}$ 或 $\boldsymbol{A}k$，即

$$k\boldsymbol{A}=\boldsymbol{A}k=\begin{pmatrix} ka_{11} & ka_{12} & \cdots & ka_{1n} \\ ka_{21} & ka_{22} & \cdots & ka_{2n} \\ \vdots & \vdots & \vdots & \vdots \\ ka_{m1} & ka_{m2} & \cdots & ka_{mn} \end{pmatrix}.$$

显然，当 $k=-1$ 时，$(-1)\boldsymbol{A}=-\boldsymbol{A}$.

数与矩阵的乘法满足如下运算规律（设 $\boldsymbol{A}$，$\boldsymbol{B}$ 都是 $m\times n$ 矩阵，k，l 为任意常数）：

(1) $k(\boldsymbol{A}+\boldsymbol{B})=k\boldsymbol{A}+k\boldsymbol{B}$.

(2) $(k+l)\boldsymbol{A}=k\boldsymbol{A}+l\boldsymbol{A}$.

(3) $(kl)\boldsymbol{A}=k(l\boldsymbol{A})$.

(4) $1\cdot\boldsymbol{A}=\boldsymbol{A}$.

上述运算律的验证比较容易，请读者自己完成.

以上为矩阵的线性运算及运算律.

例 2.2.2 设矩阵 $\boldsymbol{A}=\begin{pmatrix} 1 & 2 & 3 \\ -1 & 5 & 3 \end{pmatrix}$，$\boldsymbol{B}=\begin{pmatrix} 0 & 1 & 2 \\ 3 & 1 & -1 \end{pmatrix}$，求 $2\boldsymbol{A}-3\boldsymbol{B}$.

解 $2\boldsymbol{A}=\begin{pmatrix} 2 & 4 & 6 \\ -2 & 10 & 6 \end{pmatrix}$，$3\boldsymbol{B}=\begin{pmatrix} 0 & 3 & 6 \\ 9 & 3 & -3 \end{pmatrix}$，则

$$2\boldsymbol{A}-3\boldsymbol{B}=\begin{pmatrix} 2-0 & 4-3 & 6-6 \\ -2-9 & 10-3 & 6-(-3) \end{pmatrix}=\begin{pmatrix} 2 & 1 & 0 \\ -11 & 7 & 9 \end{pmatrix}.$$

例 2.2.3 设 $\boldsymbol{A}+2\boldsymbol{X}=\boldsymbol{B}$，其中 $\boldsymbol{A}=\begin{pmatrix} 1 & 2 & 3 \\ -1 & 5 & 3 \end{pmatrix}$，$\boldsymbol{B}=\begin{pmatrix} 0 & 1 & 2 \\ 3 & 1 & -1 \end{pmatrix}$，求矩阵 $\boldsymbol{X}$.

解 由 $\boldsymbol{A}+2\boldsymbol{X}=\boldsymbol{B}$，得

$$2\boldsymbol{X}=\boldsymbol{B}-\boldsymbol{A},$$

$$\boldsymbol{X}=\frac{1}{2}(\boldsymbol{B}-\boldsymbol{A}),$$

即

$$\boldsymbol{X}=\frac{1}{2}(\boldsymbol{B}-\boldsymbol{A})=\frac{1}{2}\left(\begin{pmatrix} 0 & 1 & 2 \\ 3 & 1 & -1 \end{pmatrix}-\begin{pmatrix} 1 & 2 & 3 \\ -1 & 5 & 3 \end{pmatrix}\right)$$

$$=\frac{1}{2}\begin{pmatrix} -1 & -1 & -1 \\ 4 & -4 & -4 \end{pmatrix}=\begin{pmatrix} -\frac{1}{2} & -\frac{1}{2} & -\frac{1}{2} \\ 2 & -2 & -2 \end{pmatrix}.$$

三、矩阵的乘法

先看一个例子.

例 2.2.4 上节例 2.1.1 中，若该现代化农业企业三种农副产品的生产成本用 $\boldsymbol{A}$ 表示，即

$$\boldsymbol{A}=\begin{pmatrix}5 & 12 & 8\\2 & 3 & 4\end{pmatrix},$$

该企业 2016 年各季度产品的计划生产数用矩阵 $\boldsymbol{B}$ 表示，即

$$\boldsymbol{B}=\begin{pmatrix}200 & 260 & 240 & 180\\150 & 170 & 180 & 120\\400 & 420 & 450 & 450\end{pmatrix}.$$

现在要求该公司 2016 年各季度的原材料费用和人工费用分别是多少？

解 第一季度的原材料费用＝甲产品每件原材料费用×一季度甲产品计划生产数＋乙产品每件原材料费用×一季度乙产品计划生产数＋丙产品每件原材料费用×一季度丙产品计划生产数＝5×200＋12×150＋8×800＝9200(百元).

第一季度的人工费用＝2×200＋3×150＋4×800＝4050(百元).

对其他各季度做类似计算，可得

季度 生产成本	一	二	三	四
原材料	6000	6700	6960	5940
人工	2450	2710	2820	2520

同样，由此矩形数表可得到 2×4 的矩阵 $\boldsymbol{C}$

$$\begin{pmatrix}6000 & 6700 & 6960 & 5940\\2450 & 2710 & 2820 & 2520\end{pmatrix}$$

于是，矩阵 $\boldsymbol{C}$ 的第 i 行第 j 列元素（$i=1$，2；$j=1$，2，3，4）表示的是该企业 2016 年第 j 季度第 i 项费用支出，它恰好是矩阵 $\boldsymbol{A}$ 的第 i 行元素与矩阵 $\boldsymbol{B}$ 的第 j 列对应元素乘积的和. 我们把矩阵 $\boldsymbol{C}$ 称为矩阵 $\boldsymbol{A}$ 矩阵 $\boldsymbol{B}$ 的乘积，记为 $\boldsymbol{C}=\boldsymbol{AB}$.

一般地，我们有如下定义.

定义 2.2.3 设矩阵 $\boldsymbol{A}$ 是一个 m 行 s 列矩阵，矩阵 $\boldsymbol{B}$ 是一个 s 行 n 列矩阵，即

$$\boldsymbol{A}=(a_{ij})_{m\times s},\ \boldsymbol{B}=(b_{ij})_{s\times n}.$$

则矩阵 $\boldsymbol{A}$ 与 $\boldsymbol{B}$ 的乘积是一个 m 行 n 列矩阵 $\boldsymbol{C}=(c_{ij})_{m\times n}$，记作 $\boldsymbol{C}=\boldsymbol{AB}$，其中

$$c_{ij}=a_{i1}b_{1j}+a_{i2}b_{2j}+\cdots+a_{is}b_{sj}=\sum_{k=1}^{s}a_{ik}b_{kj},\ (i=1,2,\cdots,m;\ j=1,2,\cdots,n).$$

由此可见：

(1) 只有左边矩阵 $\boldsymbol{A}$ 的列数等于右边矩阵 $\boldsymbol{B}$ 的行数时，$\boldsymbol{AB}$ 才有意义.

(2) 乘积矩阵 $\boldsymbol{C}$ 的行数等于左边矩阵 $\boldsymbol{A}$ 的行数，列数等于右边矩阵 $\boldsymbol{B}$ 的列数.

(3) 乘积矩阵 $\boldsymbol{C}$ 的第 i 行第 j 列元素 c_{ij} 等于左边矩阵 $\boldsymbol{A}$ 的第 i 行与右边矩阵 $\boldsymbol{B}$ 的第 j 列对应元素乘积的和.

例 2.2.5 设矩阵 $\boldsymbol{A}=\begin{pmatrix}1 & -1 & 2\\0 & 2 & -1\end{pmatrix}$，$\boldsymbol{B}=\begin{pmatrix}1 & 2 & 0\\0 & 1 & 3\\-1 & 1 & 4\end{pmatrix}$，求矩阵 $\boldsymbol{AB}$.

解

$$\boldsymbol{AB}=\begin{pmatrix}1 & -1 & 2\\0 & 2 & -1\end{pmatrix}\begin{pmatrix}1 & 2 & 0\\0 & 1 & 3\\-1 & 1 & 4\end{pmatrix}$$

$$=\begin{pmatrix}1\times1+(-1)\times0+2\times(-1) & 1\times2+(-1)\times1+2\times1 & 1\times0+(-1)\times3+2\times4\\0\times1+2\times0+(-1)\times(-1) & 0\times2+2\times1+(-1)\times1 & 0\times0+2\times3+(-1)\times4\end{pmatrix}$$

$$=\begin{pmatrix}-1 & 3 & 5\\1 & 1 & 2\end{pmatrix}.$$

而 $\boldsymbol{BA}$ 没有意义.

例 2.2.6 设矩阵 $\boldsymbol{A}=\begin{pmatrix}1 & -1 & 2\\0 & 2 & -1\end{pmatrix}$，$\boldsymbol{B}=\begin{pmatrix}1 & 2\\0 & 1\\-1 & 1\end{pmatrix}$，求矩阵 $\boldsymbol{AB}$ 和 $\boldsymbol{BA}$.

解 $\boldsymbol{AB}=\begin{pmatrix}1 & -1 & 2\\0 & 2 & -1\end{pmatrix}\begin{pmatrix}1 & 2\\0 & 1\\-1 & 1\end{pmatrix}=\begin{pmatrix}-1 & 3\\1 & 1\end{pmatrix}$；

$$\boldsymbol{BA}=\begin{pmatrix}1 & 2\\0 & 1\\-1 & 1\end{pmatrix}\begin{pmatrix}1 & -1 & 2\\0 & 2 & -1\end{pmatrix}=\begin{pmatrix}1 & 3 & 0\\0 & 2 & -1\\-1 & 3 & -3\end{pmatrix}.$$

显然 $\boldsymbol{AB}\neq\boldsymbol{BA}$.

例 2.2.7 设矩阵

$$\boldsymbol{A}=\begin{pmatrix}6 & 3\\2 & 1\end{pmatrix},\ \boldsymbol{B}=\begin{pmatrix}-2 & 6\\1 & -3\end{pmatrix},\ \boldsymbol{C}=\begin{pmatrix}-1 & 5\\-1 & -1\end{pmatrix}.$$

则

$$\boldsymbol{AB}=\begin{pmatrix}6 & 3\\2 & 1\end{pmatrix}\begin{pmatrix}-2 & 6\\1 & -3\end{pmatrix}=\begin{pmatrix}-9 & 27\\-3 & 9\end{pmatrix},$$

$$\boldsymbol{BA}=\begin{pmatrix}-2 & 6\\1 & -3\end{pmatrix}\begin{pmatrix}6 & 3\\2 & 1\end{pmatrix}=\begin{pmatrix}0 & 0\\0 & 0\end{pmatrix},$$

$$\boldsymbol{AC}=\begin{pmatrix}6 & 3\\2 & 1\end{pmatrix}\begin{pmatrix}-1 & 5\\-1 & -1\end{pmatrix}=\begin{pmatrix}-9 & 27\\-3 & 9\end{pmatrix}.$$

由以上例子可知：

(1) 矩阵的乘法一般不满足交换律. 首先，如果 $\boldsymbol{AB}$ 乘积有意义的话，$\boldsymbol{BA}$ 未必有意义；其次，即使 $\boldsymbol{AB}$ 和 $\boldsymbol{BA}$ 都有意义，但它们不一定是同型矩阵. 最后，当 $\boldsymbol{A}$ 和 $\boldsymbol{B}$ 都为 n 阶方阵，乘积 $\boldsymbol{AB}$ 和 $\boldsymbol{BA}$ 都有意义，且都为 n 阶方阵，也未必有 $\boldsymbol{AB}\neq\boldsymbol{BA}$. 特殊地，如果 $\boldsymbol{AB}=\boldsymbol{BA}$，则称矩阵 $\boldsymbol{A}$ 与 $\boldsymbol{B}$ **可交换**.

例如矩阵 $\boldsymbol{A}=\begin{pmatrix}1&2\\-2&0\end{pmatrix}$，$\boldsymbol{B}=\begin{pmatrix}-3&2\\-2&-4\end{pmatrix}$是可交换的. 因为

$$\boldsymbol{AB}=\boldsymbol{BA}=\begin{pmatrix}-7&-6\\6&-4\end{pmatrix}.$$

(2) 两个非零矩阵的乘积可以是零矩阵. 即 $\boldsymbol{A}\neq\boldsymbol{O}$，$\boldsymbol{B}\neq\boldsymbol{O}$，但有可能 $\boldsymbol{AB}=\boldsymbol{O}$.

(3) 矩阵乘法一般不满足消去律. 即若 $\boldsymbol{AB}=\boldsymbol{AC}$，$\boldsymbol{A}\neq\boldsymbol{O}$，未必有 $\boldsymbol{B}=\boldsymbol{C}$.

容易证明，矩阵的乘法满足以下运算律(假设运算都是可以进行的)：

(1) 结合律：$(\boldsymbol{AB})\boldsymbol{C}=\boldsymbol{A}(\boldsymbol{BC})$，

$$(k\boldsymbol{A})\boldsymbol{B}=\boldsymbol{A}(k\boldsymbol{B})=k(\boldsymbol{AB})，(k \text{ 为常数})；$$

(2) 分配律：$\boldsymbol{A}(\boldsymbol{B}+\boldsymbol{C})=\boldsymbol{AB}+\boldsymbol{AC}$，

$$(\boldsymbol{B}+\boldsymbol{C})\boldsymbol{A}=\boldsymbol{BA}+\boldsymbol{CA}；$$

(3) 设 $\boldsymbol{A}$ 是 $m\times s$ 矩阵，$\boldsymbol{B}$ 是 $s\times n$ 矩阵，则

$$\boldsymbol{E}_m\boldsymbol{A}=\boldsymbol{A}，\boldsymbol{AE}_s=\boldsymbol{A}，\boldsymbol{AE}_s\boldsymbol{B}=\boldsymbol{AB}.$$

特别地，当 $\boldsymbol{A}$ 为 n 阶方阵时，有

$$\boldsymbol{EA}=\boldsymbol{AE}=\boldsymbol{A}(\text{这里 } \boldsymbol{E} \text{ 为 } n \text{ 阶单位阵}).$$

例 2.2.8 设矩阵

$$\boldsymbol{A}=\begin{pmatrix}-2&2&-1\\2&1&2\end{pmatrix}，\boldsymbol{B}=\begin{pmatrix}1&0&1\\-1&-1&1\end{pmatrix}，\boldsymbol{C}=\begin{pmatrix}3&1\\0&-1\\1&0\end{pmatrix}.$$

验证 $(\boldsymbol{A}+\boldsymbol{B})\boldsymbol{C}=\boldsymbol{AC}+\boldsymbol{BC}$.

解
$$(\boldsymbol{A}+\boldsymbol{B})\boldsymbol{C}=\left[\begin{pmatrix}-2&2&-1\\2&1&2\end{pmatrix}+\begin{pmatrix}1&0&1\\-1&-1&1\end{pmatrix}\right]\begin{pmatrix}3&1\\0&-1\\1&0\end{pmatrix}$$

$$=\begin{pmatrix}-1&2&0\\1&0&3\end{pmatrix}\begin{pmatrix}3&1\\0&-1\\1&0\end{pmatrix}=\begin{pmatrix}-3&-3\\6&1\end{pmatrix},$$

而

$$\boldsymbol{AC}+\boldsymbol{BC}=\begin{pmatrix}-2&2&-1\\2&1&2\end{pmatrix}\begin{pmatrix}3&1\\0&-1\\1&0\end{pmatrix}+\begin{pmatrix}1&0&1\\-1&-1&1\end{pmatrix}\begin{pmatrix}3&1\\0&-1\\1&0\end{pmatrix}$$

$$=\begin{pmatrix}-7&-4\\8&1\end{pmatrix}+\begin{pmatrix}4&1\\-2&0\end{pmatrix}=\begin{pmatrix}-3&-3\\6&1\end{pmatrix},$$

因此，$(\boldsymbol{A}+\boldsymbol{B})\boldsymbol{C}=\boldsymbol{AC}+\boldsymbol{BC}$.

利用矩阵的乘法，由 n 个未知量、m 个方程组所组成的 n 元线性方程组

$$\begin{cases} a_{11}x_1+a_{12}x_2+\cdots+a_{1n}x_n=b_1, \\ a_{21}x_1+a_{22}x_2+\cdots+a_{2n}x_n=b_2, \\ \qquad\cdots\cdots \\ a_{m1}x_1+a_{m2}x_2+\cdots+a_{mn}x_n=b_m. \end{cases}$$

就可以写成

$$\boldsymbol{AX}=\boldsymbol{b}$$

这里

$$\boldsymbol{A}=\begin{pmatrix} a_{11} & a_{12} & \cdots & a_{1n} \\ a_{21} & a_{22} & \cdots & a_{2n} \\ \vdots & \vdots & \vdots & \vdots \\ a_{m1} & a_{m2} & \cdots & a_{mn} \end{pmatrix},\ \boldsymbol{X}=\begin{pmatrix} x_1 \\ x_2 \\ \vdots \\ x_n \end{pmatrix},\ \boldsymbol{b}=\begin{pmatrix} b_1 \\ b_2 \\ \vdots \\ b_m \end{pmatrix}.$$

事实上，根据矩阵相等的定义，方程组可以写成

$$\begin{pmatrix} a_{11}x_1+a_{12}x_2+\cdots+a_{1n}x_n \\ a_{21}x_1+a_{22}x_2+\cdots+a_{2n}x_n \\ \cdots\cdots \\ a_{m1}x_1+a_{m2}x_2+\cdots+a_{mn}x_n \end{pmatrix}=\begin{pmatrix} b_1 \\ b_2 \\ \vdots \\ b_m \end{pmatrix},$$

而上式左边的矩阵可写成两矩阵的乘积

$$\begin{pmatrix} a_{11} & a_{12} & \cdots & a_{1n} \\ a_{21} & a_{22} & \cdots & a_{2n} \\ \vdots & \vdots & \vdots & \vdots \\ a_{m1} & a_{m2} & \cdots & a_{mn} \end{pmatrix}\begin{pmatrix} x_1 \\ x_2 \\ \vdots \\ x_n \end{pmatrix}，即\ \boldsymbol{AX},$$

所以有

$$\boldsymbol{AX}=\boldsymbol{b}.$$

把方程组表示成矩阵形式 $\boldsymbol{AX}=\boldsymbol{b}$，不仅形式简洁，更重要的是可以利用矩阵来讨论线性方程组.

方阵的幂和多项式

设 $\boldsymbol{A}$ 为 n 阶方阵，方阵 $\boldsymbol{A}$ 的**正整数幂**定义为：

$$\boldsymbol{A}^1=\boldsymbol{A},\ \boldsymbol{A}^2=\boldsymbol{A}\cdot\boldsymbol{A},\ \cdots,\ \boldsymbol{A}^k=\boldsymbol{A}^{k-1}\cdot\boldsymbol{A},$$

其中 k 是正整数. 即 $\boldsymbol{A}^k$ 就是 k 个 $\boldsymbol{A}$ 相乘. 显然只有方阵的幂才有意义.

由于矩阵乘法满足结合律，所以方阵幂的运算满足以下运算规律：

$$\boldsymbol{A}^k\boldsymbol{A}^l=\boldsymbol{A}^{k+l},\ (\boldsymbol{A}^k)^l=\boldsymbol{A}^{kl},$$

其中 k，l 是正整数.

因为矩阵乘法不满足交换律，所以对于矩阵 $\boldsymbol{A}$，$\boldsymbol{B}$ 来说，一般情况下，

$(\boldsymbol{AB})^k \neq \boldsymbol{A}^k\boldsymbol{B}^k$. 只有当 $\boldsymbol{A}$，$\boldsymbol{B}$ 可交换时，才有 $(\boldsymbol{AB})^k=\boldsymbol{A}^k\boldsymbol{B}^k$.

例 2.2.9 设 $\boldsymbol{A}$，$\boldsymbol{B}$ 均为 n 阶方阵，则等式 $(\boldsymbol{A}+\boldsymbol{B})^2=\boldsymbol{A}^2+2\boldsymbol{AB}+\boldsymbol{B}^2$ 成立的充要条件是 $\boldsymbol{A}$，$\boldsymbol{B}$ 可交换.

证明 （必要性）因为 $(\boldsymbol{A}+\boldsymbol{B})^2=\boldsymbol{A}^2+2\boldsymbol{AB}+\boldsymbol{B}^2$，而

$$(\boldsymbol{A}+\boldsymbol{B})^2=(\boldsymbol{A}+\boldsymbol{B})(\boldsymbol{A}+\boldsymbol{B})=\boldsymbol{A}^2+\boldsymbol{AB}+\boldsymbol{BA}+\boldsymbol{B}^2,$$

则 $\boldsymbol{AB}+\boldsymbol{BA}=2\boldsymbol{AB}$，即 $\boldsymbol{AB}=\boldsymbol{BA}$.

（充分性）由于 $(\boldsymbol{A}+\boldsymbol{B})^2=\boldsymbol{A}^2+\boldsymbol{AB}+\boldsymbol{BA}+\boldsymbol{B}^2$，因为 $\boldsymbol{AB}=\boldsymbol{BA}$，显然有

$$(\boldsymbol{A}+\boldsymbol{B})^2=\boldsymbol{A}^2+2\boldsymbol{AB}+\boldsymbol{B}^2.$$

例 2.2.10 设 $\boldsymbol{\Lambda}=\mathrm{diag}(1,2,3)$，求 $\boldsymbol{\Lambda}^3$.

解 $$\boldsymbol{\Lambda}^2=\boldsymbol{\Lambda\Lambda}=\begin{pmatrix}1&&\\&2&\\&&3\end{pmatrix}\begin{pmatrix}1&&\\&2&\\&&3\end{pmatrix}=\begin{pmatrix}1^2&&\\&2^2&\\&&3^2\end{pmatrix},$$

$$\boldsymbol{\Lambda}^3=\boldsymbol{\Lambda}^2\boldsymbol{\Lambda}=\begin{pmatrix}1^2&&\\&2^2&\\&&3^2\end{pmatrix}\begin{pmatrix}1&&\\&2&\\&&3\end{pmatrix}=\begin{pmatrix}1^3&&\\&2^3&\\&&3^3\end{pmatrix}=\mathrm{diag}(1^3,2^3,3^3).$$

由此例可知，对角阵的幂是很容易计算的：对角阵 $\boldsymbol{\Lambda}$ 的幂仍是对角阵，且其主对角线元素就是 $\boldsymbol{\Lambda}$ 的主对角线元素的同一次幂.

由方阵的幂的定义可引入方阵的多项式的概念.

设有 x 的 m 次多项式

$$f(x)=a_mx^m+a_{m-1}x^{m-1}+\cdots+a_1x+a_0,$$

$\boldsymbol{A}$ 为 n 阶方阵，则

$$a_m\boldsymbol{A}^m+a_{m-1}\boldsymbol{A}^{m-1}+\cdots+a_1\boldsymbol{A}+a_0\boldsymbol{E}$$

有意义，它仍是一个 n 阶方阵，记为 $f(\boldsymbol{A})$，即

$$f(\boldsymbol{A})=a_m\boldsymbol{A}^m+a_{m-1}\boldsymbol{A}^{m-1}+\cdots+a_1\boldsymbol{A}+a_0\boldsymbol{E},$$

称为方阵 $\boldsymbol{A}$ 的 m 次多项式.

例 2.2.11 设 $f(x)=x^2+3x+2$，$\boldsymbol{A}=\begin{pmatrix}-1&-1&2\\1&2&0\\0&1&1\end{pmatrix}$，求 $f(\boldsymbol{A})$.

解 $$\begin{aligned}f(\boldsymbol{A})&=\boldsymbol{A}^2+3\boldsymbol{A}+2\boldsymbol{E}\\&=\begin{pmatrix}-1&-1&2\\1&2&0\\0&1&1\end{pmatrix}^2+3\begin{pmatrix}-1&-1&2\\1&2&0\\0&1&1\end{pmatrix}+2\begin{pmatrix}1&0&0\\0&1&0\\0&0&1\end{pmatrix}\\&=\begin{pmatrix}0&1&0\\1&3&2\\1&3&1\end{pmatrix}+\begin{pmatrix}-3&-3&6\\3&6&0\\0&3&3\end{pmatrix}+\begin{pmatrix}2&0&0\\0&2&0\\0&0&2\end{pmatrix}=\begin{pmatrix}-1&-2&6\\4&11&2\\1&6&6\end{pmatrix}.\end{aligned}$$

四、转置矩阵及对称方阵

定义 2.2.4 设 $m\times n$ 矩阵

$$\boldsymbol{A}=\begin{pmatrix}a_{11}&a_{12}&\cdots&a_{1n}\\a_{21}&a_{22}&\cdots&a_{2n}\\\vdots&\vdots&\vdots&\vdots\\a_{m1}&a_{m2}&\cdots&a_{mn}\end{pmatrix},$$

把矩阵 $\boldsymbol{A}$ 的行变成同序数的列得到的 $n\times m$ 矩阵

$$\begin{pmatrix}a_{11}&a_{21}&\cdots&a_{m1}\\a_{12}&a_{22}&\cdots&a_{m2}\\\vdots&\vdots&\vdots&\vdots\\a_{1n}&a_{2n}&\cdots&a_{mn}\end{pmatrix},$$

称为矩阵 $\boldsymbol{A}$ 的转置矩阵，记作 $\boldsymbol{A}^{\mathrm{T}}$.

例如

$$\boldsymbol{A}=\begin{pmatrix}1&2&-1&0\\-1&0&1&4\\2&5&3&-2\end{pmatrix},\ \boldsymbol{B}=(2\quad -1\quad 4),$$

则

$$\boldsymbol{A}^{\mathrm{T}}=\begin{pmatrix}1&-1&2\\2&0&5\\-1&1&3\\0&4&-2\end{pmatrix},\ \boldsymbol{B}^{\mathrm{T}}=\begin{pmatrix}2\\-1\\4\end{pmatrix}.$$

显然，$\boldsymbol{A}^{\mathrm{T}}$ 的第 i 行第 j 列元素等于 $\boldsymbol{A}$ 的第 j 行第 i 列元素.

矩阵的转置有如下运算规律：

(1) $(\boldsymbol{A}^{\mathrm{T}})^{\mathrm{T}}=\boldsymbol{A}$.

(2) $(\boldsymbol{A}+\boldsymbol{B})^{\mathrm{T}}=\boldsymbol{A}^{\mathrm{T}}+\boldsymbol{B}^{\mathrm{T}}$.

(3) $(k\boldsymbol{A})^{\mathrm{T}}=k\boldsymbol{A}^{\mathrm{T}}$.

(4) $(\boldsymbol{AB})^{\mathrm{T}}=\boldsymbol{B}^{\mathrm{T}}\boldsymbol{A}^{\mathrm{T}}$.

按照矩阵相等的定义，上述运算规律容易得到证明. 这里只证明(4).

设矩阵 $\boldsymbol{A}=(a_{ij})_{m\times s}$，$\boldsymbol{B}=(b_{ij})_{s\times n}$，记 $\boldsymbol{AB}=\boldsymbol{C}=(c_{ij})_{m\times n}$，$\boldsymbol{B}^{\mathrm{T}}\boldsymbol{A}^{\mathrm{T}}=\boldsymbol{D}=(d_{ij})_{n\times m}$，显然$(\boldsymbol{AB})^{\mathrm{T}}$ 和 $\boldsymbol{B}^{\mathrm{T}}\boldsymbol{A}^{\mathrm{T}}$ 都是 $n\times m$ 矩阵. 下面仅需证明$(\boldsymbol{AB})^{\mathrm{T}}$ 和 $\boldsymbol{B}^{\mathrm{T}}\boldsymbol{A}^{\mathrm{T}}$ 对应元素相等.

由矩阵乘法的定义，$\boldsymbol{C}$ 的第 j 行第 i 列元素为

$$c_{ji}=\sum_{k=1}^{s}a_{jk}b_{ki},$$

而 $\boldsymbol{B}^{\mathrm{T}}$ 的第 i 行为$(b_{1i},\ b_{2i},\ \cdots,\ b_{si})$，$\boldsymbol{A}^{\mathrm{T}}$ 的第 j 列为$(a_{j1},\ a_{j2},\ \cdots,\ a_{js})^{\mathrm{T}}$，所以 $\boldsymbol{D}$

的第 i 行第 j 列元素为

$$d_{ij}=\sum_{k=1}^{s}b_{ki}a_{jk}=\sum_{k=1}^{s}a_{jk}b_{ki}=c_{ji}\quad(i=1,2,\cdots,n;\ j=1,2,\cdots,m).$$

由此可知，式(4)成立.

式(4)可以推广到有限多个矩阵的情形，即

$$(\boldsymbol{A}_1\boldsymbol{A}_2\cdots\boldsymbol{A}_k)^{\mathrm{T}}=\boldsymbol{A}_k^{\mathrm{T}}\boldsymbol{A}_{k-1}^{\mathrm{T}}\cdots\boldsymbol{A}_1^{\mathrm{T}}.$$

定义 2.2.5　设 $\boldsymbol{A}$ 为 n 阶方阵，若 $\boldsymbol{A}^{\mathrm{T}}=\boldsymbol{A}$，则称 $\boldsymbol{A}$ 为对称矩阵，如果 $\boldsymbol{A}^{\mathrm{T}}=-\boldsymbol{A}$，则称 $\boldsymbol{A}$ 为反对称矩阵.

例如矩阵

$$\boldsymbol{A}=\begin{pmatrix}1&-1&2\\-1&3&4\\2&4&-2\end{pmatrix},\ \boldsymbol{B}=\begin{pmatrix}0&1&-2\\-1&0&-4\\2&4&0\end{pmatrix}$$

分别是三阶对称矩阵和三阶反对称矩阵.

设 $\boldsymbol{A}=(a_{ij})_{n\times n}$，显然：

(1)$\boldsymbol{A}$ 为对称矩阵的充分必要条件是 $a_{ij}=a_{ji}(i,j=1,2,\cdots,n)$. 即 $\boldsymbol{A}$ 的元素关于主对角线对称相等；

(2)$\boldsymbol{A}$ 为反对称矩阵的充分必要条件是 $a_{ij}=-a_{ji}(i,j=1,2,\cdots,n)$. 即 $\boldsymbol{A}$ 的元素关于主对角线绝对值相等，符号相反，且主对角线上的元素等于零.

若 $\boldsymbol{A}$，$\boldsymbol{B}$ 均为对称矩阵，则对任意的常数 k，矩阵 $k\boldsymbol{A}$，$\boldsymbol{A}+\boldsymbol{B}$ 皆是对称矩阵，但 $\boldsymbol{AB}$ 未必是对称矩阵. 这是因为 $(\boldsymbol{AB})^{\mathrm{T}}=\boldsymbol{B}^{\mathrm{T}}\boldsymbol{A}^{\mathrm{T}}=\boldsymbol{BA}$，但一般地，$\boldsymbol{AB}\neq\boldsymbol{BA}$.

例 2.2.12　设 $\boldsymbol{A}$ 为对称矩阵，$\boldsymbol{B}$ 为反对称矩阵，证明：

(1)$\boldsymbol{B}^2$ 为对称矩阵.

(2)$\boldsymbol{AB}-\boldsymbol{BA}$ 为对称矩阵.

证　(1)由 $\boldsymbol{B}^{\mathrm{T}}=-\boldsymbol{B}$，则 $(\boldsymbol{B}^2)^{\mathrm{T}}=(\boldsymbol{BB})^{\mathrm{T}}=\boldsymbol{B}^{\mathrm{T}}\boldsymbol{B}^{\mathrm{T}}=(-\boldsymbol{B})(-\boldsymbol{B})=\boldsymbol{B}^2$；

(2)由已知条件有

$$\begin{aligned}(\boldsymbol{AB}-\boldsymbol{BA})^{\mathrm{T}}&=(\boldsymbol{AB})^{\mathrm{T}}-(\boldsymbol{BA})^{\mathrm{T}}\\&=\boldsymbol{B}^{\mathrm{T}}\boldsymbol{A}^{\mathrm{T}}-\boldsymbol{A}^{\mathrm{T}}\boldsymbol{B}^{\mathrm{T}}\\&=-\boldsymbol{BA}-\boldsymbol{A}(-\boldsymbol{B})=\boldsymbol{AB}-\boldsymbol{BA}.\end{aligned}$$

五、方阵的行列式

定义 2.2.6　由 n 阶方阵

$$\boldsymbol{A}=\begin{pmatrix}a_{11}&a_{12}&\cdots&a_{1n}\\a_{21}&a_{22}&\cdots&a_{2n}\\\vdots&\vdots&\vdots&\vdots\\a_{n1}&a_{n2}&\cdots&a_{nn}\end{pmatrix}$$

所确定的 n 阶行列式

$$\begin{vmatrix} a_{11} & a_{12} & \cdots & a_{1n} \\ a_{21} & a_{22} & \cdots & a_{2n} \\ \vdots & \vdots & \vdots & \vdots \\ a_{n1} & a_{n2} & \cdots & a_{nn} \end{vmatrix}$$

称为方阵 $\boldsymbol{A}$ 的行列式，记作 $|\boldsymbol{A}|$ 或 $\det\boldsymbol{A}$.

设 $\boldsymbol{A}$，$\boldsymbol{B}$ 是 n 阶方阵，k 是任意常数，方阵的行列式满足如下的运算规律：

(1) $|\boldsymbol{A}^{\mathrm{T}}|=|\boldsymbol{A}|$.

(2) $|k\boldsymbol{A}|=k^n|\boldsymbol{A}|$.

(3) $|\boldsymbol{AB}|=|\boldsymbol{A}||\boldsymbol{B}|$.

一般地，若 $\boldsymbol{A}_1$，$\boldsymbol{A}_2$，…，$\boldsymbol{A}_k$ 都是 n 阶方阵，则

$$|\boldsymbol{A}_1\boldsymbol{A}_2\cdots\boldsymbol{A}_k|=|\boldsymbol{A}_1||\boldsymbol{A}_2|\cdots|\boldsymbol{A}_k|.$$

显然，$|\boldsymbol{A}^k|=|\boldsymbol{A}|^k$.

例 2.2.13 设 $\boldsymbol{A}=\begin{pmatrix} 1 & 0 & -1 \\ 2 & 1 & 0 \\ 3 & 2 & -1 \end{pmatrix}$，$\boldsymbol{B}=\begin{pmatrix} -2 & 1 & 0 \\ 0 & 3 & 1 \\ 0 & 0 & 2 \end{pmatrix}$，求 $|\boldsymbol{A}||\boldsymbol{B}|$.

解 因为

$$\boldsymbol{AB}=\begin{pmatrix} -2 & 1 & -2 \\ -4 & 5 & 1 \\ -6 & 9 & 0 \end{pmatrix},\ |\boldsymbol{AB}|=\begin{vmatrix} -2 & 1 & -2 \\ -4 & 5 & 1 \\ -6 & 9 & 0 \end{vmatrix}=24,$$

由公式 $|\boldsymbol{AB}|=|\boldsymbol{A}||\boldsymbol{B}|$，则 $|\boldsymbol{A}||\boldsymbol{B}|=24$.

若先求得

$$|\boldsymbol{A}|=\begin{vmatrix} 1 & 0 & -1 \\ 2 & 1 & 0 \\ 3 & 2 & -1 \end{vmatrix}=-2,\ |\boldsymbol{B}|=\begin{vmatrix} -2 & 1 & 0 \\ 0 & 3 & 1 \\ 0 & 0 & 2 \end{vmatrix}=-12.$$

同样可得 $|\boldsymbol{A}||\boldsymbol{B}|=24$.

例 2.2.14 设 $\boldsymbol{A}$，$\boldsymbol{B}$ 均为四阶方阵，且 $|\boldsymbol{A}|=-2$，$|\boldsymbol{B}|=1$，计算 $|-2\boldsymbol{A}^{\mathrm{T}}(\boldsymbol{B}^{\mathrm{T}}\boldsymbol{A})^2|$.

解 由方阵的行列式的运算规律，有

$$\begin{aligned} |-2\boldsymbol{A}^{\mathrm{T}}(\boldsymbol{B}^{\mathrm{T}}\boldsymbol{A})^2| &= (-2)^4|\boldsymbol{A}^{\mathrm{T}}||(\boldsymbol{B}^{\mathrm{T}}\boldsymbol{A})^2|=16|\boldsymbol{A}||(\boldsymbol{B}^{\mathrm{T}}\boldsymbol{A})|^2 \\ &= 16|\boldsymbol{A}||\boldsymbol{B}|^2\ |\boldsymbol{A}|^2=-128. \end{aligned}$$

习题 2-2

1. 如果矩阵的和或者乘积有意义，计算其结果，否则说明原因. 其中

$$\boldsymbol{A}=\begin{pmatrix} 2 & 4 & 7 \\ 1 & 3 & 2 \end{pmatrix},\ \boldsymbol{B}=\begin{pmatrix} 6 & 10 & 20 \\ 0 & 9 & 3 \end{pmatrix}.$$

(1) $\boldsymbol{A}+\boldsymbol{B}$；(2) $3\boldsymbol{A}$；(3) $\boldsymbol{AB}$；(4) $\boldsymbol{BA}$.

2.(1) 如果 $\boldsymbol{A}$ 是 5×3 矩阵，$\boldsymbol{AB}$ 是 5×7 矩阵，则 $\boldsymbol{B}$ 的行数列数分别是多少？

(2) 如果 $\boldsymbol{AB}$ 是 3×4 矩阵，则 $\boldsymbol{B}$ 的列数是多少？

3. 计算题.

(1) $\begin{pmatrix}-1 & 1\\ 2 & 3\end{pmatrix}+\begin{pmatrix}2 & -1\\ 3 & -1\end{pmatrix}$；　　(2) $3\begin{pmatrix}1 & 2 & 3\\ -2 & 4 & 1\end{pmatrix}-2\begin{pmatrix}1 & 0 & 1\\ -1 & 2 & 1\end{pmatrix}$；

(3) $\begin{pmatrix}2 & 3\\ -1 & 4\end{pmatrix}\begin{pmatrix}3 & -2\\ 1 & -1\end{pmatrix}$；　　(4) $\begin{pmatrix}1 & 2 & 3\\ -2 & 0 & 1\\ 0 & 1 & 2\end{pmatrix}\begin{pmatrix}2 & 2\\ -1 & 0\\ 0 & 1\end{pmatrix}$；

(5) $\begin{pmatrix}4 & 3 & 1\\ -1 & -2 & 3\\ 5 & 7 & 0\end{pmatrix}\begin{pmatrix}7\\ 2\\ 1\end{pmatrix}$；　　(6) $\begin{pmatrix}3 & 1 & 1\\ 2 & 1 & 2\\ 1 & 2 & 3\end{pmatrix}\begin{pmatrix}1 & 1 & -1\\ 2 & -1 & 1\\ 1 & 0 & 1\end{pmatrix}$；

(7) $(-1\ \ 2\ \ -3)\begin{pmatrix}2\\ 1\\ 2\end{pmatrix}$；　　(8) $\begin{pmatrix}1\\ 2\\ 1\end{pmatrix}(2\ \ 3\ \ 4)$；

(9) $\begin{pmatrix}d_1 & 0 & \cdots & 0\\ 0 & d_2 & \cdots & 0\\ \cdots & \cdots & \cdots & \cdots\\ 0 & 0 & \cdots & d_n\end{pmatrix}\begin{pmatrix}a_{11} & a_{12} & \cdots & a_{1n}\\ a_{21} & a_{22} & \cdots & a_{2n}\\ \cdots & \cdots & \cdots & \cdots\\ a_{n1} & a_{n2} & \cdots & a_{nn}\end{pmatrix}$；

(10) $\begin{pmatrix}a_{11} & a_{12} & \cdots & a_{1n}\\ a_{21} & a_{22} & \cdots & a_{2n}\\ \cdots & \cdots & \cdots & \cdots\\ a_{n1} & a_{n2} & \cdots & a_{nn}\end{pmatrix}\begin{pmatrix}d_1 & 0 & \cdots & 0\\ 0 & d_2 & \cdots & 0\\ \cdots & \cdots & \cdots & \cdots\\ 0 & 0 & \cdots & d_n\end{pmatrix}$；

(11) $(x,\ y,\ z)\begin{pmatrix}1 & -1 & 0\\ -1 & 2 & 3\\ 0 & 3 & 1\end{pmatrix}\begin{pmatrix}x\\ y\\ z\end{pmatrix}$；

(12) $(x_1,\ x_2,\ x_3)\begin{pmatrix}a_{11} & a_{12} & a_{13}\\ a_{12} & a_{22} & a_{23}\\ a_{13} & a_{23} & a_{33}\end{pmatrix}\begin{pmatrix}x_1\\ x_2\\ x_3\end{pmatrix}$.

4. 试写出下列方程组的系数矩阵，并说出它们是几行几列的矩阵.

(1) $\begin{cases}2x_1-x_3+2x_4=1,\\ 2x_1+4x_2-x_3+5x_4=1,\\ -x_1+8x_2+3x_3=2.\end{cases}$　　(2) $\begin{cases}5x_1+6x_2=1,\\ x_1+5x_2+6x_3=0,\\ x_2+5x_3+6x_4=0,\\ x_3+5x_4+6x_5=0,\\ x_4+5x_5=1.\end{cases}$

5. 判断下列命题是否正确并说明理由.

(1) $(\boldsymbol{A}-\boldsymbol{B})(\boldsymbol{A}+\boldsymbol{B})=\boldsymbol{A}^2-\boldsymbol{B}^2$.

(2) $\boldsymbol{AB}=\boldsymbol{O}$，则 $\boldsymbol{A}=\boldsymbol{O}$ 或 $\boldsymbol{B}=\boldsymbol{O}$.

(3) $\boldsymbol{AB}=\boldsymbol{E}$，则 $\boldsymbol{A}=\boldsymbol{B}=\boldsymbol{E}$.

(4) $\boldsymbol{A}^2=\boldsymbol{E}$，则 $\boldsymbol{A}=\pm\boldsymbol{E}$.

(5) 设 $\boldsymbol{A}$，$\boldsymbol{E}$ 为 n 阶方阵，则 $(\boldsymbol{A}-\boldsymbol{E})(\boldsymbol{A}+\boldsymbol{E})=(\boldsymbol{A}+\boldsymbol{E})(\boldsymbol{A}-\boldsymbol{E})$.

(6) 若矩阵 $\boldsymbol{A}$ 有一行为零，则乘积矩阵 $\boldsymbol{AB}$ 也有一行为零.

(7) 若矩阵 $\boldsymbol{A}$ 有一列为零，则乘积矩阵 $\boldsymbol{AB}$ 也有一列为零.

(8) 设 $\boldsymbol{A}$，$\boldsymbol{B}$，$\boldsymbol{E}$ 为 n 阶方阵，则行列式 $|\boldsymbol{A}+\boldsymbol{BA}|=0$ 的充要条件是 $|\boldsymbol{A}|=0$ 或 $|\boldsymbol{B}+\boldsymbol{E}|=0$.

(9) 设 $\boldsymbol{A}$ 为 $n\times1$ 矩阵，$\boldsymbol{B}$ 为 $1\times n$ 矩阵，则 $|\boldsymbol{AB}|=|\boldsymbol{A}||\boldsymbol{B}|$.

(10) 设 $\boldsymbol{P}$ 为可逆矩阵，若 $\boldsymbol{B}=\boldsymbol{P}^{-1}\boldsymbol{AP}$，则 $|\boldsymbol{B}|=|\boldsymbol{A}|$.

(11) 若 $\boldsymbol{A}$ 为 n 阶方阵且 $\boldsymbol{A}^{-1}=\boldsymbol{A}^{\mathrm{T}}$，则 $|\boldsymbol{A}|=1$ 或 -1.

6. 计算 $\begin{pmatrix}0&1&0\\0&0&1\\0&0&0\end{pmatrix}^n$，$n\geqslant2$.

7. 已知 $\boldsymbol{A}=(1,\ 1,\ 0,\ 2)$，$\boldsymbol{B}=(4,\ -1,\ 2,\ 1)^{\mathrm{T}}$，求 $\boldsymbol{AB}$ 和 $\boldsymbol{A}^{\mathrm{T}}\boldsymbol{B}^{\mathrm{T}}$，并求其行列式.

8. 如果 $\boldsymbol{A}=\dfrac{1}{2}(\boldsymbol{B}+\boldsymbol{E})$，证明 $\boldsymbol{A}^2=\boldsymbol{A}$ 当且仅当 $\boldsymbol{B}^2=\boldsymbol{E}$ 时成立.

9. 证明：如果 $\boldsymbol{A}$，$\boldsymbol{B}$ 都是 n 阶对称矩阵，则 $\boldsymbol{AB}$ 是对称矩阵的充分必要条件是 $\boldsymbol{A}$ 与 $\boldsymbol{B}$ 是可交换的.

2.3 逆矩阵

由矩阵的运算可知，零矩阵与任一同型矩阵相加，结果是原矩阵；单位矩阵与任一矩阵相乘(只要乘法可行)，结果还是原矩阵. 可以说零矩阵类似于数的加法运算中零的作用，而单位矩阵类似于数的乘法运算中 1 的作用.

在数的运算中，设数 $a\neq0$，则存在 a 的唯一的逆元(即倒数)$a^{-1}=\dfrac{1}{a}$，使 $a\cdot a^{-1}=a^{-1}\cdot a=1$. 我们自然要问，在矩阵运算中，对于给定的矩阵 $\boldsymbol{A}$，是否也存在一个与之对应的矩阵 $\boldsymbol{A}^{-1}$，使 $\boldsymbol{AA}^{-1}=\boldsymbol{A}^{-1}\boldsymbol{A}=\boldsymbol{E}$ 呢？下面我们讨论这个问题.

一、逆矩阵的定义

定义 2.3.1 设 $\boldsymbol{A}$ 是 n 阶方阵，如果存在一个 n 阶方阵 $\boldsymbol{B}$，使得

$$\boldsymbol{AB}=\boldsymbol{BA}=\boldsymbol{E},$$

则称矩阵 $\boldsymbol{A}$ 可逆，并称矩阵 $\boldsymbol{B}$ 是 $\boldsymbol{A}$ 的逆矩阵.

如果矩阵 $\boldsymbol{A}$ 可逆，则 $\boldsymbol{A}$ 的逆矩阵是唯一的. 这是因为若 $\boldsymbol{B}$，$\boldsymbol{C}$ 都是 $\boldsymbol{A}$ 的逆矩

阵，则有

$$AB = BA = E，AC = CA = E，$$

从而

$$B = BE = B(AC) = (BA)C = EC = C .$$

所以 A 的逆矩阵是唯一的，将 A 的逆矩阵记为 A^{-1}. 即

$$AA^{-1} = A^{-1}A = E.$$

注意：

(1) 可逆矩阵一定是方阵，并且其逆矩阵为同阶方阵.

(2) 单位矩阵的逆矩阵是它本身.

(3) 由于 A，B 位置对称，所以由定义可推知 B 也是可逆矩阵，并且 A，B 互为逆矩阵，即 $B = A^{-1}$ 且 $A = B^{-1}$. 例如，设

$$A = \begin{pmatrix} 1 & -1 & 3 \\ 2 & -1 & 4 \\ -1 & 2 & -4 \end{pmatrix}，B = \begin{pmatrix} -4 & 2 & -1 \\ 4 & -1 & 2 \\ 3 & -1 & 1 \end{pmatrix}.$$

可以验证，$AB = BA = E$，所以 $B = A^{-1}$，$A = B^{-1}$.

但是，并非所有的矩阵都是可逆的. 因此，需要解决矩阵可逆的条件问题.

二、方阵可逆的充分必要条件

为了给出矩阵可逆的充分必要条件，首先介绍伴随矩阵的概念.

定义 2.3.2 **设 $A = (a_{ij})_{n \times n}$，$A_{ij}$ 是方阵 A 的行列式 $|A|$ 中元素 a_{ij} 的代数余子式，以 A_{ij} 为元素组成的 n 阶方阵**

$$A^* = \begin{pmatrix} A_{11} & A_{21} & \cdots & A_{n1} \\ A_{12} & A_{22} & \cdots & A_{n2} \\ \vdots & \vdots & \ddots & \vdots \\ A_{1n} & A_{2n} & \cdots & A_{nn} \end{pmatrix} \tag{2.3.1}$$

称为 A 的伴随矩阵.

例 2.3.1 求 $A = \begin{pmatrix} 1 & 1 & -1 \\ 1 & 2 & -3 \\ 0 & 1 & 1 \end{pmatrix}$ 的伴随矩阵，并计算 AA^*.

解 $|A| = \begin{vmatrix} 1 & 1 & -1 \\ 1 & 2 & -3 \\ 0 & 1 & 1 \end{vmatrix} = 3$，且

$$A_{11} = (-1)^{1+1} \begin{vmatrix} 2 & -3 \\ 1 & 1 \end{vmatrix} = 5；A_{12} = (-1)^{1+2} \begin{vmatrix} 1 & -3 \\ 0 & 1 \end{vmatrix} = -1；$$

$$A_{13} = (-1)^{1+3} \begin{vmatrix} 1 & 2 \\ 0 & 1 \end{vmatrix} = 1； \quad A_{21} = (-1)^{2+1} \begin{vmatrix} 1 & -1 \\ 1 & 1 \end{vmatrix} = -2；$$

$$A_{22}=(-1)^{2+2}\begin{vmatrix}1 & -1\\0 & 1\end{vmatrix}=1;\quad A_{23}=(-1)^{2+3}\begin{vmatrix}1 & 1\\0 & 1\end{vmatrix}=-1;$$

$$A_{31}=(-1)^{3+1}\begin{vmatrix}1 & -1\\2 & -3\end{vmatrix}=-1;\quad A_{32}=(-1)^{3+2}\begin{vmatrix}1 & -1\\1 & -3\end{vmatrix}=2;$$

$$A_{33}=(-1)^{3+3}\begin{vmatrix}1 & 1\\1 & 2\end{vmatrix}=1.$$

因此 $\boldsymbol{A}$ 的伴随矩阵

$$\boldsymbol{A}^*=\begin{pmatrix}5 & -2 & -1\\-1 & 1 & 2\\1 & -1 & 1\end{pmatrix}.$$

由矩阵的乘法，得

$$\boldsymbol{A}\boldsymbol{A}^*=\begin{pmatrix}1 & 1 & -1\\1 & 2 & -3\\0 & 1 & 1\end{pmatrix}\begin{pmatrix}5 & -2 & -1\\-1 & 1 & 2\\1 & -1 & 1\end{pmatrix}=\begin{pmatrix}3 & 0 & 0\\0 & 3 & 0\\0 & 0 & 3\end{pmatrix}=3\begin{pmatrix}1 & 0 & 0\\0 & 1 & 0\\0 & 0 & 1\end{pmatrix}=|\boldsymbol{A}|\boldsymbol{E}.$$

一般地，有

定理 2.3.1　设 $\boldsymbol{A}$ 是 n 阶方阵，$\boldsymbol{A}^*$ 是 $\boldsymbol{A}$ 的伴随矩阵，则

$$\boldsymbol{A}\boldsymbol{A}^*=\boldsymbol{A}^*\boldsymbol{A}=|\boldsymbol{A}|\boldsymbol{E}.\tag{2.3.2}$$

证

$$\boldsymbol{A}\boldsymbol{A}^*=\begin{pmatrix}a_{11} & a_{12} & \cdots & a_{1n}\\a_{21} & a_{22} & \cdots & a_{2n}\\\vdots & \vdots & \ddots & \vdots\\a_{n1} & a_{n2} & \cdots & a_{nn}\end{pmatrix}\begin{pmatrix}A_{11} & A_{21} & \cdots & A_{n1}\\A_{12} & A_{22} & \cdots & A_{n2}\\\vdots & \vdots & \ddots & \vdots\\A_{1n} & A_{2n} & \cdots & A_{nn}\end{pmatrix}$$

$$=\begin{pmatrix}\sum a_{1k}A_{1k} & \sum a_{1k}A_{2k} & \cdots & \sum a_{1k}A_{nk}\\\sum a_{2k}A_{1k} & \sum a_{2k}A_{2k} & \cdots & \sum a_{2k}A_{nk}\\\vdots & \vdots & \ddots & \vdots\\\sum a_{nk}A_{1k} & \sum a_{nk}A_{2k} & \cdots & \sum a_{nk}A_{nk}\end{pmatrix},$$

其中每个求和号 $\sum$ 均对 k 从 1 到 n 求和. 根据行列式的性质

$$\sum_{k=1}^{n}a_{ik}A_{jk}=\begin{cases}|\boldsymbol{A}|, & i=j,\\0, & i\neq j.\end{cases}$$

从而

$$\boldsymbol{A}\boldsymbol{A}^*=\begin{pmatrix}|\boldsymbol{A}| & & & \\ & |\boldsymbol{A}| & & \\ & & \ddots & \\ & & & |\boldsymbol{A}|\end{pmatrix}=|\boldsymbol{A}|\boldsymbol{E}.$$

同理 $\boldsymbol{A}^*\boldsymbol{A}=|\boldsymbol{A}|\boldsymbol{E}$.

定理 2.3.2 n 阶方阵 $\boldsymbol{A}$ 可逆的充分必要条件为 $|\boldsymbol{A}|\neq 0$，且

$$\boldsymbol{A}^{-1}=\frac{\boldsymbol{A}^*}{|\boldsymbol{A}|}. \tag{2.3.3}$$

证 （必要性）因为 $\boldsymbol{A}$ 可逆，由定义 2.3.1 有

$$\boldsymbol{A}\boldsymbol{A}^{-1}=\boldsymbol{E}.$$

两边取行列式，得

$$|\boldsymbol{A}\boldsymbol{A}^{-1}|=|\boldsymbol{A}|\,|\boldsymbol{A}^{-1}|=|\boldsymbol{E}|=1$$

所以 $|\boldsymbol{A}|\neq 0$.

（充分性）因为 $|\boldsymbol{A}|\neq 0$，构造方阵 $\dfrac{\boldsymbol{A}^*}{|\boldsymbol{A}|}$，由定理 2.3.1 得

$$\boldsymbol{A}\cdot\frac{\boldsymbol{A}^*}{|\boldsymbol{A}|}=\frac{\boldsymbol{A}^*}{|\boldsymbol{A}|}\cdot\boldsymbol{A}=\frac{\boldsymbol{A}^*\boldsymbol{A}}{|\boldsymbol{A}|}=\frac{|\boldsymbol{A}|\boldsymbol{E}}{|\boldsymbol{A}|}=\boldsymbol{E}.$$

从而，由逆矩阵的定义可知 $\boldsymbol{A}$ 可逆，且 $\boldsymbol{A}^{-1}=\dfrac{\boldsymbol{A}^*}{|\boldsymbol{A}|}$.

例 2.3.2 求 $\boldsymbol{A}=\begin{pmatrix}1&1&-1\\1&2&-3\\0&1&1\end{pmatrix}$的逆矩阵.

解 由于 $|\boldsymbol{A}|=\begin{vmatrix}1&1&-1\\1&2&-3\\0&1&1\end{vmatrix}=3\neq 0$，故 $\boldsymbol{A}$ 可逆. 由例 2.3.1，$\boldsymbol{A}$ 的伴随矩阵

$$\boldsymbol{A}^*=\begin{pmatrix}5&-2&-1\\-1&1&2\\1&-1&1\end{pmatrix},$$

故 $\boldsymbol{A}$ 的逆矩阵为

$$\boldsymbol{A}^{-1}=\frac{1}{|\boldsymbol{A}|}\boldsymbol{A}^*=\frac{1}{3}\begin{pmatrix}5&-2&-1\\-1&1&2\\1&-1&1\end{pmatrix}=\begin{pmatrix}\frac{5}{3}&-\frac{2}{3}&-\frac{1}{3}\\-\frac{1}{3}&\frac{1}{3}&\frac{2}{3}\\\frac{1}{3}&-\frac{1}{3}&\frac{1}{3}\end{pmatrix}.$$

显然：

(1) 若 $ad-bc\neq 0$，则二阶方阵$\begin{pmatrix}a&b\\c&d\end{pmatrix}$可逆，且

$$\begin{pmatrix}a&b\\c&d\end{pmatrix}^{-1}=\frac{1}{ad-bc}\begin{pmatrix}d&-b\\-c&a\end{pmatrix}.$$

(2)若 $a_{11}a_{22}\cdots a_{nn}\neq 0$，则 n 阶对角矩阵

$$A=\begin{pmatrix} a_{11} & & & \\ & a_{22} & & \\ & & \ddots & \\ & & & a_{nn} \end{pmatrix}$$

可逆，且

$$\begin{pmatrix} a_{11} & & & \\ & a_{22} & & \\ & & \ddots & \\ & & & a_{nn} \end{pmatrix}^{-1}=\begin{pmatrix} a_{11}^{-1} & & & \\ & a_{22}^{-1} & & \\ & & \ddots & \\ & & & a_{nn}^{-1} \end{pmatrix}.$$

由定理 2.3.2 可得以下推论：

推论 1　若 n 阶方阵 A，B 满足 $AB=O$，且 $|A|\neq 0$，则 $B=O$.

证　因为 $|A|\neq 0$，所以 A 可逆，用 A^{-1} 乘 $AB=O$ 的两边，得 $B=O$.

推论 2　若 n 阶方阵 A 满足 $AB=AC$，且 $|A|\neq 0$，则 $B=C$.

证　因为 $|A|\neq 0$，所以 A 可逆，A^{-1} 乘 $AB=AC$ 的两边，得 $B=C$.

推论 3　设 A，B 是 n 阶方阵，若 $AB=E$，则必有 $BA=E$.

证　由 $AB=E$，得 $|AB|=|A||B|=|E|=1\neq 0$，所以 $|A|\neq 0$，$|B|\neq 0$. 从而，A，B 都可逆，并且

$$BA=(A^{-1}A)BA=A^{-1}(AB)A=A^{-1}EA=E.$$

此推论说明，若 $AB=E$，则 A，B 互逆. 因此，判断 B 是否为 A 的逆矩阵（或 A 是否为 B 的逆矩阵），只要验证 $AB=E$ 或 $BA=E$ 即可.

例 2.3.3　已知 n 阶方阵 A 满足 $A^2+3A-2E=O$.

(1) 证明 A 可逆，求 A^{-1}.

(2) 证明 $A+2E$ 可逆，并求 $(A+2E)^{-1}$.

证　(1) 由 $A^2+3A-2E=O$，得 $A(A+3E)=2E$，即 $A\left(\dfrac{A+3E}{2}\right)=E$，由定理 2.3.2 的推论 3，$A$ 可逆，且 $A^{-1}=\dfrac{1}{2}(A+3E)$.

(2) 由 $A^2+3A-2E=0$，得 $A(A+2E)+(A+2E)-4E=0$，从而有 $(A+E)(A+2E)=4E$. 由定理 2.3.2 的推论 3，$A+2E$ 可逆，且 $(A+2E)^{-1}=\dfrac{1}{4}(A+E)$.

n 阶方阵 A 可按 $|A|\neq 0$，$|A|=0$ 分为两类：

定义 2.3.3　若 $|A|\neq 0$，则称 A 为非奇异矩阵（或满秩矩阵）；若 $|A|=0$，称 A 为奇异矩阵（或降秩矩阵）.

三、可逆矩阵的性质

求可逆矩阵的逆矩阵作为一种运算，具有如下性质.

(1) 若 A 可逆，则 A^{-1} 也可逆，且 $(A^{-1})^{-1}=A$.

(2) 若 A 可逆，数 $k\neq 0$，则 kA 也可逆，且 $(kA)^{-1}=\frac{1}{k}A^{-1}$.

(3) 若 A 可逆，则 A^{T} 也可逆，且 $(A^{\mathrm{T}})^{-1}=(A^{-1})^{\mathrm{T}}$.

(4) 若 A，B 是同阶可逆矩阵，则 AB 也可逆，且 $(AB)^{-1}=B^{-1}A^{-1}$.

(5) 若 A 可逆，则 $|A^{-1}|=\frac{1}{|A|}=|A|^{-1}$.

证 只证明(4)式.

因为 A，B 都是 n 阶可逆矩阵，所以 $AA^{-1}=A^{-1}A=E$，$BB^{-1}=B^{-1}B=E$. 故

$$(AB)(B^{-1}A^{-1})=A(BB^{-1})A=AEA^{-1}=AA^{-1}=E.$$

所以 AB 可逆，$(AB)^{-1}=B^{-1}A^{-1}$.

性质(4)可以推广到有限个 n 阶可逆矩阵的情形.

若 A_1，A_2，…，A_k 是 n 阶可逆矩阵，则乘积 $A_1A_2\cdots A_k$ 可逆，且

$$(A_1A_2\cdots A_k)^{-1}=A_k^{-1}A_{k-1}^{-1}\cdots A_1^{-1}.$$

特别地，$(A^k)^{-1}=(A^{-1})^k$（k 为正整数）.

应当指出，A，B 可逆，$A+B$ 未必可逆. 即使 $A+B$ 可逆，一般地也有 $(A+B)^{-1}\neq A^{-1}+B^{-1}$. 例如：

$$A=\begin{pmatrix}1&0&0\\0&2&0\\0&0&3\end{pmatrix},\ B=\begin{pmatrix}1&0&0\\0&-2&0\\0&0&3\end{pmatrix},\ A+B=\begin{pmatrix}2&0&0\\0&0&0\\0&0&6\end{pmatrix},$$

显然 A，B 可逆，但因为 $|A+B|=0$ 故 $A+B$ 不可逆.

当 $A=B$ 时，$(A+B)^{-1}=(2A)^{-1}=\frac{1}{2}A^{-1}$，而不是 $A^{-1}+A^{-1}=2A^{-1}$.

例 2.3.4 设 A 为 n 阶可逆矩阵，证明

$$(A^*)^*=|A|^{n-2}A.$$

证 由定理 2.3.2，$A^{-1}=\frac{A^*}{|A|}$，则 $A^*=|A|A^{-1}$，从而 $(A^*)^*=|A^*|(A^*)^{-1}$. 而

$$|A^*|=||A|A^{-1}|=|A|^n|A^{-1}|=|A|^n|A|^{-1}=|A|^{n-1},$$

$$(A^*)^{-1}=(|A|A^{-1})^{-1}=|A|^{-1}A,$$

故 $(A^*)^*=|A^*|(A^*)^{-1}=|A|^{n-1}|A|^{-1}A=|A|^{n-2}A$.

注：设 A，B 为 n 阶可逆矩阵，$k\neq 0$，除了定理 2.3.1 和例 2.3.4 外，伴随矩阵的运算规律还有：

(1) $(AB)^*=B^*A^*$； (2) $(kA)^*=k^{n-1}A^*$； (3) $(A^*)^{\mathrm{T}}=(A^{\mathrm{T}})^*$；

(4) $(A^*)^{\mathrm{T}}=(A^{\mathrm{T}})^*$； (5) $|A^*|=|A|^{n-1}$.

四、用逆矩阵求解线性方程组

根据矩阵的乘法，n 个未知量、n 个方程的线性方程组

$$\begin{cases}a_{11}x_1+a_{12}x_2+\cdots+a_{1n}x_n=b_1,\\ a_{21}x_1+a_{22}x_2+\cdots+a_{2n}x_n=b_2,\\ \cdots\cdots\\ a_{n1}x_1+a_{n2}x_2+\cdots+a_{nn}x_n=b_n.\end{cases} \tag{2.3.4}$$

的矩阵形式为

$$\boldsymbol{AX}=\boldsymbol{b}. \tag{2.3.5}$$

其中

$$\boldsymbol{A}=\begin{pmatrix}a_{11}&a_{12}&\cdots&a_{1n}\\ a_{21}&a_{22}&\cdots&a_{2n}\\ \vdots&\vdots&\ddots&\vdots\\ a_{n1}&a_{n2}&\cdots&a_{nn}\end{pmatrix},\ \boldsymbol{X}=\begin{pmatrix}x_1\\ x_2\\ \vdots\\ x_n\end{pmatrix},\ b=\begin{pmatrix}b_1\\ b_2\\ \vdots\\ b_n\end{pmatrix}.$$

$\boldsymbol{A}$ 为线性方程组的系数矩阵.

当 $|\boldsymbol{A}|\neq 0$ 时，$\boldsymbol{A}^{-1}$ 存在，用 $\boldsymbol{A}^{-1}$ 乘 $\boldsymbol{AX}=\boldsymbol{b}$ 两端，得 $\boldsymbol{A}^{-1}(\boldsymbol{AX})=\boldsymbol{A}^{-1}\boldsymbol{b}$，即

$$\boldsymbol{X}=\boldsymbol{A}^{-1}\boldsymbol{b}. \tag{2.3.6}$$

这就是线性方程组(2.3.5)的解的矩阵表达式.

例 2.3.5 利用逆矩阵求解方程组

$$\begin{cases}2x_1+2x_2+3x_3=2,\\ x_1-x_2=2,\\ -x_1+2x_2+x_3=4.\end{cases}$$

解 将方程组写成矩阵形式 $\boldsymbol{AX}=\boldsymbol{b}$，其中

$$\boldsymbol{A}=\begin{pmatrix}2&2&3\\ 1&-1&0\\ -1&2&1\end{pmatrix},\quad \boldsymbol{X}=\begin{pmatrix}x_1\\ x_2\\ x_3\end{pmatrix},\quad \boldsymbol{b}=\begin{pmatrix}2\\ 2\\ 4\end{pmatrix}.$$

计算得 $|\boldsymbol{A}|=-1\neq 0$，故 $\boldsymbol{A}$ 可逆. 因而有 $\boldsymbol{X}=\boldsymbol{A}^{-1}\boldsymbol{b}$，即

$$\begin{pmatrix}x_1\\ x_2\\ x_3\end{pmatrix}=\begin{pmatrix}2&2&3\\ 1&-1&0\\ -1&2&1\end{pmatrix}^{-1}\begin{pmatrix}2\\ 2\\ 4\end{pmatrix}=\begin{pmatrix}1&-4&-3\\ 1&-5&-3\\ -1&6&4\end{pmatrix}\begin{pmatrix}2\\ 2\\ 4\end{pmatrix}=\begin{pmatrix}-18\\ -20\\ 26\end{pmatrix}.$$

根据矩阵相等的定义，方程组的解为

$$x_1=-18,\quad x_2=-20,\quad x_3=26.$$

例 2.3.6 设三阶矩阵 $\boldsymbol{A}$，$\boldsymbol{B}$ 满足关系式 $\boldsymbol{A}^{-1}\boldsymbol{BA}=\boldsymbol{BA}+6\boldsymbol{A}$，且

$$\boldsymbol{A}=\begin{pmatrix}1/3&0&0\\ 0&1/4&0\\ 0&0&1/7\end{pmatrix},$$

求矩阵 $\boldsymbol{B}$.

解 由于 $\boldsymbol{A}$ 可逆，将等式 $\boldsymbol{A}^{-1}\boldsymbol{BA}=\boldsymbol{BA}+6\boldsymbol{A}$ 两端乘 $\boldsymbol{A}^{-1}$ 有 $\boldsymbol{A}^{-1}\boldsymbol{B}=\boldsymbol{B}+6\boldsymbol{E}$，整理得 $(\boldsymbol{A}^{-1}-\boldsymbol{E})\boldsymbol{B}=6\boldsymbol{E}$，于是

$$\boldsymbol{B}=\left[\frac{1}{6}(\boldsymbol{A}^{-1}-\boldsymbol{E})\right]^{-1}=6(\boldsymbol{A}^{-1}-\boldsymbol{E})^{-1}.$$

因为 $\boldsymbol{A}$ 是对角矩阵，所以 $\boldsymbol{A}^{-1}=\begin{pmatrix}3&0&0\\0&4&0\\0&0&7\end{pmatrix}$，于是 $\boldsymbol{A}^{-1}-\boldsymbol{E}=\begin{pmatrix}2&0&0\\0&3&0\\0&0&6\end{pmatrix}$，从而

$$(\boldsymbol{A}^{-1}-\boldsymbol{E})^{-1}=\begin{pmatrix}1/2&0&0\\0&1/3&0\\0&0&1/6\end{pmatrix},$$

故 $\boldsymbol{B}=6(\boldsymbol{A}^{-1}-\boldsymbol{E})^{-1}=\begin{pmatrix}3&0&0\\0&2&0\\0&0&1\end{pmatrix}$.

习题 2-3

1. (1) 若 $\boldsymbol{A}^3+2\boldsymbol{A}^2+\boldsymbol{A}-\boldsymbol{E}=\boldsymbol{O}$，证明 $\boldsymbol{A}$ 可逆，并求 $\boldsymbol{A}^{-1}$.

(2) 若 $\boldsymbol{A}^2-\boldsymbol{A}-4\boldsymbol{E}=\boldsymbol{O}$，证明 $\boldsymbol{A}+\boldsymbol{E}$ 可逆，并求 $(\boldsymbol{A}+\boldsymbol{E})^{-1}$.

2. 设 $\boldsymbol{A}$ 为 3 阶矩阵，$|\boldsymbol{A}|=\frac{1}{2}$，求 $|(2\boldsymbol{A})^{-1}-5\boldsymbol{A}^*|$.

3. 利用伴随矩阵求下列矩阵的逆矩阵.

(1) $\begin{pmatrix}1&2&-3\\0&1&2\\0&0&1\end{pmatrix}$；　(2) $\begin{pmatrix}1&0&4\\2&2&7\\0&1&2\end{pmatrix}$；

(3) $\begin{pmatrix}-11&2&2\\-4&0&1\\6&-1&-1\end{pmatrix}$；　(4) $\begin{pmatrix}1&1&1&1\\1&1&-1&-1\\1&-1&1&-1\\1&-1&-1&1\end{pmatrix}$.

4. 利用逆矩阵求解线性方程组：

(1) $\begin{cases}x_1-x_2+3x_3=1,\\2x_1-x_2+4x_3=0,\\-x_1+2x_2-4x_3=-1.\end{cases}$　(2) $\begin{cases}-2x_1+3x_2-x_3=1,\\x_1+2x_2-x_3=4,\\-2x_1-x_2+x_3=-3.\end{cases}$

2.4 分块矩阵

为了简化矩阵的运算，对于某些阶数较高的矩阵，往往采用分块方法将矩阵

分成若干小块，化高阶矩阵为低阶矩阵.

一、分块矩阵的概念

用若干条横线和纵线把矩阵 $\boldsymbol{A}$ 分成若干小块，每一个小块作为一个矩阵，称为 $\boldsymbol{A}$ 的**子块**(或**子矩阵**). 把 $\boldsymbol{A}$ 的每一个子块作为一个元素构成的矩阵称为**分块矩阵**.

例如，矩阵

$$\boldsymbol{A}=\left(\begin{array}{cc:ccc}1 & 0 & 1 & 2 & 0\\ 0 & 1 & -3 & 4 & 0\\ \hdashline 4 & 0 & 2 & -1 & 1\end{array}\right)=\begin{pmatrix}\boldsymbol{A}_{11} & \boldsymbol{A}_{12}\\ \boldsymbol{A}_{21} & \boldsymbol{A}_{22}\end{pmatrix}$$

其中，子块

$$\boldsymbol{A}_{11}=\begin{pmatrix}1 & 0\\ 0 & 1\end{pmatrix},\ \boldsymbol{A}_{12}=\begin{pmatrix}1 & 2 & 0\\ -3 & 4 & 0\end{pmatrix},\ \boldsymbol{A}_{21}=(4\quad 0),\ \boldsymbol{A}_{22}=(2\quad -1\quad 1).$$

对于任意给定矩阵，根据需要，可以有多种不同的分块方法.

如果按行分块，即每一行为一子块，则 $\boldsymbol{A}$ 可以写成

$$\boldsymbol{A}=\left(\begin{array}{cccc}a_{11} & a_{12} & \cdots & a_{1n}\\ \hdashline a_{21} & a_{22} & \cdots & a_{2n}\\ \hdashline \vdots & \vdots & & \vdots\\ \hdashline a_{m1} & a_{m2} & \cdots & a_{mn}\end{array}\right)=\begin{pmatrix}\boldsymbol{\alpha}_1\\ \boldsymbol{\alpha}_2\\ \vdots\\ \boldsymbol{\alpha}_m\end{pmatrix},$$

称为**行分块矩阵**，其中 $\boldsymbol{\alpha}_i=(a_{i1},\ a_{i2},\ \cdots,\ a_{in})(i=1,\ 2,\ \cdots,\ m)$ 是行矩阵.

有时候，也常把矩阵按列分块：

$$\boldsymbol{A}=\left(\begin{array}{c:c:c:c}a_{11} & a_{12} & \cdots & a_{1n}\\ a_{21} & a_{22} & \cdots & a_{2n}\\ \vdots & \vdots & \vdots & \vdots\\ a_{m1} & a_{m2} & \cdots & a_{mn}\end{array}\right)=(\boldsymbol{\beta}_1,\ \boldsymbol{\beta}_2,\ \cdots,\ \boldsymbol{\beta}_n),$$

称之为**列分块矩阵**，其中 $\boldsymbol{\beta}_j=(a_{1j},\ a_{2j},\ \cdots,\ a_{mj})^{\mathrm{T}}(j=1,\ 2,\ \cdots,\ n)$ 是列矩阵.

注意，在划分时，纵横虚线必须始终贯穿整个矩阵，中途不能停止或转折，把矩阵适当分块后，在运算时可以将每一个子块当作一个元素来处理，并且同样有行和列的称谓. 显然，一个矩阵被分为许多子块后，在同一行(列)上的子块有相同的行(列)数.

二、分块矩阵的运算

分块矩阵的运算规则与普通矩阵相类似.

1. 分块矩阵的加法

设 $\boldsymbol{A}$，$\boldsymbol{B}$ 都是 $m\times n$ 矩阵，用相同的分法将 $\boldsymbol{A}$，$\boldsymbol{B}$ 分块为

$$A=\begin{pmatrix}A_{11} & A_{12} & \cdots & A_{1s}\\ A_{21} & A_{22} & \cdots & A_{2s}\\ \vdots & \vdots & \vdots & \vdots\\ A_{r1} & A_{r2} & \cdots & A_{rs}\end{pmatrix},\ B=\begin{pmatrix}B_{11} & B_{12} & \cdots & B_{1s}\\ B_{21} & B_{22} & \cdots & B_{2s}\\ \vdots & \vdots & \vdots & \vdots\\ B_{r1} & B_{r2} & \cdots & B_{rs}\end{pmatrix}.$$

其中 A_{ij}，B_{ij}（$i=1, 2, \cdots, r$；$j=1, 2, \cdots, s$）都是同型矩阵，则

$$A\pm B=\begin{pmatrix}A_{11}\pm B_{11} & A_{12}\pm B_{12} & \cdots & A_{1s}\pm B_{1s}\\ A_{21}\pm B_{21} & A_{22}\pm B_{22} & \cdots & A_{2s}\pm B_{2s}\\ \vdots & \vdots & \vdots & \vdots\\ A_{r1}\pm B_{r1} & A_{r2}\pm B_{r2} & \cdots & A_{rs}\pm B_{rs}\end{pmatrix}.$$

例 2.4.1 设有矩阵 $A=\left(\begin{array}{cc:cc}2 & -1 & 0 & 3\\ -1 & 1 & 2 & 1\\ \hdashline 3 & 2 & 1 & 1\end{array}\right)$，$B=\left(\begin{array}{cc:cc}-1 & 1 & 1 & -1\\ 1 & -1 & 1 & 2\\ \hdashline 2 & 1 & -1 & 2\end{array}\right)$，

这里 A，B 都是 2×2 分块矩阵，而且每一对应子块的行列数相等，因此这两个分块矩阵可以相加，且

$$A+B=\left(\begin{array}{cc:cc}1 & 0 & 1 & 2\\ 0 & 0 & 3 & 3\\ \hdashline 5 & 3 & 0 & 3\end{array}\right).$$

显然，两个分块矩阵之和仍然是一个分块矩阵，且与普通矩阵相加所得的结果是一致的.

2. 数乘分块矩阵

设 $A=\begin{pmatrix}A_{11} & A_{12} & \cdots & A_{1s}\\ A_{21} & A_{22} & \cdots & A_{2s}\\ \vdots & \vdots & \vdots & \vdots\\ A_{r1} & A_{r2} & \cdots & A_{rs}\end{pmatrix}$，用数 k 乘分块矩阵 A 定义为数 k 乘矩阵 A 的每个子块，即

$$kA=\begin{pmatrix}kA_{11} & kA_{12} & \cdots & kA_{1s}\\ kA_{21} & kA_{22} & \cdots & kA_{2s}\\ \vdots & \vdots & \vdots & \vdots\\ kA_{r1} & kA_{r2} & \cdots & kA_{rs}\end{pmatrix}.$$

3. 分块矩阵的转置

设

$$A=\begin{pmatrix}A_{11} & A_{12} & \cdots & A_{1s}\\ A_{21} & A_{22} & \cdots & A_{2s}\\ \vdots & \vdots & \vdots & \vdots\\ A_{r1} & A_{r2} & \cdots & A_{rs}\end{pmatrix},$$

是一个 $r\times s$ 型分块矩阵，它的转置是一个 $s\times r$ 型分块矩阵，即

$$
\boldsymbol{A}^{\mathrm{T}}=\begin{pmatrix} \boldsymbol{A}_{11}^{\mathrm{T}} & \boldsymbol{A}_{21}^{\mathrm{T}} & \cdots & \boldsymbol{A}_{r1}^{\mathrm{T}} \\ \boldsymbol{A}_{12}^{\mathrm{T}} & \boldsymbol{A}_{22}^{\mathrm{T}} & \cdots & \boldsymbol{A}_{r2}^{\mathrm{T}} \\ \vdots & \vdots & \vdots & \vdots \\ \boldsymbol{A}_{1s}^{\mathrm{T}} & \boldsymbol{A}_{2s}^{\mathrm{T}} & \cdots & \boldsymbol{A}_{rs}^{\mathrm{T}} \end{pmatrix}.
$$

例如，设

$$
\boldsymbol{A}=\left(\begin{array}{cc:cc} 1 & 0 & 4 & -1 \\ 0 & 1 & 1 & 2 \\ \hdashline 0 & 0 & 2 & 0 \end{array}\right)=\begin{pmatrix} \boldsymbol{A}_{11} & \boldsymbol{A}_{12} \\ \boldsymbol{A}_{21} & \boldsymbol{A}_{22} \end{pmatrix},
$$

则

$$
\boldsymbol{A}^{\mathrm{T}}=\begin{pmatrix} \boldsymbol{A}_{11}^{\mathrm{T}} & \boldsymbol{A}_{21}^{\mathrm{T}} \\ \boldsymbol{A}_{12}^{\mathrm{T}} & \boldsymbol{A}_{22}^{\mathrm{T}} \end{pmatrix}=\left(\begin{array}{cc:c} 1 & 0 & 0 \\ 0 & 1 & 0 \\ \hdashline 4 & 1 & 2 \\ -1 & 2 & 0 \end{array}\right).
$$

4. 分块矩阵的乘法

设 $\boldsymbol{A}$ 为 $m\times l$ 矩阵，$\boldsymbol{B}$ 为 $l\times n$ 矩阵，对 $\boldsymbol{A}$，$\boldsymbol{B}$ 分块，若它们的分块矩阵分别为

$$
\boldsymbol{A}=\begin{pmatrix} \boldsymbol{A}_{11} & \boldsymbol{A}_{12} & \cdots & \boldsymbol{A}_{1s} \\ \boldsymbol{A}_{21} & \boldsymbol{A}_{22} & \cdots & \boldsymbol{A}_{2s} \\ \vdots & \vdots & \vdots & \vdots \\ \boldsymbol{A}_{r1} & \boldsymbol{A}_{r2} & \cdots & \boldsymbol{A}_{rs} \end{pmatrix},\ \boldsymbol{B}=\begin{pmatrix} \boldsymbol{B}_{11} & \boldsymbol{B}_{12} & \cdots & \boldsymbol{B}_{1t} \\ \boldsymbol{B}_{21} & \boldsymbol{B}_{22} & \cdots & \boldsymbol{B}_{2t} \\ \vdots & \vdots & \vdots & \vdots \\ \boldsymbol{B}_{s1} & \boldsymbol{B}_{s2} & \cdots & \boldsymbol{B}_{st} \end{pmatrix},
$$

且子块 $\boldsymbol{A}_{i1}$，$\boldsymbol{A}_{i2}$，…，$\boldsymbol{A}_{is}$ 的列数分别等于子块 $\boldsymbol{B}_{1j}$，$\boldsymbol{B}_{2j}$，…，$\boldsymbol{B}_{sj}$ 的行数（$i=1$，2，…，r；$j=1$，2，…，t），则

$$
\boldsymbol{AB}=\begin{pmatrix} \boldsymbol{C}_{11} & \boldsymbol{C}_{12} & \cdots & \boldsymbol{C}_{1t} \\ \boldsymbol{C}_{21} & \boldsymbol{C}_{22} & \cdots & \boldsymbol{C}_{2t} \\ \vdots & \vdots & \vdots & \vdots \\ \boldsymbol{C}_{r1} & \boldsymbol{C}_{r2} & \cdots & \boldsymbol{C}_{rt} \end{pmatrix}.
$$

其中，$\boldsymbol{C}_{ij}=\boldsymbol{A}_{i1}\boldsymbol{B}_{1j}+\boldsymbol{A}_{i2}\boldsymbol{B}_{2j}+\cdots+\boldsymbol{A}_{is}\boldsymbol{B}_{sj}=\sum\limits_{k=1}^{s}\boldsymbol{A}_{ik}\boldsymbol{B}_{kj}$（$i=1$，2，…，$r$；$j=1$，2，…，$t$）.

例 2.4.2 用分块法计算 $\boldsymbol{AB}$，其中

$$
\boldsymbol{A}=\left(\begin{array}{cc:c} 0 & 0 & 5 \\ \hdashline 4 & 2 & 1 \\ 0 & -1 & 2 \end{array}\right),\ \boldsymbol{B}=\left(\begin{array}{c:cc:c} 1 & 2 & 4 & -1 \\ 5 & 3 & 1 & 0 \\ \hdashline 0 & 0 & 2 & 0 \end{array}\right).
$$

解 $\boldsymbol{A}$，$\boldsymbol{B}$ 如上分块时，可表示为

$$
\boldsymbol{A}=\begin{pmatrix} \boldsymbol{A}_{11} & \boldsymbol{A}_{12} \\ \boldsymbol{A}_{21} & \boldsymbol{A}_{22} \end{pmatrix},\ \boldsymbol{B}=\begin{pmatrix} \boldsymbol{B}_{11} & \boldsymbol{B}_{12} & \boldsymbol{B}_{13} \\ \boldsymbol{B}_{21} & \boldsymbol{B}_{22} & \boldsymbol{B}_{23} \end{pmatrix},
$$

其中

$$A_{11}=(0,\ 0),\ A_{12}=(5),\ A_{21}=\begin{pmatrix}4&2\\0&-1\end{pmatrix},\ A_{22}=\begin{pmatrix}1\\2\end{pmatrix},$$

$$B_{11}=\begin{pmatrix}1\\5\end{pmatrix},\ B_{12}=\begin{pmatrix}2&4\\3&1\end{pmatrix},\ B_{13}=\begin{pmatrix}-1\\0\end{pmatrix},\ B_{21}=(0),\ B_{22}=(0\quad 2),\ B_{23}=(0).$$

令 $AB=C=\begin{pmatrix}C_{11}&C_{12}&C_{13}\\C_{21}&C_{22}&C_{23}\end{pmatrix}$，其中

$$C_{11}=A_{11}B_{11}+A_{12}B_{21}=(0\quad 0)\begin{pmatrix}1\\5\end{pmatrix}+(5)(0)=(0),$$

$$C_{12}=A_{11}B_{12}+A_{12}B_{22}=(0\quad 0)\begin{pmatrix}2&4\\3&1\end{pmatrix}+(5)(0\quad 2)=(0\quad 10),$$

$$C_{13}=A_{11}B_{13}+A_{12}B_{23}=(0\quad 0)\begin{pmatrix}-1\\0\end{pmatrix}+(5)(0)=(0),$$

$$C_{21}=A_{21}B_{11}+A_{22}B_{21}=\begin{pmatrix}4&2\\0&-1\end{pmatrix}\begin{pmatrix}1\\5\end{pmatrix}+\begin{pmatrix}1\\2\end{pmatrix}(0)=\begin{pmatrix}14\\-5\end{pmatrix},$$

$$C_{22}=A_{21}B_{12}+A_{22}B_{22}=\begin{pmatrix}4&2\\0&-1\end{pmatrix}\begin{pmatrix}2&4\\3&1\end{pmatrix}+\begin{pmatrix}1\\2\end{pmatrix}(0\quad 2)=\begin{pmatrix}14&20\\-3&3\end{pmatrix},$$

$$C_{23}=A_{21}B_{13}+A_{22}B_{23}=\begin{pmatrix}4&2\\0&-1\end{pmatrix}\begin{pmatrix}-1\\0\end{pmatrix}+\begin{pmatrix}1\\2\end{pmatrix}(0)=\begin{pmatrix}-4\\0\end{pmatrix}.$$

故 $AB=C=\begin{pmatrix}C_{11}&C_{12}&C_{13}\\C_{21}&C_{22}&C_{23}\end{pmatrix}=\left(\begin{array}{c|cc|c}0&0&10&0\\\hline 14&14&20&-4\\-5&-3&3&0\end{array}\right)$.

注：从上述例题不难看出，只有当某个矩阵分块后所含零子块较多时，矩阵的分块法在计算或理论证明时才能显示出优势．如前所述，在本课程后面与矩阵及方程组相关的命题证明中，下述内容非常重要：

(1) 线性方程组 $AX=b$，这里

$$A=\begin{pmatrix}a_{11}&a_{12}&\cdots&a_{1n}\\a_{21}&a_{22}&\cdots&a_{2n}\\\vdots&\vdots&\vdots&\vdots\\a_{m1}&a_{m2}&\cdots&a_{mn}\end{pmatrix},\ X=\begin{pmatrix}x_1\\x_2\\\vdots\\x_n\end{pmatrix},\ b=\begin{pmatrix}b_1\\b_2\\\vdots\\b_m\end{pmatrix}.$$

把 A 按列分块为 $A=(\alpha_1,\ \alpha_2,\ \cdots,\ \alpha_n)$，上式即为 $(\alpha_1,\ \alpha_2,\ \cdots,\ \alpha_n)\begin{pmatrix}x_1\\x_2\\\vdots\\x_n\end{pmatrix}=b$，即

$$x_1\alpha_1+x_2\alpha_2+\cdots+x_n\alpha_n=b.$$

(2) 设 A 是 $m\times n$ 矩阵，B 是 $n\times l$ 矩阵，将 B 按列分块，即

$$B=(\beta_1,\ \beta_2,\ \cdots,\ \beta_l).$$

将 $\boldsymbol{A}$ 看成只有一块的分块矩阵. 这时不难验证 $\boldsymbol{A\beta}_j$ 有意义且 $\boldsymbol{A}$ 与 $\boldsymbol{B}$ 作为分块矩阵相乘，得

$$\boldsymbol{AB}=\boldsymbol{A}(\boldsymbol{\beta}_1, \boldsymbol{\beta}_2, \cdots, \boldsymbol{\beta}_l)=(\boldsymbol{A\beta}_1, \boldsymbol{A\beta}_2, \cdots, \boldsymbol{A\beta}_l).$$

同样，将 $\boldsymbol{A}$ 按行分块，有

$$\boldsymbol{A}=\begin{pmatrix}\boldsymbol{\alpha}_1^{\mathrm{T}}\\ \boldsymbol{\alpha}_2^{\mathrm{T}}\\ \vdots\\ \boldsymbol{\alpha}_m^{\mathrm{T}}\end{pmatrix},$$

也将 $\boldsymbol{B}$ 看成只有一块的分块矩阵，则有

$$\boldsymbol{AB}=\begin{pmatrix}\boldsymbol{\alpha}_1^{\mathrm{T}}\\ \boldsymbol{\alpha}_2^{\mathrm{T}}\\ \vdots\\ \boldsymbol{\alpha}_m^{\mathrm{T}}\end{pmatrix}\boldsymbol{B}=\begin{pmatrix}\boldsymbol{\alpha}_1^{\mathrm{T}}\boldsymbol{B}\\ \boldsymbol{\alpha}_2^{\mathrm{T}}\boldsymbol{B}\\ \vdots\\ \boldsymbol{\alpha}_m^{\mathrm{T}}\boldsymbol{B}\end{pmatrix}.$$

(3) 设要求 n 阶方阵 $\boldsymbol{B}$ 与 n 阶对角阵 $\boldsymbol{\Lambda}=\mathrm{diag}(\lambda_1, \lambda_2, \cdots, \lambda_n)$ 的乘积，将 $\boldsymbol{B}$ 按列分块后，可得

$$\boldsymbol{B\Lambda}=(\boldsymbol{\beta}_1, \boldsymbol{\beta}_2, \cdots, \boldsymbol{\beta}_n)\begin{pmatrix}\lambda_1 & & & \\ & \lambda_2 & & \\ & & \ddots & \\ & & & \lambda_n\end{pmatrix}=(\lambda_1\boldsymbol{\beta}_1, \lambda_2\boldsymbol{\beta}_2, \cdots, \lambda_n\boldsymbol{\beta}_n).$$

三、分块对角矩阵和分块三角矩阵

设 $\boldsymbol{A}$ 是 n 阶方阵，如果 $\boldsymbol{A}$ 的分块矩阵除主对角线上有非零块外，其余子块都是零块，即

$$\boldsymbol{A}=\begin{pmatrix}\boldsymbol{A}_1 & & & \\ & \boldsymbol{A}_2 & & \\ & & \ddots & \\ & & & \boldsymbol{A}_s\end{pmatrix}$$

其中，$\boldsymbol{A}_i(i=1, 2, \cdots, s)$ 都是方阵，则称方阵 $\boldsymbol{A}$ 为**分块对角矩阵**，或称为**准对角矩阵**.

例如，设矩阵

$$\boldsymbol{A}=\begin{pmatrix}2 & 2 & 0 & 0 & 0 & 0\\ 1 & 1 & 0 & 0 & 0 & 0\\ 0 & 0 & 1 & 2 & 3 & 0\\ 0 & 0 & 0 & -1 & 1 & 0\\ 0 & 0 & 1 & 0 & 0 & 0\\ 0 & 0 & 0 & 0 & 0 & 2\end{pmatrix},$$

可将矩阵 $\boldsymbol{A}$ 表示成分块对角阵，即

$$\boldsymbol{A}=\begin{pmatrix}\boldsymbol{A}_1 & \boldsymbol{O} & \boldsymbol{O}\\ \boldsymbol{O} & \boldsymbol{A}_2 & \boldsymbol{O}\\ \boldsymbol{O} & \boldsymbol{O} & \boldsymbol{A}_3\end{pmatrix}.$$

其中 $\boldsymbol{A}_1=\begin{pmatrix}2 & 2\\ 1 & 1\end{pmatrix}$，$\boldsymbol{A}_2=\begin{pmatrix}1 & 2 & 3\\ 0 & -1 & 1\\ 1 & 0 & 0\end{pmatrix}$，$\boldsymbol{A}_3=(2)$.

设有两个分块对角矩阵

$$\boldsymbol{A}=\begin{pmatrix}\boldsymbol{A}_1 & & & \\ & \boldsymbol{A}_2 & & \\ & & \ddots & \\ & & & \boldsymbol{A}_s\end{pmatrix},\quad \boldsymbol{B}=\begin{pmatrix}\boldsymbol{B}_1 & & & \\ & \boldsymbol{B}_2 & & \\ & & \ddots & \\ & & & \boldsymbol{B}_s\end{pmatrix},$$

其中，$\boldsymbol{A}$，$\boldsymbol{B}$ 同阶，且子块 $\boldsymbol{A}_i$，$\boldsymbol{B}_i$ 同阶，$i=1$，2，…，s，可以证明：

(1) $\boldsymbol{A}+\boldsymbol{B}=\begin{pmatrix}\boldsymbol{A}_1+\boldsymbol{B}_1 & & & \\ & \boldsymbol{A}_2+\boldsymbol{B}_2 & & \\ & & \ddots & \\ & & & \boldsymbol{A}_s+\boldsymbol{B}_s\end{pmatrix}$.

(2) $k\boldsymbol{A}=\begin{pmatrix}k\boldsymbol{A}_1 & & & \\ & k\boldsymbol{A}_2 & & \\ & & \ddots & \\ & & & k\boldsymbol{A}_s\end{pmatrix}$.

(3) $\boldsymbol{AB}=\begin{pmatrix}\boldsymbol{A}_1\boldsymbol{B}_1 & & & \\ & \boldsymbol{A}_2\boldsymbol{B}_2 & & \\ & & \ddots & \\ & & & \boldsymbol{A}_s\boldsymbol{B}_s\end{pmatrix}$.

(4) $|\boldsymbol{A}|=\begin{vmatrix}\boldsymbol{A}_1 & & & \\ & \boldsymbol{A}_2 & & \\ & & \ddots & \\ & & & \boldsymbol{A}_s\end{vmatrix}=|\boldsymbol{A}_1|\cdot|\boldsymbol{A}_2|\cdots|\boldsymbol{A}_s|$.

特别地，若 $\boldsymbol{A}_1$，$\boldsymbol{A}_2$ 分别为 m 阶和 n 阶方阵，则

$$\begin{vmatrix}\boldsymbol{A}_1 & \\ & \boldsymbol{A}_2\end{vmatrix}=|\boldsymbol{A}_1|\cdot|\boldsymbol{A}_2|,\quad \begin{vmatrix} & \boldsymbol{A}_1\\ \boldsymbol{A}_2 & \end{vmatrix}=(-1)^{m\times n}|\boldsymbol{A}_1|\cdot|\boldsymbol{A}_2|.$$

(5) 若 $|\boldsymbol{A}|\neq 0$，则 $\boldsymbol{A}^{-1}=\begin{pmatrix}\boldsymbol{A}_1^{-1} & & & \\ & \boldsymbol{A}_2^{-1} & & \\ & & \ddots & \\ & & & \boldsymbol{A}_s^{-1}\end{pmatrix}$.

特别地，$\begin{pmatrix} A_1 & \\ & A_2 \end{pmatrix}^{-1} = \begin{pmatrix} A_1^{-1} & \\ & A_2^{-1} \end{pmatrix}$，$\begin{pmatrix} & A_1 \\ A_2 & \end{pmatrix}^{-1} = \begin{pmatrix} & A_2^{-1} \\ A_1^{-1} & \end{pmatrix}$.

由此可见，准对角阵的和、差、数乘、积及转置矩阵仍为准对角阵，可逆准对角阵的逆矩阵仍为准对角阵.

例 2.4.3 求矩阵 $A = \begin{pmatrix} 2 & 0 & 0 & 0 \\ 0 & 1 & -4 & 0 \\ 0 & 0 & -1 & 0 \\ 0 & 0 & 0 & 9 \end{pmatrix}$ 的逆矩阵.

解 将 A 分块为

$$A = \left(\begin{array}{c:cc:c} 2 & 0 & 0 & 0 \\ \hdashline 0 & 1 & -4 & 0 \\ 0 & 0 & -1 & 0 \\ \hdashline 0 & 0 & 0 & 9 \end{array}\right) = \begin{pmatrix} A_1 & O & O \\ O & A_2 & O \\ O & O & A_3 \end{pmatrix},$$

因 $A_1^{-1} = (2)^{-1} = \left(\frac{1}{2}\right)$，$A_2^{-1} = \begin{pmatrix} 1 & -4 \\ 0 & -1 \end{pmatrix}^{-1} = \begin{pmatrix} 1 & -4 \\ 0 & -1 \end{pmatrix}$，$A_3^{-1} = (9)^{-1} = \left(\frac{1}{9}\right)$，则

$$A^{-1} = \left(\begin{array}{c:cc:c} \frac{1}{2} & 0 & 0 & 0 \\ \hdashline 0 & 1 & -4 & 0 \\ 0 & 0 & -1 & 0 \\ \hdashline 0 & 0 & 0 & \frac{1}{9} \end{array}\right).$$

习题 2-4

1. 用分块法求 AB.

(1) $A = \begin{pmatrix} 1 & 0 & 0 & 0 \\ 0 & 1 & 0 & 0 \\ -1 & 2 & 1 & 0 \\ 1 & 1 & 0 & 1 \end{pmatrix}$，$B = \begin{pmatrix} 1 & 0 & 3 & 2 \\ -1 & 2 & 0 & 1 \\ 1 & 0 & 4 & 1 \\ 1 & -1 & 0 & 0 \end{pmatrix}$.

(2) $A = \begin{pmatrix} 1 & 0 & 1 & 2 & -1 \\ 0 & 1 & 3 & 2 & -2 \\ -1 & 4 & 0 & 0 & 0 \\ 0 & 2 & 0 & 0 & 0 \end{pmatrix}$，$B = \begin{pmatrix} 2 & -3 & 0 & 0 \\ 0 & -2 & 0 & 0 \\ 1 & 0 & 5 & -1 \\ 1 & 1 & 0 & 2 \\ 0 & 0 & 3 & 0 \end{pmatrix}$.

2. 用分块法求 AB，其中 B 按列分块.

(1) $\boldsymbol{A}=\begin{pmatrix}1 & -2 & 0\\-1 & 1 & 1\\0 & 3 & 2\end{pmatrix}$，$\boldsymbol{B}=\begin{pmatrix}0 & 1\\1 & 0\\0 & -1\end{pmatrix}$；

(2) $\boldsymbol{A}=\begin{pmatrix}2 & 1 & -1\\3 & 0 & -2\\1 & -1 & 1\end{pmatrix}$，$\boldsymbol{B}=\begin{pmatrix}1 & 1 & 0\\0 & 0 & -1\\-1 & 2 & 1\end{pmatrix}$.

3. 用分块法求下列矩阵的逆矩阵.

(1) $\begin{pmatrix}3 & 1 & 0 & 0\\2 & 1 & 0 & 0\\0 & 0 & 2 & 5\\0 & 0 & 4 & 1\end{pmatrix}$；　(2) $\begin{pmatrix}\cos\theta & \sin\theta & 0 & 0 & 0\\-\sin\theta & \cos\theta & 0 & 0 & 0\\0 & 0 & 1 & a & b\\0 & 0 & 0 & 1 & a\\0 & 0 & 0 & 0 & 1\end{pmatrix}$.

2.5　矩阵的初等变换和初等矩阵

矩阵的初等变换在线性方程组的求解以及矩阵理论的研究等方面具有重要作用. 本节主要介绍初等变换和初等矩阵，并给出利用矩阵的初等变换求逆矩阵的方法.

一、矩阵的初等变换

定义 2.5.1　矩阵的行初等变换指的是下面三种变换：

(1) 换法变换：交换矩阵的某两行(交换矩阵的 i，j 两行记为 $r_i \leftrightarrow r_j$).

(2) 倍法变换：用不为零的数 k 乘矩阵某一行的所有元素(数 k 乘矩阵第 i 行记为 kr_i).

(3) 消法变换：将矩阵某一行元素的 k 倍加到另一行对应元素上去(矩阵第 i 行元素的 k 倍加到第 j 行对应元素上去记为 r_j+kr_i).

如果将上述定义中的"行"换成"列"，即对矩阵的列作上面三种变换，就称为矩阵的**列初等变换**(所用记号是把"r"换成"c").

矩阵的行初等变换和列初等变换，统称为矩阵的**初等变换**.

当矩阵 $\boldsymbol{A}$ 经过初等变换变化为矩阵 $\boldsymbol{B}$ 时，记为 $\boldsymbol{A}\rightarrow\boldsymbol{B}$.

例如：

$$\begin{pmatrix}2 & 1 & 0 & 1\\1 & 0 & 0 & -1\\0 & 0 & 4 & 6\end{pmatrix}\xrightarrow{r_1\leftrightarrow r_2}\begin{pmatrix}1 & 0 & 0 & -1\\2 & 1 & 0 & 1\\0 & 0 & 4 & 6\end{pmatrix}$$

$$\xrightarrow{r_2+(-2)r_1}\begin{pmatrix}1 & 0 & 0 & -1\\0 & 1 & 0 & 3\\0 & 0 & 4 & 6\end{pmatrix}\xrightarrow{\frac{1}{4}c_3}\begin{pmatrix}1 & 0 & 0 & -1\\0 & 1 & 0 & 3\\0 & 0 & 1 & 6\end{pmatrix}.$$

二、初等矩阵

定义 2.5.2 单位矩阵 $\boldsymbol{E}$ 经过一次初等变换得到的矩阵称为初等矩阵.

初等矩阵分为如下三种类型.

(1) **换法矩阵**：单位矩阵 $\boldsymbol{E}$ 的 i，j 两行(列)交换一次得到的矩阵称为**换法矩阵**，用 $E(i, j)$表示。

$$\boldsymbol{E}(i, j)=\begin{pmatrix} 1 & & & & & & & \\ & \ddots & & & & & & \\ & & 1 & & & & & \\ & & & 0 & \cdots & 1 & & \\ & & & \vdots & \ddots & \vdots & & \\ & & & 1 & \cdots & 0 & & \\ & & & & & & 1 & \\ & & & & & & & \ddots \\ & & & & & & & & 1 \end{pmatrix} \begin{matrix} \\ \\ \\ \leftarrow (i) \\ \\ \leftarrow (j) \\ \\ \\ \\ \end{matrix}$$

$$\qquad\qquad\uparrow (i) \qquad \uparrow (j)$$

(2) **倍法矩阵**：用非零常数 k 乘以单位矩阵 $\boldsymbol{E}$ 的第 i 行(列)得到的矩阵称为**倍法矩阵**，用 $\boldsymbol{E}(i(k))$表示，即

$$\boldsymbol{E}(i(k))=\begin{pmatrix} 1 & & & & & & \\ & \ddots & & & & & \\ & & 1 & & & & \\ & & & k & & & \\ & & & & 1 & & \\ & & & & & \ddots & \\ & & & & & & 1 \end{pmatrix} \begin{matrix} \\ \\ \\ \leftarrow (i) \\ \\ \\ \\ \end{matrix}$$

$$\qquad\qquad\uparrow (i)$$

(3) **消法矩阵**：常数 k 乘 $\boldsymbol{E}$ 的第 i 行，再加到第 j 行上去所得到的矩阵称为**行消法矩阵**，用 $\boldsymbol{E}(j, i(k))$ 表示. 即

$$\boldsymbol{E}(j, i(k))=\begin{pmatrix} 1 & & & & & \\ & \ddots & & & & \\ & & 1 & & & \\ & & \vdots & \ddots & & \\ & & k & \cdots & 1 & \\ & & & & & \ddots \\ & & & & & & 1 \end{pmatrix} \begin{matrix} \\ \\ \leftarrow (i) \\ \\ \leftarrow (j) \\ \\ \\ \end{matrix}$$

常数 k 乘 $\boldsymbol{E}$ 的第 i 列，再加到第 j 列上去所得到的矩阵称为**列消法矩阵**，显然它是行消法矩阵 $\boldsymbol{E}(j, i(k))$ 的转置，故用 $\boldsymbol{E}^{\mathrm{T}}(j, i(k))$ 表示.

显然，初等矩阵具有如下性质：

(1) 初等矩阵是可逆矩阵. 这是因为

$$|\boldsymbol{E}(i, j)|=-1 \neq 0, \quad |\boldsymbol{E}(i(k))|=k \neq 0, \quad |\boldsymbol{E}(j, i(k))|=1 \neq 0.$$

(2) 初等矩阵的逆矩阵仍然是同类型的初等矩阵.

$$\boldsymbol{E}(i, j)^{-1}=\boldsymbol{E}(i, j), \ \boldsymbol{E}^{-1}(i(k))=\boldsymbol{E}\left(i\left(\frac{1}{k}\right)\right), \ \boldsymbol{E}^{-1}(j, i(k))=\boldsymbol{E}(j, i(-k)).$$

(3) 初等矩阵的转置矩阵仍然是同类型的初等矩阵.

$$\boldsymbol{E}^{\mathrm{T}}(i, j)=\boldsymbol{E}(i, j), \ \boldsymbol{E}^{\mathrm{T}}((i)k)=\boldsymbol{E}((i)k), \ \boldsymbol{E}^{\mathrm{T}}(j, i(k))=\boldsymbol{E}(i, j(k)).$$

下面我们将看到，对矩阵 $\boldsymbol{A}$ 做初等变换可以转化为相应的初等矩阵与矩阵 $\boldsymbol{A}$ 的乘积.

例如，设矩阵 $\boldsymbol{A}=\begin{pmatrix} a_{11} & a_{12} & a_{13} \\ a_{21} & a_{22} & a_{23} \\ a_{31} & a_{32} & a_{33} \end{pmatrix}$，则：

(1) $$\begin{pmatrix} 0 & 1 & 0 \\ 1 & 0 & 0 \\ 0 & 0 & 1 \end{pmatrix}\begin{pmatrix} a_{11} & a_{12} & a_{13} \\ a_{21} & a_{22} & a_{23} \\ a_{31} & a_{32} & a_{33} \end{pmatrix}=\begin{pmatrix} a_{21} & a_{22} & a_{23} \\ a_{11} & a_{12} & a_{13} \\ a_{31} & a_{32} & a_{33} \end{pmatrix}=\boldsymbol{B},$$

$$\begin{pmatrix} a_{11} & a_{12} & a_{13} \\ a_{21} & a_{22} & a_{23} \\ a_{31} & a_{32} & a_{33} \end{pmatrix}\begin{pmatrix} 0 & 1 & 0 \\ 1 & 0 & 0 \\ 0 & 0 & 1 \end{pmatrix}=\begin{pmatrix} a_{12} & a_{11} & a_{13} \\ a_{22} & a_{21} & a_{23} \\ a_{32} & a_{31} & a_{33} \end{pmatrix}=\boldsymbol{B}_1,$$

即 $\boldsymbol{E}(1, 2)\boldsymbol{A} \Leftrightarrow \boldsymbol{A} \xrightarrow{r_1 \leftrightarrow r_2} \boldsymbol{B}$，$\boldsymbol{A}\boldsymbol{E}(1, 2) \Leftrightarrow \boldsymbol{A} \xrightarrow{c_1 \leftrightarrow c_2} \boldsymbol{B}_1$.

(2) $$\begin{pmatrix} 1 & 0 & 0 \\ 0 & k & 0 \\ 0 & 0 & 1 \end{pmatrix}\begin{pmatrix} a_{11} & a_{12} & a_{13} \\ a_{21} & a_{22} & a_{23} \\ a_{31} & a_{32} & a_{33} \end{pmatrix}=\begin{pmatrix} a_{11} & a_{12} & a_{13} \\ ka_{21} & ka_{22} & ka_{23} \\ a_{31} & a_{32} & a_{33} \end{pmatrix}=\boldsymbol{C},$$

$$\begin{pmatrix} a_{11} & a_{12} & a_{13} \\ a_{21} & a_{22} & a_{23} \\ a_{31} & a_{32} & a_{33} \end{pmatrix}\begin{pmatrix} 1 & 0 & 0 \\ 0 & k & 0 \\ 0 & 0 & 1 \end{pmatrix}=\begin{pmatrix} a_{11} & ka_{12} & a_{13} \\ a_{21} & ka_{22} & a_{23} \\ a_{31} & ka_{32} & a_{33} \end{pmatrix}=\boldsymbol{C}_1,$$

即 $\boldsymbol{E}(2(k))\boldsymbol{A} \Leftrightarrow \boldsymbol{A} \xrightarrow{kr_2} \boldsymbol{C}$，$\boldsymbol{A}\boldsymbol{E}(2(k)) \Leftrightarrow \boldsymbol{A} \xrightarrow{kc_2} \boldsymbol{C}_1$.

(3) $$\begin{pmatrix} 1 & 0 & 0 \\ 0 & 1 & 0 \\ k & 0 & 1 \end{pmatrix}\begin{pmatrix} a_{11} & a_{12} & a_{13} \\ a_{21} & a_{22} & a_{23} \\ a_{31} & a_{32} & a_{33} \end{pmatrix}=\begin{pmatrix} a_{11} & a_{12} & a_{13} \\ a_{21} & a_{22} & a_{23} \\ ka_{11}+a_{31} & ka_{12}+a_{32} & ka_{13}+a_{33} \end{pmatrix}=\boldsymbol{D},$$

$$\begin{pmatrix} a_{11} & a_{12} & a_{13} \\ a_{21} & a_{22} & a_{23} \\ a_{31} & a_{32} & a_{33} \end{pmatrix}\begin{pmatrix} 1 & 0 & k \\ 0 & 1 & 0 \\ 0 & 0 & 1 \end{pmatrix}=\begin{pmatrix} a_{11} & a_{12} & ka_{11}+a_{13} \\ a_{21} & a_{22} & ka_{21}+a_{23} \\ a_{31} & a_{32} & ka_{31}+a_{33} \end{pmatrix}=\boldsymbol{D}_1,$$

即 $\boldsymbol{E}(3,1(k))\boldsymbol{A} \Leftrightarrow \boldsymbol{A} \xrightarrow{r_3+3r_1} \boldsymbol{D}$，$\boldsymbol{A}\boldsymbol{E}^{\mathrm{T}}(3,1(k)) \Leftrightarrow \boldsymbol{A} \xrightarrow{c_3+kc_1} \boldsymbol{D}_1$.

上述三个例子表明，初等矩阵乘矩阵 $\boldsymbol{A}$，相当于对 $\boldsymbol{A}$ 分别施行了三种与初等矩阵同类型的行初等变换；矩阵 $\boldsymbol{A}$ 乘初等矩阵，相当于对 $\boldsymbol{A}$ 分别施行了三种与初等矩阵同类型的列初等变换.

一般地，我们有

定理 2.5.1　设 $\boldsymbol{A}$ 是 $m\times n$ 矩阵，对 $\boldsymbol{A}$ 施行一次行初等变换，相当于在 $\boldsymbol{A}$ 的左边乘一个相应的 m 阶初等矩阵；对 $\boldsymbol{A}$ 施行一次列初等变换，相当于在 $\boldsymbol{A}$ 的右边乘一个相应的 n 阶初等矩阵.

例 2.5.1　计算 $\begin{pmatrix}0&1&0\\1&0&0\\0&0&1\end{pmatrix}\begin{pmatrix}1&2&3\\4&5&6\\7&8&9\end{pmatrix}\begin{pmatrix}0&0&1\\0&1&0\\1&0&0\end{pmatrix}$.

解　设 $\boldsymbol{A}=\begin{pmatrix}1&2&3\\4&5&6\\7&8&9\end{pmatrix}$，矩阵 $\boldsymbol{A}$ 左侧的矩阵是初等矩阵 $\boldsymbol{E}(1,2)$，右侧的矩阵也是初等矩阵 $\boldsymbol{E}(1,3)$. $\boldsymbol{E}(1,2)$在左边乘以 $\boldsymbol{A}$ 相当于交换 $\boldsymbol{A}$ 的第一、第二行，因而

$$\boldsymbol{E}(1,2)\boldsymbol{A}=\begin{pmatrix}4&5&6\\1&2&3\\7&8&9\end{pmatrix}=\boldsymbol{B},$$

而 $\boldsymbol{B}$ 的右边乘以 $\boldsymbol{E}(1,3)$即是对矩阵 $\boldsymbol{B}$ 做交换第一、第三列的初等变换，所以

$$\begin{pmatrix}0&1&0\\1&0&0\\0&0&1\end{pmatrix}\begin{pmatrix}1&2&3\\4&5&6\\7&8&9\end{pmatrix}\begin{pmatrix}0&0&1\\0&1&0\\1&0&0\end{pmatrix}=\begin{pmatrix}6&5&4\\3&2&1\\9&8&7\end{pmatrix}.$$

定理 2.5.2　任意一个 $m\times n$ 矩阵 $\boldsymbol{A}$ 都可以经过一系列的初等变换化成下述形式

$$\begin{pmatrix}1&0&\cdots&0&\cdots&0\\0&1&\cdots&0&\cdots&0\\\vdots&\vdots&&\vdots&&\vdots\\0&0&\cdots&1&\cdots&0\\0&0&\cdots&0&\cdots&0\\\vdots&\vdots&&\vdots&&\vdots\\0&0&\cdots&0&\cdots&0\end{pmatrix}=\begin{pmatrix}\boldsymbol{E}_r&\boldsymbol{O}\\\boldsymbol{O}&\boldsymbol{O}\end{pmatrix},$$

它称为矩阵 $\boldsymbol{A}$ 的标准形(1 的个数可以是零). 即 $\boldsymbol{A}\sim\begin{pmatrix}\boldsymbol{E}_r&\boldsymbol{O}\\\boldsymbol{O}&\boldsymbol{O}\end{pmatrix}$.

证　如果 $\boldsymbol{A}=\boldsymbol{O}$，那么它已经是标准形了. 下设 $\boldsymbol{A}\neq\boldsymbol{O}$.

若 $a_{11}=0$，则总可以通过初等行(列)变换将矩阵 $\boldsymbol{A}$ 的某一个非零元素变换到第一行第一列位置上，因此不妨设 $a_{11}\neq 0$.

把第一行元素的 $-\dfrac{a_{i1}}{a_{11}}$ 倍加到第 $i(i=2, 3, \cdots, m)$ 行上；再把第一列元素的 $-\dfrac{a_{1j}}{a_{11}}$ 倍加到第 $j(j=2, 3, \cdots, n)$ 列上，然后再把第一行的所有元素都乘以 $\dfrac{1}{a_{11}}$，$\boldsymbol{A}$ 就化成了如下形式

$$\begin{pmatrix} 1 & 0 & \cdots & 0 \\ 0 & & & \\ \vdots & & \boldsymbol{A}_1 & \\ 0 & & & \end{pmatrix}.$$

显然，其中的 $\boldsymbol{A}_1$ 是一个 $(m-1)\times(n-1)$ 的矩阵.

对 $\boldsymbol{A}_1$ 再重复以上步骤. 这样下去就得出了矩阵 $\boldsymbol{A}$ 的标准形.

三、求逆矩阵的初等变换方法

定理 2.5.3　若 n 阶矩阵 $\boldsymbol{A}$ 可逆，则可以通过行初等变换将 $\boldsymbol{A}$ 化为单位矩阵 $\boldsymbol{E}$.

证　因为 $\boldsymbol{A}$ 可逆，即 $|\boldsymbol{A}|\neq 0$，因此 $\boldsymbol{A}$ 的第一列元素不全为零，不妨设 $a_{11}\neq 0$.

将 $\boldsymbol{A}$ 的第一行元素乘以 $\dfrac{1}{a_{11}}$，然后再将变换后的第一行乘以 $-a_{i1}$ 加到第 i 行，$i=2, \cdots, n$，使第一列其他元素全化为零，得到矩阵 $\boldsymbol{B}_1=\begin{pmatrix} 1 & * & \cdots & * \\ 0 & & & \\ \vdots & & \boldsymbol{A}_1 & \\ 0 & & & \end{pmatrix}$.

由定理 2.5.1 知，$\boldsymbol{B}_1=\boldsymbol{F}_m\cdots\boldsymbol{F}_2\boldsymbol{F}_1\boldsymbol{A}$，其中 $\boldsymbol{F}_1, \boldsymbol{F}_2, \cdots, \boldsymbol{F}_m$ 是对 $\boldsymbol{A}$ 做上述行初等变换所对应初等矩阵，由 $|\boldsymbol{A}|\neq 0$，$|\boldsymbol{F}_i|\neq 0(i=1, 2, \cdots, m)$，则 $|\boldsymbol{B}_1|\neq 0$，所以 $|\boldsymbol{A}_1|\neq 0$，于是 $\boldsymbol{A}_1$ 的第一列元素不全为零.

用同样的方法，使 $\boldsymbol{B}_1$ 的第二行第二列元素化为 1，第二列的其他元素全化为零，而得到

$$\boldsymbol{B}_2=\begin{pmatrix} 1 & 0 & * & \cdots & * \\ 0 & 1 & * & \cdots & * \\ \vdots & \vdots & & \boldsymbol{A}_2 & \\ 0 & 0 & & & \end{pmatrix},$$

这样一直进行下去，最终就把 $\boldsymbol{A}$ 化成了单位矩阵 $\boldsymbol{E}$.

推论　方阵 $\boldsymbol{A}$ 可逆的充分必要条件是 $\boldsymbol{A}$ 可以表示为有限个初等矩阵的乘积.

证　(必要性)假设 $\boldsymbol{A}$ 可逆，由定理 2.5.3，$\boldsymbol{A}$ 经过有限次的初等行变换可化为单位阵 $\boldsymbol{E}$，即存在初等矩阵 $\boldsymbol{F}_1, \boldsymbol{F}_2, \cdots, \boldsymbol{F}_s$，使 $\boldsymbol{E}=\boldsymbol{F}_s\cdots\boldsymbol{F}_2\boldsymbol{F}_1\boldsymbol{A}$，从而

$$\boldsymbol{A}=\boldsymbol{F}_1^{-1}\boldsymbol{F}_2^{-1}\cdots F_s^{-1}\boldsymbol{E}=\boldsymbol{F}_1^{-1}\boldsymbol{F}_2^{-1}\cdots\boldsymbol{F}_s^{-1},$$

而 $\boldsymbol{F}_1^{-1}, \boldsymbol{F}_2^{-1}, \cdots, \boldsymbol{F}_{s-1}^{-1}, \boldsymbol{F}_s^{-1}$ 是初等矩阵.

(充分性)如果 $\boldsymbol{A}$ 可表示为有限个初等矩阵的乘积，因为初等矩阵都是可逆的，而可逆矩阵的乘积仍然可逆的，所以 $\boldsymbol{A}$ 是可逆矩阵.

由定理2.5.3及其推论知，当 $\boldsymbol{A}$ 可逆时，有初等矩阵 $\boldsymbol{F}_1$，$\boldsymbol{F}_2$，…，$\boldsymbol{F}_s$，使 $\boldsymbol{F}_s\cdots\boldsymbol{F}_2\boldsymbol{F}_1\boldsymbol{A}=\boldsymbol{E}$，在式子两端的右边都乘以 $\boldsymbol{A}^{-1}$，得 $\boldsymbol{F}_s\cdots\boldsymbol{F}_2\boldsymbol{F}_1\boldsymbol{A}\boldsymbol{A}^{-1}=E\boldsymbol{A}^{-1}$，即 $\boldsymbol{F}_s\cdots\boldsymbol{F}_2\boldsymbol{F}_1\boldsymbol{E}=\boldsymbol{A}^{-1}$.

比较 $\boldsymbol{F}_s\cdots\boldsymbol{F}_2\boldsymbol{F}_1\boldsymbol{A}=\boldsymbol{E}$ 与 $\boldsymbol{F}_s\cdots\boldsymbol{F}_2\boldsymbol{F}_1\boldsymbol{E}=\boldsymbol{A}^{-1}$，我们看到，若对矩阵 $\boldsymbol{A}$ 作行初等变换将 $\boldsymbol{A}$ 化为单位矩阵 $\boldsymbol{E}$，则对 $\boldsymbol{E}$ 施行同样的行初等变换，$\boldsymbol{E}$ 将化为 $\boldsymbol{A}^{-1}$.

因此，利用行初等变换求逆矩阵的方法是：

构造一个 $n\times 2n$ 阶矩阵 $(\boldsymbol{A}\,|\,\boldsymbol{E})$，对矩阵 $(\boldsymbol{A}\,|\,\boldsymbol{E})$ 做行初等变换，当 $\boldsymbol{A}$ 变成单位矩阵 $\boldsymbol{E}$ 时，单位矩阵 $\boldsymbol{E}$ 则变成 $\boldsymbol{A}^{-1}$. 即

$$(\boldsymbol{A}\,|\,\boldsymbol{E})\xrightarrow{\text{行变换}}(\boldsymbol{E}\,|\,\boldsymbol{A}^{-1}).$$

例 2.5.2 求矩阵 $\boldsymbol{A}$ 的逆矩阵，其中 $\boldsymbol{A}=\begin{pmatrix}2&2&3\\1&-1&0\\-2&2&1\end{pmatrix}$.

解 因为 $|\boldsymbol{A}|=-1\neq 0$，则 $\boldsymbol{A}$ 可逆，所以

$$(\boldsymbol{A}\,|\,\boldsymbol{E})=\left(\begin{array}{ccc:ccc}2&2&3&1&0&0\\1&-1&0&0&1&0\\-2&2&1&0&0&1\end{array}\right)\xrightarrow{r_1\leftrightarrow r_2}\left(\begin{array}{ccc:ccc}1&-1&0&0&1&0\\2&2&3&1&0&0\\-2&2&1&0&0&1\end{array}\right)$$

$$\xrightarrow{r_2+(-2)r_1}\left(\begin{array}{ccc:ccc}1&-1&0&0&1&0\\0&4&3&1&-2&0\\-2&2&1&0&0&1\end{array}\right)$$

$$\xrightarrow{r_3+2r_1}\left(\begin{array}{ccc:ccc}1&-1&0&0&1&0\\0&4&3&1&-2&0\\0&0&1&0&2&1\end{array}\right)$$

$$\xrightarrow{r_2+(-3)r_3}\left(\begin{array}{ccc:ccc}1&-1&0&0&1&0\\0&4&0&1&-8&-3\\0&0&1&0&2&1\end{array}\right)$$

$$\xrightarrow{\frac{1}{4}r_2}\left(\begin{array}{ccc:ccc}1&-1&0&0&1&0\\0&1&0&\frac{1}{4}&-2&-\frac{3}{4}\\0&0&1&0&2&1\end{array}\right)$$

$$\xrightarrow{r_1+r_2}\left(\begin{array}{ccc:ccc}1&0&0&\frac{1}{4}&-1&-\frac{3}{4}\\0&1&0&\frac{1}{4}&-2&-\frac{3}{4}\\0&0&1&0&2&1\end{array}\right)=(\boldsymbol{E}\,|\,\boldsymbol{A}^{-1}),$$

因此 $A^{-1}=\begin{pmatrix}\frac{1}{4} & -1 & -\frac{3}{4}\\ \frac{1}{4} & -2 & -\frac{3}{4}\\ 0 & 2 & 1\end{pmatrix}$.

例 2.5.3 设 $A=\begin{pmatrix}1&1&0\\0&1&1\\1&0&1\end{pmatrix}$，$B=\begin{pmatrix}1&1&1\\1&1&2\\1&2&1\end{pmatrix}$，求 $A^{-1}B$.

解 (方法一)按照例 2.5.2 的方法，首先求得 $A^{-1}=\frac{1}{2}\begin{pmatrix}1&-1&1\\1&1&-1\\-1&1&1\end{pmatrix}$，则

$$A^{-1}B=\frac{1}{2}\begin{pmatrix}1&-1&1\\1&1&-1\\-1&1&1\end{pmatrix}\begin{pmatrix}1&1&1\\1&1&2\\1&2&1\end{pmatrix}=\begin{pmatrix}1/2&1&0\\1/2&0&1\\1/2&1&1\end{pmatrix}.$$

(方法二)构造一个 $n\times 2n$ 阶矩阵 $(A\mid B)$，对矩阵 $(A\mid B)$ 做行初等变换，当 A 变成单位矩阵 E 时，矩阵 B 则变成 $A^{-1}B$. 即 $(A\mid B)\xrightarrow{\text{行变换}}(E\mid A^{-1}B)$. 详细地说，即

$$(A\mid B)=\left(\begin{array}{ccc:ccc}1&1&0&1&1&1\\0&1&1&1&1&2\\1&0&1&1&2&1\end{array}\right)\xrightarrow[r_1+(-1)r_2]{\substack{r_3+(-1)r_1\\ r_3+r_2}}\left(\begin{array}{ccc:ccc}1&0&-1&0&0&-1\\0&1&1&1&1&2\\0&0&2&1&2&2\end{array}\right)$$

$$\xrightarrow{\frac{1}{2}r_3}\left(\begin{array}{ccc:ccc}1&0&-1&0&0&-1\\0&1&1&1&1&2\\0&0&1&1/2&1&1\end{array}\right)\xrightarrow[r_2+(-1)r_3]{r_1+r_3}\left(\begin{array}{ccc:ccc}1&0&0&1/2&1&0\\0&1&0&1/2&0&1\\0&0&1&1/2&1&1\end{array}\right).$$

于是 $A^{-1}B=\begin{pmatrix}1/2&1&0\\1/2&0&1\\1/2&1&1\end{pmatrix}$.

事实上，因为 A 可逆，则有初等矩阵 F_1，F_2，…，F_s，使 $F_s\cdots F_2F_1A=E$. 在式子两端的右边都乘以 $A^{-1}B$，得 $F_s\cdots F_2F_1AA^{-1}B=EA^{-1}B$，即 $F_s\cdots F_2F_1B=A^{-1}B$.

习题 2-5

1. 设 $\begin{pmatrix}0&1&0\\1&0&0\\0&0&1\end{pmatrix}A\begin{pmatrix}1&0&1\\0&1&0\\0&0&1\end{pmatrix}=\begin{pmatrix}1&2&3\\4&5&6\\7&8&9\end{pmatrix}$，求 A.

2. 将下列矩阵化为标准形.

(1) $\begin{pmatrix}1 & -1 & 2\\3 & 2 & 1\\1 & -2 & 0\end{pmatrix}$；　(2) $\begin{pmatrix}2 & 1 & 2 & 3\\4 & 1 & 3 & 5\\2 & 0 & 1 & 2\end{pmatrix}$；　(3) $\begin{pmatrix}1 & 0 & 2 & -1\\2 & 0 & 3 & 1\\3 & 0 & 4 & 3\end{pmatrix}$.

3. 用初等变换法求下列矩阵的逆矩阵.

(1) $\begin{pmatrix}3 & -3 & 4\\2 & -3 & 4\\0 & -1 & 1\end{pmatrix}$；　(2) $\begin{pmatrix}1 & 0 & 0 & 0\\2 & 1 & 0 & 0\\3 & 2 & 1 & 0\\4 & 3 & 2 & 1\end{pmatrix}$.

4. 求解矩阵方程.

(1) $\begin{pmatrix}1 & 2\\3 & 4\end{pmatrix}\boldsymbol{X}=\begin{pmatrix}5 & 3\\3 & 6\end{pmatrix}$；(2) $\boldsymbol{X}\begin{pmatrix}2 & 1 & -1\\2 & 1 & 0\\1 & -1 & 1\end{pmatrix}=\begin{pmatrix}1 & -1 & 3\\4 & 3 & 2\\1 & -2 & 5\end{pmatrix}$.

5. 设矩阵 $\boldsymbol{A}$，$\boldsymbol{B}$ 满足关系式 $\boldsymbol{AB}=2\boldsymbol{B}+\boldsymbol{A}$，且 $\boldsymbol{A}=\begin{pmatrix}3 & 0 & 1\\1 & 1 & 0\\0 & 1 & 4\end{pmatrix}$，求矩阵 $\boldsymbol{B}$.

2.6 矩阵的秩

矩阵的秩的概念是研究线性方程组理论的重要基础. 下面介绍矩阵秩的概念.

一、矩阵秩的概念

定义 2.6.1　设 $\boldsymbol{A}$ 是 $m\times n$ 矩阵，在 $\boldsymbol{A}$ 中任取 k 行 k 列 ($1\leqslant k\leqslant \min\{m,n\}$)，位于 k 行 k 列交叉位置上的 k^2 个元素，按原有的次序组成的 k 阶行列式，称为 $\boldsymbol{A}$ 的 k 阶子式.

显然，$m\times n$ 矩阵 $\boldsymbol{A}$ 的 k 阶子式共有 $C_m^kC_n^k$ 个.

例如，矩阵 $\boldsymbol{A}=\begin{pmatrix}1 & 1 & 0 & 2\\-1 & 1 & 2 & 1\\0 & 0 & 3 & 2\end{pmatrix}$ 的一阶子式有 12 个，它们分别是 $\boldsymbol{A}$ 的每个元素构成的一阶行列式；$\boldsymbol{A}$ 的二阶子式有 18 个，例如位于第一行、第三行及第二列、第四列交叉位置上的元素组成的一个二阶子式为 $\begin{vmatrix}1 & 2\\0 & 2\end{vmatrix}$；$\boldsymbol{A}$ 的三阶子式共有 4 个，它们是

$$\begin{vmatrix}1 & 1 & 0\\-1 & 1 & 2\\0 & 0 & 3\end{vmatrix},\ \begin{vmatrix}1 & 1 & 2\\-1 & 1 & 1\\0 & 0 & 2\end{vmatrix},\ \begin{vmatrix}1 & 0 & 2\\1 & 2 & 1\\0 & 3 & 2\end{vmatrix},\ \begin{vmatrix}1 & 0 & 2\\-1 & 2 & 1\\0 & 3 & 2\end{vmatrix}.$$

特别地，若矩阵 $\boldsymbol{A}$ 是 n 阶方阵，在 $\boldsymbol{A}$ 的 k 阶子式中，以 $\boldsymbol{A}$ 的主对角线上的元素为其主对角线元素的子式称为 $\boldsymbol{A}$ 的 k **阶主子式**.

例如，对于三阶方阵 $\boldsymbol{A}=\begin{pmatrix}1&5&2\\-1&9&1\\6&1&2\end{pmatrix}$，它的一阶主子式为 $|1|$，$|9|$，$|2|$，二阶主子式为 $\begin{vmatrix}1&5\\-1&9\end{vmatrix}$，$\begin{vmatrix}9&1\\1&2\end{vmatrix}$，$\begin{vmatrix}1&2\\6&2\end{vmatrix}$，三阶主子式为 $|\boldsymbol{A}|$.

定义 2.6.2　若矩阵 $\boldsymbol{A}$ 有一个 r 阶子式不为零，而所有 $r+1$ 阶子式（如果存在的话）全等于零，则 r 称为矩阵 $\boldsymbol{A}$ 的秩，记作 $r(\boldsymbol{A})$.

规定零矩阵的秩为零.

在矩阵 $\boldsymbol{A}$ 中，当 $r+1$ 阶子式全等于零时，根据行列式的定义，矩阵 $\boldsymbol{A}$ 中所有高于 $r+1$ 阶的子式（如果存在的话）也都等于零，因此，**矩阵 $\boldsymbol{A}$ 的秩就是矩阵 $\boldsymbol{A}$ 中不等于零的子式的最高阶数.**

由秩的定义可见：

(1) 若 $\boldsymbol{A}$ 是 $m\times n$ 矩阵，则 $r(\boldsymbol{A})\leqslant\min\{m, n\}$.

(2) 如果 $m\times n$ 矩阵 $\boldsymbol{A}$ 中有一个 r 阶子式不等于零，则 $r(\boldsymbol{A})\geqslant r$；如果所有 $r+1$ 阶子式全等于零，则 $r(\boldsymbol{A})\leqslant r$.

(3) $r(\boldsymbol{A})=r(\boldsymbol{A}^{\mathrm{T}})$. 这是因为矩阵 $\boldsymbol{A}$ 的任一子式的转置都是其转置矩阵 $\boldsymbol{A}^{\mathrm{T}}$ 中的一个子式.

(4) $r(k\boldsymbol{A})=r(\boldsymbol{A})$，$k\neq 0$.

(5) 对 n 阶方阵 $\boldsymbol{A}$，若 $|\boldsymbol{A}|\neq 0$，则 $r(\boldsymbol{A})=n$；若 $|\boldsymbol{A}|=0$，则 $r(\boldsymbol{A})<n$. 反之亦然.

对于 n 阶方阵 $\boldsymbol{A}$，若 $r(\boldsymbol{A})=n$，则称 $\boldsymbol{A}$ 为**满秩矩阵**；若 $r(\boldsymbol{A})<n$，则称 $\boldsymbol{A}$ 为**降秩矩阵**. 于是，**n 阶方阵 $\boldsymbol{A}$ 可逆的充分必要条件是 $\boldsymbol{A}$ 满秩.**

例 2.6.1　求下列矩阵的秩.

(1) $\boldsymbol{A}=\begin{pmatrix}1&2\\2&4\end{pmatrix}$；　　(2) $\boldsymbol{B}=\begin{pmatrix}1&2&6\\2&4&2\end{pmatrix}$；

(3) $\boldsymbol{C}=\begin{pmatrix}1&2&3&2\\2&4&6&4\\3&0&9&6\end{pmatrix}$；　　(4) $\boldsymbol{F}=\begin{pmatrix}1&2&1&3\\0&0&2&2\\0&0&0&0\end{pmatrix}$.

解　(1) $\boldsymbol{A}$ 的最高阶子式为二阶子式 $|\boldsymbol{A}|$，且 $|\boldsymbol{A}|=\begin{vmatrix}1&2\\2&4\end{vmatrix}=0$，但 $\boldsymbol{A}$ 的一阶子式不为零，所以 $r(\boldsymbol{A})=1$.

(2) $\boldsymbol{B}$ 的最高阶子式为二阶子式，其中 $\begin{vmatrix}1&6\\2&2\end{vmatrix}=-10\neq 0$，所以 $r(\boldsymbol{B})=2$.

(3) $\boldsymbol{C}$ 的最高阶子式为三阶子式，而全部的三阶子式都等于零，即

$$\begin{vmatrix}1&2&3\\2&4&6\\3&0&9\end{vmatrix}=\begin{vmatrix}1&2&2\\2&4&4\\3&0&6\end{vmatrix}=\begin{vmatrix}2&3&2\\4&6&4\\0&9&6\end{vmatrix}=\begin{vmatrix}1&3&2\\2&6&4\\3&9&6\end{vmatrix}=0.$$

但二阶子式 $\begin{vmatrix}1&2\\3&0\end{vmatrix}=-6\neq 0$，所以 $r(\boldsymbol{C})=2$.

(4) 显然 $\boldsymbol{F}$ 的二阶子式 $\begin{vmatrix}1&1\\0&2\end{vmatrix}=2\neq 0$，而三阶子式则全等于零，所以 $r(\boldsymbol{F})=2$.

由例 2.6.1 可见，利用定义求矩阵的秩，需要计算多个行列式，行数与列数较高时是很麻烦的. 然而像 $\boldsymbol{F}$ 这样的矩阵，它的秩就是非零行的行数.

为此，下面我们介绍用初等变换求秩的方法.

二、初等变换求矩阵的秩

定理 2.6.1 初等变换不改变矩阵的秩.

证 仅就行初等变换给出证明.

(1) 换法变换：交换矩阵 $\boldsymbol{A}$ 的某两行，得到矩阵 $\boldsymbol{B}$. 显然，$\boldsymbol{B}$ 的子式与 $\boldsymbol{A}$ 中对应的子式或者相同，或者只差一个符号，故 $r(\boldsymbol{A})=r(\boldsymbol{B})$.

(2) 倍法变换：用数 k ($k\neq 0$) 乘矩阵 $\boldsymbol{A}$ 的某一行，得到矩阵 $\boldsymbol{B}$. 由于行列式的某一行乘以常数 $k(k\neq 0)$ 相当于 k 与行列式的乘积，所以 $\boldsymbol{B}$ 与 $\boldsymbol{A}$ 中对应的子式或者相等，或者是 $\boldsymbol{A}$ 的子式的 k 倍，所以 $r(\boldsymbol{A})=r(\boldsymbol{B})$.

(3) 消法变换：矩阵中 $\boldsymbol{A}$ 第 j 行的 k 倍加到第 i 行上去，得到矩阵 $\boldsymbol{B}$.

$$\boldsymbol{A}=\begin{pmatrix}a_{11}&a_{12}&\cdots&a_{1n}\\ \vdots&\vdots&\vdots&\vdots\\ a_{i1}&a_{i2}&\cdots&a_{in}\\ \vdots&\vdots&\vdots&\vdots\\ a_{j1}&a_{j2}&\cdots&a_{jn}\\ \vdots&\vdots&\vdots&\vdots\\ a_{m1}&a_{m2}&\cdots&a_{mn}\end{pmatrix}\xrightarrow{r_i+kr_j}\begin{pmatrix}a_{11}&a_{12}&\cdots&a_{1n}\\ \vdots&\vdots&\vdots&\vdots\\ a_{i1}+ka_{j1}&a_{i2}+ka_{j2}&\cdots&a_{in}+ka_{jn}\\ \vdots&\vdots&\vdots&\vdots\\ a_{j1}&a_{j2}&\cdots&a_{jn}\\ \vdots&\vdots&\vdots&\vdots\\ a_{m1}&a_{m2}&\cdots&a_{mn}\end{pmatrix}=\boldsymbol{B}.$$

首先证明 $r(\boldsymbol{B})\leqslant r(\boldsymbol{A})$，设 $r(\boldsymbol{A})=r$.

若矩阵 $\boldsymbol{B}$ 中没有阶数大于 r 的子式，当然也不会有阶数大于 r 的非零子式，故 $r(\boldsymbol{B})\leqslant r(\boldsymbol{A})$； 当矩阵 $\boldsymbol{B}$ 含有 $r+1$ 阶子式 $\boldsymbol{D}_{r+1}$时，有三种情形：

(1) $\boldsymbol{D}_{r+1}$不包含 $\boldsymbol{B}$ 的第 i 行元素，此时 $\boldsymbol{D}_{r+1}$也是 $\boldsymbol{A}$ 中的 $r+1$ 阶子式，所以 $\boldsymbol{D}_{r+1}=0$.

(2) $\boldsymbol{D}_{r+1}$包含 $\boldsymbol{B}$ 的 i，j 两行元素，此时由行列式的性质可知，$\boldsymbol{D}_{r+1}=0$.

(3) $\boldsymbol{D}_{r+1}$包含 $\boldsymbol{B}$ 的第 i 行元素，但不包含 $\boldsymbol{B}$ 中的第 j 行元素，此时

$$\boldsymbol{D}_{r+1}=\begin{vmatrix}\cdots&\cdots&\cdots&\cdots\\ a_{it_1}+ka_{jt_1}&a_{it_2}+ka_{jt_2}&\cdots&a_{it_{r+1}}+ka_{jt_{r+1}}\\ \cdots&\cdots&\cdots&\cdots\end{vmatrix}\leftarrow(i)$$

$$= \begin{vmatrix} \cdots & \cdots & \cdots & \cdots \\ a_{it_1} & a_{it_2} & \cdots & a_{it_{r+1}} \\ \cdots & \cdots & \cdots & \cdots \end{vmatrix} + k \begin{vmatrix} \cdots & \cdots & \cdots & \cdots \\ a_{jt_1} & a_{jt_2} & \cdots & a_{jt_{r+1}} \\ \cdots & \cdots & \cdots & \cdots \end{vmatrix} \leftarrow (i) \underline{\underline{\text{记作}}} \boldsymbol{D}_1 + k\boldsymbol{D}_2.$$

其中，$\boldsymbol{D}_1$ 是 $\boldsymbol{A}$ 中的一个 $r+1$ 阶子式，而 $\boldsymbol{D}_2$ 与 $\boldsymbol{A}$ 的一个 $r+1$ 阶子式最多相差一个符号，所以 $\boldsymbol{D}_1=0$，$\boldsymbol{D}_2=0$，即 $\boldsymbol{D}_{r+1}=0$.

以上说明，$\boldsymbol{B}$ 中所有 $r+1$ 阶子式都等于零，所以 $r(\boldsymbol{B})\leqslant r=r(\boldsymbol{A})$，即 $r(\boldsymbol{B})\leqslant r(\boldsymbol{A})$.

同理，对矩阵 $\boldsymbol{B}$ 做行初等变换得到 $\boldsymbol{A}$，又有 $r(\boldsymbol{A})\leqslant r(\boldsymbol{B})$.

综上所述，$r(\boldsymbol{A})=r(\boldsymbol{B})$.

以上过程说明，矩阵经过一次初等变换，矩阵的秩不会改变，自然经过有限次初等变换，矩阵的秩仍然不变.

总之，初等变换不改变矩阵的秩.

定理 2.6.2　设 $\boldsymbol{P}$，$\boldsymbol{Q}$ 分别为 m 阶和 n 阶可逆矩阵，则对于任一 $m\times n$ 矩阵 $\boldsymbol{A}$，都有

$$r(\boldsymbol{PAQ})=r(\boldsymbol{A}).$$

证　设 $\boldsymbol{PAQ}=\boldsymbol{B}$，由于 $\boldsymbol{P}$，$\boldsymbol{Q}$ 可逆，根据定理 2.5.3 之推论，$\boldsymbol{P}$，$\boldsymbol{Q}$ 皆可表示为有限个初等矩阵的乘积，设 $\boldsymbol{P}=\boldsymbol{P}_s\cdots\boldsymbol{P}_2\boldsymbol{P}_1$，$\boldsymbol{Q}=\boldsymbol{Q}_1\boldsymbol{Q}_2\cdots\boldsymbol{Q}_t$，于是

$$\boldsymbol{P}_s\cdots\boldsymbol{P}_2\boldsymbol{P}_1\boldsymbol{A}\boldsymbol{Q}_1\boldsymbol{Q}_2\cdots\boldsymbol{Q}_t=\boldsymbol{B}.$$

上式表明，矩阵 $\boldsymbol{A}$ 经过有限次初等变换化为矩阵 $\boldsymbol{B}$，由定理 2.6.1，初等变换不改变矩阵的秩，故 $r(\boldsymbol{B})=r(\boldsymbol{PAQ})=r(\boldsymbol{A})$.

定理 2.6.1 为我们提供了一个求秩的思路：**通过初等变换，将 $\boldsymbol{A}$ 转化为一个容易求秩的矩阵 $\boldsymbol{B}$**. 为此，下面给出行阶梯形矩阵和行最简形矩阵的定义.

定义 2.6.3　满足下面两个条件的矩阵称为行阶梯形矩阵：

(1) 若有零行，零行都在非零行的下方(元素全为零的行称为零行，否则称为非零行).

(2) 非零行的每一行自左向右第一个非零元素(称为主元)前面零的个数逐行增加.

相应地，满足下面两个条件的矩阵称为行最简形矩阵：

(1) 它是行阶梯形矩阵.

(2) 非零行的主元为 1，且它所在的列的其他元素均为 0.

例 2.6.2　下列矩阵中，哪些是行阶梯形矩阵？哪些是行最简形矩阵？

$$\boldsymbol{A}_1=\begin{pmatrix}1&2&1&3\\0&0&2&2\\0&0&0&0\end{pmatrix};\qquad \boldsymbol{A}_2=\begin{pmatrix}0&1&2&2&3\\0&0&1&2&1\\0&0&0&0&1\end{pmatrix};$$

$$\boldsymbol{A}_3=\begin{pmatrix}1&0&0&3\\0&1&0&2\\0&1&1&1\end{pmatrix};\qquad \boldsymbol{A}_4=\begin{pmatrix}1&2&0&3\\0&0&1&2\\0&0&0&0\end{pmatrix}.$$

解 A_1, A_2, A_4 是行阶梯形矩阵；A_4 是行最简形矩阵；A_3 既不是行阶梯形矩阵，也不是行最简形矩阵.

由定义可知，行阶梯形(或行最简型)矩阵的特点是可画出一条阶梯线，使线的下方全是 0；每个台阶只有一行，台阶数就是非零行的行数.

行阶梯形矩阵和行最简形矩阵的重要意义之一就体现在下面定理中：

定理 2.6.3　任何一个秩为 r 的矩阵 $A=(a_{ij})_{m\times n}$ 都可以通过行初等行变换化为行阶梯形矩阵 B_r，且 B_r 的非零行数为 r；进一步地，非零行数为 r 的行阶梯形矩阵 B_r 可以通过初等行变换化为行最简形矩阵 C_r；对 C_r 继续进行初等变换，最终将化成标准形矩阵 D_r. 即

$$A\to B_r\to C_r\xrightarrow[\text{列初等变换}]{\text{行初等变换}}D_r=\begin{pmatrix}1&0&\cdots&0&0&\cdots&0\\0&1&\cdots&0&0&\cdots&0\\\vdots&\vdots&\ddots&\vdots&\vdots&\vdots&\vdots\\0&0&\cdots&1&0&\cdots&0\\0&0&\cdots&0&0&\cdots&0\\\vdots&\vdots&\vdots&\vdots&\vdots&\vdots&\vdots\\0&0&\cdots&0&0&\cdots&0\end{pmatrix}=\begin{pmatrix}E_r&O\\O&O\end{pmatrix}.$$

例如：

$$A=\begin{pmatrix}1&2&3&0\\-1&-2&1&2\\1&2&7&2\end{pmatrix}\xrightarrow[r_2+r_1]{r_3+(-1)r_1}\begin{pmatrix}1&2&3&0\\0&0&4&2\\0&0&4&2\end{pmatrix}\xrightarrow{r_3+(-1)r_2}\begin{pmatrix}1&2&3&0\\0&0&4&2\\0&0&0&0\end{pmatrix}=B_2;$$

$$B_2=\begin{pmatrix}1&2&3&0\\0&0&4&2\\0&0&0&0\end{pmatrix}\xrightarrow{\frac{1}{4}r_2}\begin{pmatrix}1&2&3&0\\0&0&1&1/2\\0&0&0&0\end{pmatrix}\xrightarrow{r_1+(-3)r_2}\begin{pmatrix}1&2&0&-3/2\\0&0&1&1/2\\0&0&0&0\end{pmatrix}=C_2;$$

$$C_2=\begin{pmatrix}1&2&0&-3/2\\0&0&1&1/2\\0&0&0&0\end{pmatrix}\xrightarrow{\substack{c_2-2c_1\\c_3+\frac{3}{2}c_1\\c_3-\frac{1}{2}c_2}}\begin{pmatrix}1&0&0&0\\0&0&1&0\\0&0&0&0\end{pmatrix}\xrightarrow{c_2\leftrightarrow c_3}\begin{pmatrix}1&0&0&0\\0&1&0&0\\0&0&0&0\end{pmatrix}=D_2.$$

推论　若 $r(A)=r$，则必存在可逆矩阵 P, Q，使得 $PAQ=\begin{pmatrix}E_r&O\\O&O\end{pmatrix}$.

因此定理 2.6.3 又可叙述为：**任何一个秩为 r 的矩阵 $A=(a_{ij})_{m\times n}$ 都可以通过初等变换化为标准形.**

显然：(1)等秩的同型矩阵有相同的标准形；(2)可逆 n 阶阵的标准形是 n 阶单位矩阵 E.

注意到标准形 D_r 的形式非常简单，在它的分块矩阵中，左上角是单位矩阵 E_r. 显然该单位矩阵构成的行列式是标准形 D_r 的最高阶的非零子式，因此单位

矩阵的阶数 r 即为标准形 $\boldsymbol{D}_r$ 的秩，因此也是矩阵 $\boldsymbol{A}$ 的秩. 所以将一个矩阵化为标准形能够很容易地求得该矩阵的秩.

然而我们看到，若仅求矩阵 $\boldsymbol{A}$ 的秩，只需要将 $\boldsymbol{A}$ 化为行阶梯形矩阵 $\boldsymbol{B}$ 即可. 显然，**行阶梯形矩阵 $\boldsymbol{B}$ 的非零行的行数，即为矩阵 $\boldsymbol{A}$ 的秩**.

例 2.6.3 求矩阵 $\boldsymbol{A}=\begin{pmatrix}1 & -1 & 0 & 0 & 2\\ 2 & 3 & 0 & -2 & 1\\ -1 & 1 & 0 & 0 & -2\\ 1 & 2 & 3 & 2 & 2\end{pmatrix}$的秩.

解 对 $\boldsymbol{A}$ 做行初等变换，将其化成行阶梯形矩阵，有

$$\boldsymbol{A}=\begin{pmatrix}1 & -1 & 0 & 0 & 2\\ 2 & 3 & 0 & -2 & 1\\ -1 & 1 & 0 & 0 & -2\\ 1 & 2 & 3 & 2 & 2\end{pmatrix}\xrightarrow[r_4+(-1)r_1]{\substack{r_2+(-2)r_1\\ r_3+r_1}}\begin{pmatrix}1 & -1 & 0 & 0 & 2\\ 0 & 5 & 0 & -2 & -3\\ 0 & 0 & 0 & 0 & 0\\ 0 & 3 & 3 & 2 & 0\end{pmatrix}$$

$$\xrightarrow{r_3\leftrightarrow r_4}\begin{pmatrix}1 & -1 & 0 & 0 & 2\\ 0 & 5 & 0 & -2 & -3\\ 0 & 3 & 3 & 2 & 0\\ 0 & 0 & 0 & 0 & 0\end{pmatrix}\xrightarrow{r_3-\frac{3}{5}r_2}\begin{pmatrix}1 & -1 & 0 & 0 & 2\\ 0 & 5 & 0 & -2 & -3\\ 0 & 0 & 3 & \frac{16}{5} & \frac{9}{5}\\ 0 & 0 & 0 & 0 & 0\end{pmatrix}$$

所以，$r(\boldsymbol{A})=3$.

例 2.6.4 设方阵 $\boldsymbol{A}=\begin{pmatrix}1 & 1 & 2\\ 0 & 2 & -1\\ 2 & 3 & 1\end{pmatrix}$，判断 $\boldsymbol{A}$ 是否可逆.

解法 1 因为 $|\boldsymbol{A}|=\begin{vmatrix}1 & 1 & 2\\ 0 & 2 & -1\\ 2 & 3 & 1\end{vmatrix}=5\neq 0$. 所以，$\boldsymbol{A}$ 满秩(可逆).

解法 2 用行初等变换将 $\boldsymbol{A}$ 化成行阶梯形矩阵，得

$$\begin{pmatrix}1 & 1 & 2\\ 0 & 2 & -1\\ 2 & 3 & 1\end{pmatrix}\xrightarrow{r_3+(-2)r_1}\begin{pmatrix}1 & 1 & 2\\ 0 & 2 & -1\\ 0 & 1 & -3\end{pmatrix}\xrightarrow{r_3-\frac{1}{2}r_2}\begin{pmatrix}1 & 1 & 2\\ 0 & 2 & -1\\ 0 & 0 & -\frac{5}{2}\end{pmatrix}.$$

所以 $r(\boldsymbol{A})=3$，$\boldsymbol{A}$ 满秩，故可逆.

*三、矩阵秩的一些重要结论

我们知道，$m\times n$ 矩阵 $\boldsymbol{A}$ 的秩有如下简单的不等式

$$r(\boldsymbol{A})\leqslant\min\{m,\ n\}.$$

下面讨论矩阵的乘积以及矩阵和的不等式.

定理 2.6.4 两矩阵乘积的秩不大于各因子矩阵的秩，即

$$r(\boldsymbol{AB}) \leqslant \min\{r(\boldsymbol{A}),\ r(\boldsymbol{B})\}.$$

证 设$\boldsymbol{A}$，$\boldsymbol{B}$分别为$m\times k$和$k\times n$矩阵，且$r(\boldsymbol{A})=r$，由定理 2.6.3 之推论，必有可逆矩阵$\boldsymbol{P}_{m\times m}$，$\boldsymbol{Q}_{k\times k}$，使得$\boldsymbol{A}=\boldsymbol{P}^{-1}\begin{pmatrix}\boldsymbol{E}_r & \boldsymbol{O}\\ \boldsymbol{O} & \boldsymbol{O}\end{pmatrix}\boldsymbol{Q}^{-1}$，于是，$\boldsymbol{AB}=\boldsymbol{P}^{-1}\begin{pmatrix}\boldsymbol{E}_r & \boldsymbol{O}\\ \boldsymbol{O} & \boldsymbol{O}\end{pmatrix}\boldsymbol{Q}^{-1}\boldsymbol{B}$.

令$\boldsymbol{Q}^{-1}\boldsymbol{B}=\begin{pmatrix}\boldsymbol{C}_1\\ \boldsymbol{C}_2\end{pmatrix}$，$\boldsymbol{C}_1$为$r\times n$矩阵，则

$$\boldsymbol{AB}=\boldsymbol{P}^{-1}\begin{pmatrix}\boldsymbol{E}_r & \boldsymbol{O}\\ \boldsymbol{O} & \boldsymbol{O}\end{pmatrix}\begin{pmatrix}\boldsymbol{C}_1\\ \boldsymbol{C}_2\end{pmatrix}=\boldsymbol{P}^{-1}\begin{pmatrix}\boldsymbol{C}_1\\ \boldsymbol{O}\end{pmatrix},$$

从而，

$$r(\boldsymbol{AB})=r\left(\boldsymbol{P}^{-1}\begin{pmatrix}\boldsymbol{C}_1\\ \boldsymbol{O}\end{pmatrix}\right)=r\begin{pmatrix}\boldsymbol{C}_1\\ \boldsymbol{O}\end{pmatrix}=r(\boldsymbol{C}_1)\leqslant r=r(\boldsymbol{A}).$$

同理，$r(\boldsymbol{AB})\leqslant r(\boldsymbol{B})$.

定理 2.6.5 设$\boldsymbol{A}$，$\boldsymbol{B}$均为n阶方阵，则$r(\boldsymbol{AB})\geqslant r(\boldsymbol{A})+r(\boldsymbol{B})-n$.

证 设$r(\boldsymbol{A})=r$，$r(\boldsymbol{B})=s$，则定理 2.6.3 之推论，必有n阶可逆矩阵$\boldsymbol{P}_1$，$\boldsymbol{Q}_1$及$\boldsymbol{P}_2$，$\boldsymbol{Q}_2$，使得

$$\boldsymbol{P}_1\boldsymbol{AQ}_1=\begin{pmatrix}\boldsymbol{E}_r & \boldsymbol{O}\\ \boldsymbol{O} & \boldsymbol{O}\end{pmatrix},\ \boldsymbol{P}_2\boldsymbol{BQ}_2=\begin{pmatrix}\boldsymbol{E}_s & \boldsymbol{O}\\ \boldsymbol{O} & \boldsymbol{O}\end{pmatrix}.$$

于是，$\boldsymbol{P}_1\boldsymbol{ABQ}_2=\boldsymbol{P}_1\boldsymbol{AQ}_1(\boldsymbol{Q}_1^{-1}\boldsymbol{P}_2^{-1})\boldsymbol{P}_2\boldsymbol{BQ}_2$. 令$\boldsymbol{C}=\boldsymbol{Q}_1^{-1}\boldsymbol{P}_2^{-1}=(c_{ij})_{n\times n}$，则

$$\boldsymbol{P}_1\boldsymbol{ABQ}_2=\begin{pmatrix}\boldsymbol{E}_r & \boldsymbol{O}\\ \boldsymbol{O} & \boldsymbol{O}\end{pmatrix}\begin{pmatrix}c_{11} & c_{12} & \cdots & c_{1n}\\ c_{21} & c_{22} & \cdots & c_{2n}\\ \vdots & \vdots & \ddots & \vdots\\ c_{n1} & c_{n2} & \cdots & c_{nn}\end{pmatrix}\begin{pmatrix}\boldsymbol{E}_s & \boldsymbol{O}\\ \boldsymbol{O} & \boldsymbol{O}\end{pmatrix}$$

$$=\begin{pmatrix}c_{11} & c_{12} & \cdots & c_{1s} & 0 & \cdots & 0\\ \vdots & \vdots & & \vdots & \vdots & & \vdots\\ c_{r1} & c_{r2} & \cdots & c_{rs} & 0 & \cdots & 0\\ 0 & 0 & \cdots & 0 & 0 & \cdots & 0\\ \vdots & \vdots & & \vdots & \vdots & & \vdots\\ 0 & 0 & \cdots & 0 & 0 & \cdots & 0\end{pmatrix}=\begin{pmatrix}\overline{\boldsymbol{C}}_{r\times s} & \boldsymbol{O}\\ \boldsymbol{O} & \boldsymbol{O}\end{pmatrix}.$$

其中，子矩阵$\overline{\boldsymbol{C}}_{r\times s}=\begin{pmatrix}c_{11} & c_{12} & \cdots & c_{1s}\\ \vdots & \vdots & \vdots & \vdots\\ c_{r1} & c_{r2} & \cdots & c_{rs}\end{pmatrix}$由可逆矩阵$\boldsymbol{C}$中划去后$n-r$行和后$n-s$列所得.

因为任一矩阵每减少一行(或一列)，其秩的减小不大于1，故有

$$r(\bar{C}_{r\times s}) \geqslant r(C) - [(n-r)+(n-s)] = r+s-n.$$

其中，$r(\boldsymbol{C})=n$，因而

$$r(\boldsymbol{P}_1\boldsymbol{A}\boldsymbol{B}\boldsymbol{Q}_2) = r\begin{pmatrix} \bar{\boldsymbol{C}}_{r\times s} & \boldsymbol{O} \\ \boldsymbol{O} & \boldsymbol{O} \end{pmatrix} = r(\bar{\boldsymbol{C}}_{r\times s}) \geqslant r+s-n,$$

即 $r(\boldsymbol{AB}) \geqslant r+s-n$.

推论 **设 $\boldsymbol{A}$，$\boldsymbol{B}$ 分别为 $m\times n$ 和 $n\times p$ 矩阵，$\boldsymbol{AB}=\boldsymbol{O}$，则**

$$r(\boldsymbol{A})+r(\boldsymbol{B}) \leqslant n.$$

定理 2.6.6 **设 $\boldsymbol{A}$，$\boldsymbol{B}$ 为 $m\times n$ 矩阵，则 $r(\boldsymbol{A}+\boldsymbol{B}) \leqslant r(\boldsymbol{A})+r(\boldsymbol{B})$（请读者自行证明）.**

四、等价矩阵

定义 2.6.4 **如果矩阵 $\boldsymbol{A}$ 经过初等变换化为矩阵 $\boldsymbol{B}$，则称 $\boldsymbol{A}$ 与 $\boldsymbol{B}$ 等价，记作 $\boldsymbol{A}\cong\boldsymbol{B}$.**

显然，每个矩阵与其标准形等价.

根据初等变换的定义，矩阵的等价具有以下性质：

（1）自反性：$\boldsymbol{A}\cong\boldsymbol{A}$.

（2）对称性：若 $\boldsymbol{A}\cong\boldsymbol{B}$，则 $\boldsymbol{B}\cong\boldsymbol{A}$.

（3）传递性：若 $\boldsymbol{A}\cong\boldsymbol{B}$，$\boldsymbol{B}\cong\boldsymbol{C}$，则 $\boldsymbol{A}\cong\boldsymbol{C}$.

定理 2.6.7 **设 $\boldsymbol{A}$，$\boldsymbol{B}$ 是同型矩阵，则 $\boldsymbol{A}\cong\boldsymbol{B}$ 的充分必要条件是 $r(\boldsymbol{A})=r(\boldsymbol{B})$.**

证 （必要性）若 $\boldsymbol{A}\cong\boldsymbol{B}$，由定理 2.6.1，初等变换不改变矩阵的秩，故 $r(\boldsymbol{A})=r(\boldsymbol{B})$.

（充分性）若 $r(\boldsymbol{A})=r(\boldsymbol{B})$，且 $\boldsymbol{A}$，$\boldsymbol{B}$ 同型，由定理 2.6.3，等秩的矩阵有相同的标准形 $\boldsymbol{D}_r$，即 $\boldsymbol{A}\cong\boldsymbol{D}_r$，$\boldsymbol{B}\cong\boldsymbol{D}_r$，即 $\boldsymbol{A}\cong\boldsymbol{D}_r\cong\boldsymbol{B}$.

推论 **n 阶方阵 $\boldsymbol{A}$ 可逆的充分必要条件是 $\boldsymbol{A}\cong\boldsymbol{E}$.**

定理 2.6.8 **$m\times n$ 矩阵 $\boldsymbol{A}\cong\boldsymbol{B}$ 的充分必要条件是，存在满秩矩阵 $\boldsymbol{P}$，$\boldsymbol{Q}$，使得 $\boldsymbol{B}=\boldsymbol{PAQ}$.**

证 （必要性）若 $\boldsymbol{A}\cong\boldsymbol{B}$，则有初等矩阵 $\boldsymbol{P}_1$，$\boldsymbol{P}_2$，…，$\boldsymbol{P}_s$ 及 $\boldsymbol{Q}_1$，$\boldsymbol{Q}_2$，…，$\boldsymbol{Q}_t$，使得

$$\boldsymbol{B}=\boldsymbol{P}_s\cdots\boldsymbol{P}_2\boldsymbol{P}_1\boldsymbol{A}\boldsymbol{Q}_1\boldsymbol{Q}_2\cdots\boldsymbol{Q}_t.$$

令 $\boldsymbol{P}=\boldsymbol{P}_s\cdots\boldsymbol{P}_2\boldsymbol{P}_1$，$\boldsymbol{Q}=\boldsymbol{Q}_1\boldsymbol{Q}_2\cdots\boldsymbol{Q}_t$. 由定理 2.5.3 之推论，$\boldsymbol{P}$，$\boldsymbol{Q}$ 满秩，且 $\boldsymbol{B}=\boldsymbol{PAQ}$.

（充分性）因 $\boldsymbol{P}$，$\boldsymbol{Q}$ 满秩，则 $\boldsymbol{P}$，$\boldsymbol{Q}$ 可以写为一系列初等矩阵的乘积，则 $\boldsymbol{B}=\boldsymbol{PAQ}$ 表示矩阵 $\boldsymbol{A}$ 经过初等变换化为 $\boldsymbol{B}$，故 $\boldsymbol{A}\cong\boldsymbol{B}$.

习题 2－6

1. 将下列矩阵先化为行阶梯形矩阵再化为行最简形矩阵.

(1) $\begin{pmatrix}1&0&2&-1\\2&0&3&1\\3&0&4&3\end{pmatrix}$；　(2) $\begin{pmatrix}0&2&-3&1\\0&3&-4&3\\0&4&-7&-1\end{pmatrix}$；

(3) $\begin{pmatrix}1&-1&0&2&1\\3&-3&0&7&0\\1&-1&2&3&2\\2&-2&2&7&-3\end{pmatrix}$；　(4) $\begin{pmatrix}1&1&1&1&1&7\\3&2&1&1&-3&-2\\0&1&2&2&6&23\\5&4&3&3&-1&12\end{pmatrix}$.

2. 判断下列命题是否正确并说明理由.

(1) 设 n 阶方阵 $\boldsymbol{A}$，$\boldsymbol{B}$ 满足 $r(\boldsymbol{A})>0$，$r(\boldsymbol{B})>0$，则 $r(\boldsymbol{A}+\boldsymbol{B})>0$.

(2) 若矩阵 $\boldsymbol{A}$ 有一个非零的 r 阶子式，则 $r(\boldsymbol{A})\geqslant r$.

(3) 若矩阵 $\boldsymbol{A}$ 有一个为零的 $r+1$ 阶子式，则 $r(\boldsymbol{A})<r+1$.

(4) 初等矩阵经过一次初等变换得到的矩阵仍是初等矩阵.

(5) 两个初等矩阵的乘积仍是初等矩阵.

(6) 初等矩阵的转置仍是初等矩阵.

(7) 设矩阵 $\boldsymbol{A}$，$\boldsymbol{B}$ 同型等秩，则矩阵 $\boldsymbol{A}$ 经过一系列初等变换可化为矩阵 $\boldsymbol{B}$.

3. 求下列矩阵的秩.

(1) $\begin{pmatrix}1&2&-2\\2&-1&3\\3&1&1\end{pmatrix}$；　(2) $\begin{pmatrix}2&3&-1&2\\1&2&-1&0\\-1&1&2&3\end{pmatrix}$；

(3) $\begin{pmatrix}1&2&3\\4&-2&1\\2&3&2\\3&4&0\\1&1&0\end{pmatrix}$；　(4) $\begin{pmatrix}1&2&1&0&2\\2&3&3&4&2\\1&1&2&4&0\end{pmatrix}$.

4. 设矩阵 $\boldsymbol{A}=\begin{pmatrix}1&-2&-1&3\\3&-6&-3&9\\-2&4&2&k\end{pmatrix}$，问 k 取什么值时可分别有如下结果.

(1) $r(\boldsymbol{A})=1$；(2) $r(\boldsymbol{A})=2$；(3) $r(\boldsymbol{A})=3$.

本章小结

矩阵是本课程研究的主要对象，也是本课程讨论问题的主要工具. 本章主要介绍了矩阵的概念、矩阵的运算、可逆矩阵及其逆矩阵、分块矩阵、矩阵的初等变换和矩阵的秩.

一、矩阵的概念

矩阵是由 $m\times n$ 个元素排成的 m 行 n 列的矩形数表. 与行列式不同，它不是数，并且 m 和 n 一般不相等. 熟记几种特殊矩阵：零矩阵、行矩阵、列矩阵、n 阶方阵、上(下)三角形矩阵、对角矩阵、单位矩阵等.

二、矩阵的运算

掌握矩阵的加法、减法、数乘、转置、矩阵的乘法、方阵求行列式等各种运算。注意加(减)法中要求 $\boldsymbol{A}$ 与 $\boldsymbol{B}$ 必须同型，它们的和 $\boldsymbol{A}+\boldsymbol{B}$ 也是同型矩阵；数乘 $k\boldsymbol{A}$ 中，k 要乘遍 $\boldsymbol{A}$ 中所有元素；重点关注矩阵的乘法 $\boldsymbol{AB}$，要求左边矩阵 $\boldsymbol{A}$ 的列数等于右边矩阵 $\boldsymbol{B}$ 的行数，它们的乘积 $\boldsymbol{C}=\boldsymbol{AB}$ 的行数等于 $\boldsymbol{A}$ 的行数，其列数等于 $\boldsymbol{B}$ 的列数；只有方阵才能取行列式.

每一种运算都有一些运算规律，这些规律与数的运算规律有些相同，有些不同，需要特别注意. 如矩阵的乘法不满足交换律；在方阵的行列式的运算中，只有当 $\boldsymbol{A}$ 与 $\boldsymbol{B}$ 都是 n 阶方阵时，才有 $|\boldsymbol{AB}|=|\boldsymbol{A}||\boldsymbol{B}|$.

三、矩阵的可逆性及逆矩阵

必须明确只有对方阵才能讨论矩阵的可逆性问题，且：

n 阶方阵 $\boldsymbol{A}$ 可逆 $\Leftrightarrow$ 存在 n 阶方阵 $\boldsymbol{B}$，使得 $\boldsymbol{AB}=\boldsymbol{E}$；

$\Leftrightarrow |\boldsymbol{A}|\neq 0$；

$\Leftrightarrow \boldsymbol{A}$ 是满秩矩阵，即 $r(\boldsymbol{A})=n$；

$\Leftrightarrow \boldsymbol{A}$ 可以表示成有限个初等矩阵的乘积；

$\Leftrightarrow \boldsymbol{A}$ 的等价标准形是单位矩阵 $\boldsymbol{E}$；

$\Leftrightarrow$……

应熟练掌握可逆矩阵 $\boldsymbol{A}$ 的逆矩阵 $\boldsymbol{A}^{-1}$ 的求法：

(1) 用伴随矩阵求 $\boldsymbol{A}^{-1}$，即 $\boldsymbol{A}^{-1}=\dfrac{\boldsymbol{A}^*}{|\boldsymbol{A}|}$.

(2) 用初等变换求 $\boldsymbol{A}^{-1}$，即 $(\boldsymbol{A}\mid\boldsymbol{E})\xrightarrow{\text{行初等变换}}(\boldsymbol{E}\mid\boldsymbol{A}^{-1})$.

可逆矩阵是重要的，它有良好的性质，利用逆矩阵可以方便的求解矩阵方程.

四、分块矩阵

对矩阵进行分块的目的是简化运算.

作为对矩阵概念理解的深化，矩阵的按列分块是后继内容中利用矩阵来讨论向量组的基础. 矩阵分块法作为一种运算技巧，可以不作为教学基本要求.

五、矩阵的初等变换

这是矩阵的另一个基本而重要的运算.

理解三种初等变化与初等矩阵的定义及初等变换与初等矩阵的关系，应熟练掌握化矩阵为行阶梯形矩阵和行最简形矩阵，这对本课程的学习至关重要.

六、矩阵的秩

矩阵的秩是矩阵本身特有的属性，它将在线性方程组的解的情况讨论中起重要作用. 要理解“矩阵的秩”的定义，熟练掌握用初等行变换法求“矩阵的秩”的方法.

实例介绍

飞机设计中的计算机模型

为了设计新一代飞机，在建造飞机的物理模型之前，工程师们使用 3D 建模方法和计算流体力学研究虚拟飞机周围的气流，这样就能在很大程度上缩减设计周期和费用，其中线性代数发挥了至关重要的作用.

虚拟飞机(见图 2－1)只是一个存储在计算机内的“曲线框架”数学模型，表面看似光滑，其几何结构却错综复杂，为了研究气流，工程师需要高度精确地描述飞机的表面. 为此，计算机首先向原有的“曲线框架”模型添加三维立体网格. 网格中的立方体或者完全位于飞机内部，或者完全位于飞机外部或者与飞机表面相交. 计算机选择那些与飞机表面相交的立方体并且细分它们，然后保留仍与飞机表面相交的那些立方体. 重复这一细分过程，直到网格变得足够精细. 一个典型的网格可能包含超过 400000 个立方体.

图 2－1　飞机

计算飞机表面的气流需要反复求解包含多达两百万个方程和变量的线性方程组 $\boldsymbol{Ax}=\boldsymbol{b}$，向量 $\boldsymbol{b}$ 随着来自网格的数据和前面方程的解而改变. 工程师们使用了以线性代数为实现机制的计算机绘图软件，飞机表面的“曲线框架”模型以数据矩阵的形式存储在计算机中. 当图像在计算机屏幕上呈现时，工程师们可以改变显示比例、缩小或放大局部，或者旋转图像以便看到隐藏于视野之外的部分，每一种操作都由相应的矩阵乘法来完成.

综合练习题二

1. 填空题.

(1) $\boldsymbol{A}$，$\boldsymbol{B}$ 均是 n 阶对称矩阵，则 $\boldsymbol{AB}$ 是对称矩阵的充要条件是__________.

(2) $\boldsymbol{A}$ 为 3×3 矩阵，$\boldsymbol{B}$ 为 4×4 矩阵，且 $|\boldsymbol{A}|=1$，$|\boldsymbol{B}|=-2$，则 $||\boldsymbol{B}|\boldsymbol{A}|=$__________.

(3) $\boldsymbol{A}$ 为 3×3 矩阵，$|\boldsymbol{A}|=-2$，将 $\boldsymbol{A}$ 按列分块为 $\boldsymbol{A}=(\boldsymbol{\alpha}_1,\boldsymbol{\alpha}_2,\boldsymbol{\alpha}_3)$，其中 $\boldsymbol{\alpha}_j(j=1,2,3)$ 是 $\boldsymbol{A}$ 的第 j 列，则 $|\boldsymbol{\alpha}_3-2\boldsymbol{\alpha}_1,3\boldsymbol{\alpha}_2,\boldsymbol{\alpha}_1|=$__________.

(4) 已知 $\boldsymbol{A}=\begin{pmatrix}1&2&0&0\\-3&4&0&0\\0&0&2&1\\0&0&0&4\end{pmatrix}$，则 $\boldsymbol{A}^{-1}=$________，$(\boldsymbol{A}^*)^{-1}=$________.

(5) 已知 $\boldsymbol{A}=\begin{pmatrix}1&1\\0&2\end{pmatrix}$，则 $|(2\boldsymbol{A})^{-1}\boldsymbol{A}^*|=$__________.

(6) 已知 $\boldsymbol{A}=\begin{pmatrix}1&0&0\\0&2&0\\0&0&3\end{pmatrix}$，$\boldsymbol{B}=\begin{pmatrix}1&0&0\\0&1&0\\0&3&1\end{pmatrix}$，则 $(\boldsymbol{AB})^{-1}=$__________.

(7) 若 $\boldsymbol{A}^3=2\boldsymbol{E}$，则 $\boldsymbol{A}^{-1}=$__________.

(8) 已知 $\boldsymbol{A}=\begin{pmatrix}0&0&1&0\\0&2&0&0\\3&0&0&0\\0&0&0&4\end{pmatrix}$，则 $\boldsymbol{A}^{-1}=$__________.

(9) 设 $\boldsymbol{A}=(1,2,3)$，$\boldsymbol{B}=(1,1,1)$，则 $(\boldsymbol{A}^{\mathrm{T}}\boldsymbol{B})^{100}=$__________.

(10) 设 $\boldsymbol{A}=\begin{pmatrix}k&1&1&1\\1&k&1&1\\1&1&k&1\\1&1&1&k\end{pmatrix}$ 且 $r(\boldsymbol{A})=3$，则 $k=$__________.

2. 选择题.

(1) 设 4 阶矩阵 $\boldsymbol{A}=(\boldsymbol{\alpha},\boldsymbol{v}_2,\boldsymbol{v}_3,\boldsymbol{v}_4)$，$\boldsymbol{B}=(\boldsymbol{\beta},\boldsymbol{v}_2,\boldsymbol{v}_3,\boldsymbol{v}_4)$，其中 $\boldsymbol{\alpha}$，$\boldsymbol{\beta}$，$\boldsymbol{v}_2$，$\boldsymbol{v}_3$，$\boldsymbol{v}_4$ 均为 4 行 1 列分块矩阵，已知 $|\boldsymbol{A}|=4$，$|\boldsymbol{B}|=1$，则 $|\boldsymbol{A}+\boldsymbol{B}|=$__________.

(A) 5；　　(B) 4；　　(C) 50；　　(D) 40.

(2) 设 $\boldsymbol{A}$，$\boldsymbol{B}$ 为 $n(n\geqslant2)$ 阶方阵，则必有__________.

(A) $|\boldsymbol{A}+\boldsymbol{B}|=|\boldsymbol{A}|+|\boldsymbol{B}|$；　　(B) $|\boldsymbol{AB}|=|\boldsymbol{BA}|$

(C) $||\boldsymbol{A}|\boldsymbol{B}|=||\boldsymbol{B}|\boldsymbol{A}|$；　　(D) $|\boldsymbol{A}-\boldsymbol{B}|=|\boldsymbol{B}-\boldsymbol{A}|$.

(3) 设 $\boldsymbol{A}$，$\boldsymbol{B}$ 为 n 阶方阵，$\boldsymbol{A}\neq\boldsymbol{O}$ 且 $\boldsymbol{AB}=\boldsymbol{O}$，则__________.

(A) $\boldsymbol{B}=\boldsymbol{O}$； (B) $|\boldsymbol{B}|=0$ 或 $|\boldsymbol{A}|=0$；

(C) $\boldsymbol{BA}=\boldsymbol{O}$； (D) $(\boldsymbol{A}+\boldsymbol{B})^2=\boldsymbol{A}^2+\boldsymbol{B}^2$.

(4) 设有 n 阶方阵 $\boldsymbol{A}$，$\boldsymbol{B}$，$\boldsymbol{C}$，且 $\boldsymbol{AB}=\boldsymbol{BC}=\boldsymbol{CA}=\boldsymbol{E}$，则 $\boldsymbol{A}^2+\boldsymbol{B}^2+\boldsymbol{C}^2=$__________.

(A) $3\boldsymbol{E}$； (B) $2\boldsymbol{E}$； (C) $\boldsymbol{E}$； (D) $\boldsymbol{O}$.

(5) 设 $\boldsymbol{A}$，$\boldsymbol{B}$，$\boldsymbol{C}$ 都是 n 阶方阵，且 $\boldsymbol{ABC}=\boldsymbol{E}$，那么__________.

(A) $\boldsymbol{ACB}=\boldsymbol{E}$； (B) $\boldsymbol{ACA}=\boldsymbol{E}$ ； (C) $\boldsymbol{BAC}=\boldsymbol{E}$ ； (D) $\boldsymbol{CAB}=\boldsymbol{E}$.

(6) 设 $\boldsymbol{A}$，$\boldsymbol{B}$ 为 n 阶方阵，则__________.

(A) 若 $\boldsymbol{A}$，$\boldsymbol{B}$ 可逆，则 $\boldsymbol{A}+\boldsymbol{B}$ 可逆； (B) 若 $\boldsymbol{A}$，$\boldsymbol{B}$ 可逆，则 $\boldsymbol{AB}$ 可逆；

(C) 若 $\boldsymbol{A}+\boldsymbol{B}$ 可逆，则 $\boldsymbol{A}-\boldsymbol{B}$ 可逆； (D) 若 $\boldsymbol{A}+\boldsymbol{B}$ 可逆，则 $\boldsymbol{A}$，$\boldsymbol{B}$ 可逆.

(7) 设 $\boldsymbol{A}=\begin{pmatrix}a_{11}&a_{12}&a_{13}\\a_{21}&a_{22}&a_{23}\\a_{31}&a_{32}&a_{33}\end{pmatrix}$，$\boldsymbol{B}=\begin{pmatrix}a_{21}&a_{22}&a_{23}\\a_{11}&a_{12}&a_{13}\\a_{11}+a_{31}&a_{12}+a_{32}&a_{13}+a_{33}\end{pmatrix}$，$\boldsymbol{P}_1=\begin{pmatrix}0&1&0\\1&0&0\\0&0&1\end{pmatrix}$，$\boldsymbol{P}_2=\begin{pmatrix}1&0&0\\0&1&0\\1&0&1\end{pmatrix}$，则__________成立.

(A) $\boldsymbol{AP}_1\boldsymbol{P}_2=\boldsymbol{B}$； (B) $\boldsymbol{P}_1\boldsymbol{P}_2\boldsymbol{A}=\boldsymbol{B}$；

(C) $\boldsymbol{P}_2\boldsymbol{P}_1\boldsymbol{A}=\boldsymbol{B}$； (D) $\boldsymbol{AP}_2\boldsymbol{P}_1=\boldsymbol{B}$.

(8) 设 $\boldsymbol{A}=\begin{pmatrix}a_{11}&a_{12}&a_{13}&a_{14}\\a_{21}&a_{22}&a_{23}&a_{24}\\a_{31}&a_{32}&a_{33}&a_{34}\\a_{41}&a_{42}&a_{43}&a_{44}\end{pmatrix}$，$\boldsymbol{B}=\begin{pmatrix}a_{14}&a_{13}&a_{12}&a_{11}\\a_{24}&a_{23}&a_{22}&a_{21}\\a_{34}&a_{33}&a_{32}&a_{31}\\a_{44}&a_{43}&a_{42}&a_{41}\end{pmatrix}$，$\boldsymbol{P}_1=\begin{pmatrix}0&0&0&1\\0&1&0&0\\0&0&1&0\\1&0&0&0\end{pmatrix}$，

$\boldsymbol{P}_2=\begin{pmatrix}1&0&0&0\\0&0&1&0\\0&1&0&0\\0&0&0&1\end{pmatrix}$，其中 $\boldsymbol{A}$ 可逆，则 $\boldsymbol{B}^{-1}=$__________.

(A) $\boldsymbol{A}^{-1}\boldsymbol{P}_1\boldsymbol{P}_2$； (B) $\boldsymbol{P}_1\boldsymbol{A}^{-1}\boldsymbol{P}_2$； (C) $\boldsymbol{P}_1\boldsymbol{P}_2\boldsymbol{A}^{-1}$； (D) $\boldsymbol{P}_2\boldsymbol{A}^{-1}\boldsymbol{P}_1$.

(9) 设 $\boldsymbol{A}$，$\boldsymbol{B}$ 为 n 阶方阵，且 $\boldsymbol{AB}=\boldsymbol{O}$，则错误的结论是__________.

(A) $\boldsymbol{AB}_i=\boldsymbol{O}$，$\boldsymbol{B}_i$ 是 $\boldsymbol{B}$ 的第 i 列；

(B) $\boldsymbol{A}_i\boldsymbol{B}=\boldsymbol{O}$，$\boldsymbol{A}_i$ 是 $\boldsymbol{A}$ 的第 i 行；

(C) 对于 n 阶方阵 $\boldsymbol{X}$，$\boldsymbol{AXB}=\boldsymbol{O}$；

(D) 对于 n 阶方阵 $\boldsymbol{X}$，$\boldsymbol{XAB}=\boldsymbol{O}$.

(10) 设 $\boldsymbol{A}$ 是 $m\times n$ 矩阵，$\boldsymbol{C}$ 是 n 阶可逆矩阵，矩阵 $\boldsymbol{A}$ 的秩为 r，矩阵 $\boldsymbol{B}=\boldsymbol{AC}$ 的秩为 r_1，则__________.

(A) $r>r_1$； (B) $r<r_1$；

(C) $r=r_1$； (D) r，r_1 的关系依 $\boldsymbol{C}$ 而定.

3. 设$\boldsymbol{A}=(a_{ij})_{3\times3}$，$\boldsymbol{A}_{ij}$是$a_{ij}$的代数余子式，且$\boldsymbol{A}_{ij}=a_{ij}(i, j=1, 2, 3)$，$a_{11}\neq 0$，求$|\boldsymbol{A}|$.

4. 已知$\boldsymbol{A}=\begin{pmatrix} a_1b_1 & a_1b_2 & a_1b_3 \\ a_2b_1 & a_2b_2 & a_2b_3 \\ a_3b_1 & a_3b_2 & a_3b_3 \end{pmatrix}$，证明$\boldsymbol{A}^2=l\boldsymbol{A}$，并求$l$.

5. 已知$\boldsymbol{AP}=\boldsymbol{PB}$，求$\boldsymbol{A}$，$\boldsymbol{A}^5$，其中$\boldsymbol{B}=\begin{pmatrix} 1 & 0 & 0 \\ 0 & 0 & 0 \\ 0 & 0 & -1 \end{pmatrix}$，$\boldsymbol{P}=\begin{pmatrix} 1 & 0 & 0 \\ 2 & -1 & 0 \\ 2 & 1 & 1 \end{pmatrix}$.

6. 设$\boldsymbol{A}=\begin{pmatrix} 1 & 0 & 1 \\ 0 & 1 & 0 \\ 0 & 0 & 1 \end{pmatrix}$，求$\boldsymbol{A}^n$.

7. 若n阶方阵$\boldsymbol{A}$满足：$\boldsymbol{A}^2+2\boldsymbol{A}+3\boldsymbol{E}=\boldsymbol{O}$.

(1) 证明：对任意实数a，$\boldsymbol{A}+a\boldsymbol{E}$可逆；(2) 求$\boldsymbol{A}+4\boldsymbol{E}$的逆矩阵.

8. 设$\boldsymbol{A}=\begin{pmatrix} 1 & 0 & 1 \\ 0 & 2 & 0 \\ 1 & 0 & 1 \end{pmatrix}$，矩阵$\boldsymbol{X}$满足$\boldsymbol{AX}+\boldsymbol{E}=\boldsymbol{A}^2+\boldsymbol{X}$，求$\boldsymbol{X}$.

9. 设矩阵$\boldsymbol{A}$的伴随矩阵$\boldsymbol{A}^*=\begin{pmatrix} 1 & 0 & 0 & 0 \\ 0 & 1 & 0 & 0 \\ 1 & 0 & 1 & 0 \\ 0 & -3 & 0 & 8 \end{pmatrix}$且$\boldsymbol{ABA}^{-1}=\boldsymbol{BA}^{-1}+3\boldsymbol{E}$，求$\boldsymbol{B}$.

10. 设$\boldsymbol{A}$，$\boldsymbol{B}$为n阶方阵，$\boldsymbol{E}$为n阶单位矩阵，证明：若$\boldsymbol{A}+\boldsymbol{B}=\boldsymbol{AB}$，则$\boldsymbol{A}-\boldsymbol{E}$可逆.

11. 设矩阵$\boldsymbol{A}$的元素均为整数，证明，$\boldsymbol{A}^{-1}$的元素均为整数的充要条件为$|\boldsymbol{A}|=\pm1$.

12. 设$\boldsymbol{A}$是n阶可逆矩阵，将$\boldsymbol{A}$的第i行和第j行对换后得到矩阵$\boldsymbol{B}$，证明$\boldsymbol{B}$可逆，并求$\boldsymbol{AB}^{-1}$.

13. 设$\boldsymbol{A}$为三阶矩阵，$\boldsymbol{\alpha}_1$，$\boldsymbol{\alpha}_2$，$\boldsymbol{\alpha}_3$是三维列向量，且满足$\boldsymbol{A\alpha}_1=\boldsymbol{\alpha}_1+\boldsymbol{\alpha}_2+\boldsymbol{\alpha}_3$，$\boldsymbol{A\alpha}_2=2\boldsymbol{\alpha}_2+\boldsymbol{\alpha}_3$，$\boldsymbol{A\alpha}_3=2\boldsymbol{\alpha}_2+\boldsymbol{\alpha}_3$. 求矩阵$\boldsymbol{B}$，使得$\boldsymbol{A}(\boldsymbol{\alpha}_1, \boldsymbol{\alpha}_2, \boldsymbol{\alpha}_3)=(\boldsymbol{\alpha}_1, \boldsymbol{\alpha}_2, \boldsymbol{\alpha}_3)\boldsymbol{B}$.

14. 设$\boldsymbol{A}$为n阶方阵，$\boldsymbol{A}^*$为$\boldsymbol{A}$的伴随矩阵，证明：

$$r(\boldsymbol{A}^*)=\begin{cases} n, & r(\boldsymbol{A})=n, \\ 1, & r(\boldsymbol{A})=n-1, \\ 0, & r(\boldsymbol{A})<n-1. \end{cases}$$

第3章　n 维向量

在线性代数这门课程中，向量及向量组的相关理论是重要理论基础. 本章从介绍向量的概念开始，利用矩阵的线性运算定义出向量的线性运算及其运算规律，进一步探讨向量组的一系列线性相关性质，最后给出向量乘法运算中的一种：内积运算及其正交性.

3.1　n 维向量组

一、n 维向量的概念

向量的概念读者并不陌生. 例如，在解析几何中我们常用有序数组(x, y)和(x, y, z)表示平面上和空间中的点，这样的有序数组也表示从坐标原点到该点的向量.

线性代数研究的向量并不局限在解析几何中的平面上或空间中. 例如，农作物的生长离不开各种营养元素的供给，现研发一种新型的生物有机复合肥料，依据不同农作物所需的最主要的9种元素(氮、磷、钾、硫、钙、硅、镁、铁、锌)进行配比，为方便研究，可将肥料中所含此9种元素的比率表示成一个9维向量$(a_1, a_2, \cdots, a_9)$.

可见，抛弃了向量的几何意义，从纯代数的角度来研究它，使向量的概念具有了更广泛的意义.

定义 3.1.1　数域 F 上的 n 个数 $a_1, a_2, \cdots, a_n$ 组成的 n 元有序数组

$$(a_1, a_2, \cdots, a_n)$$

称为数域 F 上的一个 n 维向量. 记作 $\boldsymbol{\alpha}$，其中 a_i 称为 $\boldsymbol{\alpha}$ 的第 i 个分量$(i=1, 2, \cdots, n)$.

n 维向量写成行矩阵的形式，称为**行向量**，记为

$$\boldsymbol{\alpha}=(a_1, a_2, \cdots, a_n);$$

写成列矩阵的形式，称为**列向量**，记为

$$\boldsymbol{\alpha}=\begin{pmatrix} a_1 \\ a_2 \\ \vdots \\ a_n \end{pmatrix},$$

或

$$\boldsymbol{\alpha}=(a_1, a_2, \cdots, a_n)^{\mathrm{T}},$$

此向量也称为行向量$(a_1, a_2, \cdots, a_n)$的**转置向量**$\boldsymbol{\alpha}^{\mathrm{T}}$.

本教材约定用希腊字母$\boldsymbol{\alpha}$，$\boldsymbol{\beta}$，$\boldsymbol{\gamma}$等(有时也用大写英文字母$\boldsymbol{A}$，$\boldsymbol{B}$，$\boldsymbol{C}$等)表示**列向量**，而用$\boldsymbol{\alpha}^{\mathrm{T}}$，$\boldsymbol{\beta}^{\mathrm{T}}$，$\boldsymbol{\gamma}^{\mathrm{T}}$等表示相应的**行向量**.

所有分量为零的向量称为零向量，记为$\boldsymbol{o}=(0, 0, \cdots, 0)^{\mathrm{T}}$.

同为行向量(或同为列向量)且维数相同的向量称为**同型向量**.

定义 3.1.2　称向量$\boldsymbol{\alpha}=(a_1, a_2, \cdots, a_n)^{\mathrm{T}}$与向量$\boldsymbol{\beta}=(b_1, b_2, \cdots, b_n)^{\mathrm{T}}$相等，如果它们的对应分量都相等. 即$a_i=b_i(i=1, 2, \cdots, n)$.

由此可见，两个向量只有在同型的前提下才有可能相等. 维数不同的零向量是不同的向量，尽管它们都叫作零向量.

例 3.1.1　(1)工厂生产某产品，一年中四个季度的产量分别为x_1，x_2，x_3，x_4，记为一个四维向量$\boldsymbol{\alpha}=(x_1, x_2, x_3, x_4)^{\mathrm{T}}$.

(2)描述运载火箭在空中的飞行状态至少要用到十个指标，即飞行位置坐标x，y，z，飞行分速度v_x，v_y，v_z，飞行加速度的分量a_x，a_y，a_z，火箭的质量m等，记为一个十维向量$\boldsymbol{\beta}=(x, y, z, v_x, v_y, v_z, a_x, a_y, a_z, m)^{\mathrm{T}}$.

(3)对于一元n次多项式$P_n(x)=a_0+a_1x+\cdots+a_nx^n$，将其系数摘出且相对位置不变构成一个$n+1$维向量$\boldsymbol{\gamma}=(a_0, a_1, \cdots, a_n)^{\mathrm{T}}$，而$n$次多项式$P_n(x)$与向量$\boldsymbol{\gamma}$是一一对应的.

由此可见，n维向量的概念是客观事物在数量上的一种抽象.

本书只讨论定义在实数域上的向量，即实向量. 实向量的每一个分量都是实数.

二、n维向量的线性运算

因为n维行向量是$1\times n$矩阵，n维列向量是$n\times 1$矩阵，所以，可以利用矩阵的线性运算来定义向量的线性运算.

定义 3.1.3　假设有两个n维向量$\boldsymbol{\alpha}=(a_1, a_2, \cdots, a_n)^{\mathrm{T}}$，$\boldsymbol{\beta}=(b_1, b_2, \cdots, b_n)^{\mathrm{T}}$，则

(1) $\boldsymbol{\alpha}+\boldsymbol{\beta}=(a_1+b_1, a_2+b_2, \cdots, a_n+b_n)^{\mathrm{T}}$，**称之为向量的加法或和.**

(2) $k\boldsymbol{\alpha}=(ka_1, ka_2, \cdots, ka_n)^{\mathrm{T}}$，**其中$k$为常数，称之为数与向量的乘积，简称为数量乘积.**

在上述定义中，若取$k=-1$，则

$$(-1)\boldsymbol{\alpha}=(-a_1, -a_2, \cdots, -a_n)^{\mathrm{T}},$$

称此向量为$\boldsymbol{\alpha}$的**负向量**，记为$-\boldsymbol{\alpha}$，即

$$-\boldsymbol{\alpha}=(-a_1, -a_2, \cdots, -a_n)^{\mathrm{T}}.$$

因此得向量的**减法**

$$\boldsymbol{\alpha}-\boldsymbol{\beta}=\boldsymbol{\alpha}+(-\boldsymbol{\beta})=(a_1-b_1, a_2-b_2, \cdots, a_n-b_n)^{\mathrm{T}}.$$

向量的加法和数乘，称为**向量的线性运算**. 向量的线性运算满足如下运算规律($\boldsymbol{\alpha}$，$\boldsymbol{\beta}$，$\boldsymbol{\gamma}$，$\boldsymbol{o}$ 是 n 维向量，λ，μ 是实数)：

(1) $\boldsymbol{\alpha}+\boldsymbol{\beta}=\boldsymbol{\alpha}+\boldsymbol{\beta}$.

(2) $(\boldsymbol{\alpha}+\boldsymbol{\beta})+\boldsymbol{\gamma}=\boldsymbol{\alpha}+(\boldsymbol{\beta}+\boldsymbol{\gamma})$.

(3) $\boldsymbol{\alpha}+\boldsymbol{o}=\boldsymbol{\alpha}$.

(4) $\boldsymbol{\alpha}+(-\boldsymbol{\alpha})=\boldsymbol{o}$.

(5) $1\cdot\boldsymbol{\alpha}=\boldsymbol{\alpha}$.

(6) $\boldsymbol{\lambda}(\mu\boldsymbol{\alpha})=(\boldsymbol{\lambda}\mu)\boldsymbol{\alpha}$.

(7) $\boldsymbol{\lambda}(\boldsymbol{\alpha}+\boldsymbol{\beta})=\boldsymbol{\lambda}\boldsymbol{\alpha}+\boldsymbol{\lambda}\boldsymbol{\beta}$.

(8) $(\boldsymbol{\lambda}+\mu)\boldsymbol{\alpha}=\lambda\boldsymbol{\alpha}+\mu\boldsymbol{\alpha}$.

例 3.1.2 设向量 $\boldsymbol{\alpha}=\begin{pmatrix}1\\0\\-1\\3\end{pmatrix}$，$\boldsymbol{\beta}=\begin{pmatrix}-2\\1\\0\\-1\end{pmatrix}$.

(1) 求 $2\boldsymbol{\alpha}-3\boldsymbol{\beta}$.

(2) 求满足 $\boldsymbol{\alpha}+2\boldsymbol{\beta}-3\boldsymbol{\gamma}=\boldsymbol{o}$ 的向量 $\boldsymbol{\gamma}$.

解 (1)

$$2\boldsymbol{\alpha}-3\boldsymbol{\beta}=2\begin{pmatrix}1\\0\\-1\\3\end{pmatrix}-3\begin{pmatrix}-2\\1\\0\\-1\end{pmatrix}=\begin{pmatrix}2\\0\\-2\\6\end{pmatrix}-\begin{pmatrix}-6\\3\\0\\-3\end{pmatrix}=\begin{pmatrix}8\\-3\\-2\\9\end{pmatrix}.$$

(2) $\boldsymbol{\gamma}=\dfrac{1}{3}(\boldsymbol{\alpha}+2\boldsymbol{\beta})=\dfrac{1}{3}\boldsymbol{\alpha}+\dfrac{2}{3}\boldsymbol{\beta}$

$$=\frac{1}{3}\begin{pmatrix}1\\0\\-1\\3\end{pmatrix}+\frac{2}{3}\begin{pmatrix}-2\\1\\0\\-1\end{pmatrix}=\begin{pmatrix}\frac{1}{3}\\0\\-\frac{1}{3}\\1\end{pmatrix}+\begin{pmatrix}-\frac{4}{3}\\\frac{2}{3}\\0\\-\frac{2}{3}\end{pmatrix}=\begin{pmatrix}-1\\\frac{2}{3}\\-\frac{1}{3}\\\frac{1}{3}\end{pmatrix}.$$

习题 3-1

1. 设 $\boldsymbol{\alpha}=(1，3，6)^{\mathrm{T}}$，$\boldsymbol{\beta}=(2，1，5)^{\mathrm{T}}$，$\boldsymbol{\gamma}=(4，-3，3)^{\mathrm{T}}$. 试求：

(1) $7\boldsymbol{\alpha}-3\boldsymbol{\beta}-2\boldsymbol{\gamma}$；(2) $2\boldsymbol{\alpha}-3\boldsymbol{\beta}+\boldsymbol{\gamma}$.

2. 设 $3(\boldsymbol{\alpha}_1-\boldsymbol{\alpha})+2(\boldsymbol{\alpha}_2+\boldsymbol{\alpha})=5(\boldsymbol{\alpha}_3+\boldsymbol{\alpha})$，求 $\boldsymbol{\alpha}$.

其中 $\boldsymbol{\alpha}_1=(2，5，1，3)^{\mathrm{T}}$，$\boldsymbol{\alpha}_2=(10，1，5，10)^{\mathrm{T}}$，$\boldsymbol{\alpha}_3=(4，1，-1，1)^{\mathrm{T}}$.

3. 设 $\boldsymbol{\alpha}=(1,\ 2,\ 3)$，$\boldsymbol{\beta}=\left(1,\ \frac{1}{2},\ \frac{1}{3}\right)$，$\boldsymbol{A}=\boldsymbol{\alpha}^{\mathrm{T}}\boldsymbol{\beta}$，求 $\boldsymbol{A}^n$.

3.2 向量组的线性关系

向量组的线性关系及其性质是线性代数理论基础的核心部分，是对向量组中向量之间的线性相关性的集中展现.

一、线性组合与线性表示

定义 3.2.1 给定 n 维向量组 $\boldsymbol{\alpha}_1$，$\boldsymbol{\alpha}_2$，…，$\boldsymbol{\alpha}_m$，$\boldsymbol{\beta}$，如果存在一组数 k_1，k_2，…，k_m，使得

$$\boldsymbol{\beta}=k_1\boldsymbol{\alpha}_1+k_2\boldsymbol{\alpha}_2+\cdots+k_m\boldsymbol{\alpha}_m, \tag{3.2.1}$$

则称 $\boldsymbol{\beta}$ 是向量组 $\boldsymbol{\alpha}_1$，$\boldsymbol{\alpha}_2$，…，$\boldsymbol{\alpha}_m$ 的线性组合，或称向量 $\boldsymbol{\beta}$ 由向量组 $\boldsymbol{\alpha}_1$，$\boldsymbol{\alpha}_2$，…，$\boldsymbol{\alpha}_m$ 线性表示.

例 3.2.1 设向量 $\boldsymbol{\alpha}_1=(1,\ 1,\ 0)^{\mathrm{T}}$，$\boldsymbol{\alpha}_2=(1,\ 1,\ -1)^{\mathrm{T}}$，$\boldsymbol{\alpha}_3=(0,\ 0,\ 1)^{\mathrm{T}}$，$\boldsymbol{\beta}=(2,\ 2,\ 1)^{\mathrm{T}}$，则 $\boldsymbol{\beta}=(2,\ 2,\ 1)^{\mathrm{T}}$ 是向量组 $\boldsymbol{\alpha}_1$，$\boldsymbol{\alpha}_2$，$\boldsymbol{\alpha}_3$ 的线性组合.

解 由 $\boldsymbol{\alpha}_1+\boldsymbol{\alpha}_2+2\boldsymbol{\alpha}_3=(1,\ 1,\ 0)^{\mathrm{T}}+(1,\ 1,\ -1)^{\mathrm{T}}+2\ (0,\ 0,\ 1)^{\mathrm{T}}=(2,\ 2,\ 1)^{\mathrm{T}}=\boldsymbol{\beta}$，即 $\boldsymbol{\beta}$ 是 $\boldsymbol{\alpha}_1$，$\boldsymbol{\alpha}_2$，$\boldsymbol{\alpha}_3$ 的线性组合，也即 $\boldsymbol{\beta}$ 可由 $\boldsymbol{\alpha}_1$，$\boldsymbol{\alpha}_2$，$\boldsymbol{\alpha}_3$ 线性表示.

例 3.2.2 任意一个 n 维向量 $\boldsymbol{\alpha}=(a_1,\ a_2,\ \cdots,\ a_n)^{\mathrm{T}}$ 都是 n 维向量组

$$\boldsymbol{e}_1=(1,\ 0,\ \cdots,\ 0)^{\mathrm{T}},\ \boldsymbol{e}_2=(0,\ 1,\ \cdots,\ 0)^{\mathrm{T}},\ \cdots,\ \boldsymbol{e}_n=(0,\ 0,\ \cdots,\ 1)^{\mathrm{T}}$$

的一个线性组合. 这是因为

$$\boldsymbol{\alpha}=a_1\boldsymbol{e}_1+a_2\boldsymbol{e}_2+\cdots+a_n\boldsymbol{e}_n.$$

向量组 $\boldsymbol{e}_1$，$\boldsymbol{e}_2$，…，$\boldsymbol{e}_n$ 称为 n 维**单位(或基本)向量组**. 显然，单位向量组中任一向量都不能由其余 $n-1$ 个向量线性表示.

例 3.2.3 零向量是任一同型向量组的线性组合.

事实上，作为 n 维零向量 $\boldsymbol{o}$，对于任一同型向量组 $\boldsymbol{\alpha}_1$，$\boldsymbol{\alpha}_2$，…，$\boldsymbol{\alpha}_m$，都有

$$\boldsymbol{o}=0\boldsymbol{\alpha}_1+0\boldsymbol{\alpha}_2+\cdots+0\boldsymbol{\alpha}_m.$$

例 3.2.4 向量组中任一向量都可被向量组本身线性表示.

事实上，对于任一同型向量组 $\boldsymbol{\alpha}_1$，$\boldsymbol{\alpha}_2$，…，$\boldsymbol{\alpha}_m$，都有

$$\boldsymbol{\alpha}_i=0\boldsymbol{\alpha}_1+\cdots+0\boldsymbol{\alpha}_{i-1}+\boldsymbol{\alpha}_i+0\boldsymbol{\alpha}_{i+1}+\cdots+0\boldsymbol{\alpha}_m.$$

需要注意的是：

(1) 并非每一个向量都可表示为某几个向量的线性组合.

例如，$(1,\ 0,\ 0)^{\mathrm{T}}$ 就不是 $(0,\ 1,\ 0)^{\mathrm{T}}$，$(0,\ 0,\ 1)^{\mathrm{T}}$ 的线性组合.

(2) 若一个向量可被一组向量线性表示，则表示法未必唯一.

例如，例 3.2.1 中向量 $\boldsymbol{\beta}$ 亦可表示成 $\boldsymbol{\beta}=3\boldsymbol{\alpha}_1-\boldsymbol{\alpha}_2+0\boldsymbol{\alpha}_3$.

二、向量组的线性相关性

定义 3.2.2 对于 n 维向量组 $\boldsymbol{\alpha}_1, \boldsymbol{\alpha}_2, \cdots, \boldsymbol{\alpha}_m$，如果存在一组不全为零的实数 $k_1, k_2, \cdots, k_m$，使得

$$k_1\boldsymbol{\alpha}_1+k_2\boldsymbol{\alpha}_2+\cdots+k_m\boldsymbol{\alpha}_m=\boldsymbol{o}, \tag{3.2.2}$$

则称向量组 $\boldsymbol{\alpha}_1, \boldsymbol{\alpha}_2, \cdots, \boldsymbol{\alpha}_m$ 线性相关；否则，若只有当 $k_1, k_2, \cdots, k_m$ 全为零时(3.2.2)式才成立，则称向量组 $\boldsymbol{\alpha}_1, \boldsymbol{\alpha}_2, \cdots, \boldsymbol{\alpha}_m$ 线性无关.

易得，向量组的线性相关性还有以下简单性质：

(1) 含有零向量的向量组线性相关.

(2) 单个非零向量线性无关.

(3) 两个非零向量线性相关，当且仅当它们对应的分量成比例.

在空间解析几何中，我们知道两个向量 $\boldsymbol{\alpha}_1$ 和 $\boldsymbol{\alpha}_2$ 共线(或平行)的充分必要条件是存在常数 $k\in R$，使得 $\boldsymbol{\alpha}_1=k\boldsymbol{\alpha}_2$，换句话说，即存在不全为零的常数 $1, -k$，满足 $\boldsymbol{\alpha}_1-k\boldsymbol{\alpha}_2=\boldsymbol{o}$；而三个向量 $\boldsymbol{\alpha}_1, \boldsymbol{\alpha}_2, \boldsymbol{\alpha}_3$ 共面的充分必要条件是存在不全为零的实数 k_1, k_2, k_3，使得 $k_1\boldsymbol{\alpha}_1+k_2\boldsymbol{\alpha}_2+k_3\boldsymbol{\alpha}_3=\boldsymbol{o}$；可见，向量的共线和共面形象地描述了两个向量及三个向量的线性相关性.

例 3.2.5 判断向量组 $\boldsymbol{\alpha}_1=(1,1,1,1)^T$，$\boldsymbol{\alpha}_2=(0,2,1,3)^T$，$\boldsymbol{\alpha}_3=(2,4,3,5)^T$ 的线性相关性.

解 由于 $2\boldsymbol{\alpha}_1+\boldsymbol{\alpha}_2-\boldsymbol{\alpha}_3=2(1,1,1,1)^T+(0,2,1,3)^T-(2,4,3,5)^T=\boldsymbol{o}$，故向量组线性相关.

例 3.2.6 n 维单位向量组 $\boldsymbol{e}_1, \boldsymbol{e}_2, \cdots, \boldsymbol{e}_n$ 线性无关.

事实上，由 $k_1\boldsymbol{e}_1+k_2\boldsymbol{e}_2+\cdots+k_n\boldsymbol{e}_n=\boldsymbol{o}$ 得

$$k_1\begin{pmatrix}1\\0\\\vdots\\0\end{pmatrix}+k_2\begin{pmatrix}0\\1\\\vdots\\0\end{pmatrix}+\cdots+k_n\begin{pmatrix}0\\0\\\vdots\\1\end{pmatrix}=\begin{pmatrix}0\\0\\\vdots\\0\end{pmatrix},$$

即 $(k_1, k_2, \cdots, k_n)^T=(0,0,\cdots,0)^T$，故 $\boldsymbol{e}_1, \boldsymbol{e}_2, \cdots, \boldsymbol{e}_n$ 线性无关.

例 3.2.7 已知 $\boldsymbol{\alpha}_1, \boldsymbol{\alpha}_2, \boldsymbol{\alpha}_3$ 线性无关，证明：

(1) $\boldsymbol{\beta}_1=\boldsymbol{\alpha}_1+\boldsymbol{\alpha}_2$，$\boldsymbol{\beta}_2=\boldsymbol{\alpha}_2+\boldsymbol{\alpha}_3$，$\boldsymbol{\beta}_3=\boldsymbol{\alpha}_3+\boldsymbol{\alpha}_1$ 线性无关.

(2) $\boldsymbol{\gamma}_1=\boldsymbol{\alpha}_1-\boldsymbol{\alpha}_2$，$\boldsymbol{\gamma}_2=\boldsymbol{\alpha}_2-\boldsymbol{\alpha}_3$，$\boldsymbol{\gamma}_3=\boldsymbol{\alpha}_3-\boldsymbol{\alpha}_1$ 线性相关.

证 (1)设有一组常数 k_1, k_2, k_3 使得

$$k_1\boldsymbol{\beta}_1+k_2\boldsymbol{\beta}_2+k_3\boldsymbol{\beta}_3=\boldsymbol{o},$$

得

$$k_1(\boldsymbol{\alpha}_1+\boldsymbol{\alpha}_2)+k_2(\boldsymbol{\alpha}_2+\boldsymbol{\alpha}_3)+k_3(\boldsymbol{\alpha}_3+\boldsymbol{\alpha}_1)=\boldsymbol{o},$$

即

$$(k_1+k_3)\boldsymbol{\alpha}_1+(k_1+k_2)\boldsymbol{\alpha}_2+(k_2+k_3)\boldsymbol{\alpha}_3=\boldsymbol{o},$$

由 $\boldsymbol{\alpha}_1$，$\boldsymbol{\alpha}_2$，$\boldsymbol{\alpha}_3$ 线性无关，得

$$\begin{cases}k_1+k_3=0\\k_1+k_2=0\\k_2+k_3=0\end{cases}$$ 只有零解 $k_1=k_2=k_3=0$，

故 $\boldsymbol{\beta}_1$，$\boldsymbol{\beta}_2$，$\boldsymbol{\beta}_3$ 线性无关.

(2)取 $k_1=k_2=k_3=1$，则

$$k_1\boldsymbol{\gamma}_1+k_2\boldsymbol{\gamma}_2+k_3\boldsymbol{\gamma}_3=(\boldsymbol{\alpha}_1-\boldsymbol{\alpha}_2)+(\boldsymbol{\alpha}_2-\boldsymbol{\alpha}_3)+(\boldsymbol{\alpha}_3-\boldsymbol{\alpha}_1)=\boldsymbol{o},$$

所以 $\boldsymbol{\gamma}_1$，$\boldsymbol{\gamma}_2$，$\boldsymbol{\gamma}_3$ 线性相关.

下面给出向量组线性相关性的一些判定定理：

定理 3.2.1　向量组 $\boldsymbol{\alpha}_1$，$\boldsymbol{\alpha}_2$，…，$\boldsymbol{\alpha}_m(m\geqslant 2)$ 线性相关的充分必要条件是 $\boldsymbol{\alpha}_1$，$\boldsymbol{\alpha}_2$，…，$\boldsymbol{\alpha}_m$ 中至少有一个向量是其余向量的线性组合.

证　(必要性)设 $\boldsymbol{\alpha}_1$，$\boldsymbol{\alpha}_2$，…，$\boldsymbol{\alpha}_m$ 线性相关，则存在一组不全为零的实数 k_1，k_2，…，k_m，使得 $k_1\boldsymbol{\alpha}_1+k_2\boldsymbol{\alpha}_2+\cdots+k_m\boldsymbol{\alpha}_m=\boldsymbol{o}$.

不妨设 $k_i\neq 0$，则

$$\boldsymbol{\alpha}_i=-\frac{k_1}{k_i}\boldsymbol{\alpha}_1-\cdots-\frac{k_{i-1}}{k_i}\boldsymbol{\alpha}_{i-1}-\frac{k_{i+1}}{k_i}\boldsymbol{\alpha}_{i+1}-\cdots-\frac{k_m}{k_i}\boldsymbol{\alpha}_m,$$

即 $\boldsymbol{\alpha}_i$ 是其余向量的线性组合.

(充分性)设向量组中的向量 $\boldsymbol{\alpha}_i$ 是其余向量的线性组合，则存在一组实数 q_1，…，q_{i-1}，q_{i+1}，…，q_m 使得

$$\boldsymbol{\alpha}_i=q_1\boldsymbol{\alpha}_2+\cdots+q_{i-1}\boldsymbol{\alpha}_{i-1}+q_{i+1}\boldsymbol{\alpha}_{i+1}+\cdots+q_m\boldsymbol{\alpha}_m$$

即

$$q_1\boldsymbol{\alpha}_2+\cdots+q_{i-1}\boldsymbol{\alpha}_{i-1}-\boldsymbol{\alpha}_i+q_{i+1}\boldsymbol{\alpha}_{i+1}+\cdots+q_m\boldsymbol{\alpha}_m=\boldsymbol{o}$$

故向量组 $\boldsymbol{\alpha}_1$，$\boldsymbol{\alpha}_2$，…，$\boldsymbol{\alpha}_m$ 线性相关. 定理证毕.

如例 3.2.5 中，易知 $\boldsymbol{\alpha}_3=2\boldsymbol{\alpha}_1+\boldsymbol{\alpha}_2$，由定理 3.2.1 可得向量组 $\boldsymbol{\alpha}_1$，$\boldsymbol{\alpha}_2$，$\boldsymbol{\alpha}_3$ 线性相关.

定理 3.2.2　如果向量组 $\boldsymbol{\alpha}_1$，$\boldsymbol{\alpha}_2$，…，$\boldsymbol{\alpha}_m$ 线性无关，而向量组 $\boldsymbol{\alpha}_1$，$\boldsymbol{\alpha}_2$，…，$\boldsymbol{\alpha}_m$，$\boldsymbol{\beta}$ 线性相关，则向量 $\boldsymbol{\beta}$ 可由向量组 $\boldsymbol{\alpha}_1$，$\boldsymbol{\alpha}_2$，…，$\boldsymbol{\alpha}_m$ 线性表示，且表示法是唯一的.

证　首先，证明 $\boldsymbol{\beta}$ 可由向量组 $\boldsymbol{\alpha}_1$，$\boldsymbol{\alpha}_2$，…，$\boldsymbol{\alpha}_m$ 线性表示.

因为 $\boldsymbol{\alpha}_1$，$\boldsymbol{\alpha}_2$，…，$\boldsymbol{\alpha}_m$，$\boldsymbol{\beta}$ 线性相关，因而存在一组不全为零的常数 k_1，k_2，…，k_m，l，使得

$$k_1\boldsymbol{\alpha}_1+k_2\boldsymbol{\alpha}_2+\cdots+k_m\boldsymbol{\alpha}_m+l\boldsymbol{\beta}=\boldsymbol{o},\tag{3.2.3}$$

必有 $l\neq 0$.

事实上，若 $l=0$，上式可化为

$$k_1\boldsymbol{\alpha}_1+k_2\boldsymbol{\alpha}_2+\cdots+k_m\boldsymbol{\alpha}_m=\boldsymbol{o},$$

则 k_1，k_2，…，k_m 不全为零，从而 $\boldsymbol{\alpha}_1$，$\boldsymbol{\alpha}_2$，…，$\boldsymbol{\alpha}_m$ 线性相关，这与已知矛盾.

由 $l\neq0$，则可将式(3.2.3)中的 $\boldsymbol{\beta}$ 提出，得

$$\boldsymbol{\beta}=-\frac{k_1}{l}\boldsymbol{\alpha}_1-\frac{k_2}{l}\boldsymbol{\alpha}_2-\cdots-\frac{k_m}{l}\boldsymbol{\alpha}_m, \tag{3.2.4}$$

即 $\boldsymbol{\beta}$ 可由向量组 $\boldsymbol{\alpha}_1$，$\boldsymbol{\alpha}_2$，…，$\boldsymbol{\alpha}_m$ 线性表示.

其次，证明式(3.2.4)中的表示式是唯一的.

如果存在系数 p_1，p_2，…，p_m 及系数 q_1，q_2，…，q_m，使

$$\boldsymbol{\beta}=p_1\boldsymbol{\alpha}_1+p_2\boldsymbol{\alpha}_2+\cdots+p_m\boldsymbol{\alpha}_m \text{ 且 } \boldsymbol{\beta}=q_1\boldsymbol{\alpha}_1+q_2\boldsymbol{\alpha}_2+\cdots+q_m\boldsymbol{\alpha}_m,$$

两式相减得

$$(p_1-q_1)\boldsymbol{\alpha}_1+(p_2-q_2)\boldsymbol{\alpha}_2+\cdots+(p_m-q_m)\boldsymbol{\alpha}_m=\boldsymbol{o},$$

由于 $\boldsymbol{\alpha}_1$，$\boldsymbol{\alpha}_2$，…，$\boldsymbol{\alpha}_m$ 线性无关，故

$$p_1-q_1=p_2-q_2=\cdots=p_m-q_m=0,$$

即 $p_1=q_1$，$p_2=q_2$，…，$p_m=q_m$. 定理证毕.

定理 3.2.3 **设** n **维向量组** $\boldsymbol{\alpha}_1$，$\boldsymbol{\alpha}_2$，…，$\boldsymbol{\alpha}_m$($\boldsymbol{\alpha}_i=(a_{i1}, a_{i2}, \cdots, a_{in})^{\mathrm{T}}$，$i=1, 2, \cdots, m$)**线性无关，则** $n+1$ **维向量组** $\boldsymbol{\beta}_1$，$\boldsymbol{\beta}_2$，…，$\boldsymbol{\beta}_m$($\boldsymbol{\beta}_i=(a_{i1}, a_{i2}, \cdots, a_{in}, a_{in+1})^{\mathrm{T}}$，$i=1, 2, \cdots, m$)**也线性无关.**

此定理说明，向量组中的所有向量在相同位置增加分量个数，不改变向量组的线性无关性.

证 反证法. 假设向量组 $\boldsymbol{\beta}_1$，$\boldsymbol{\beta}_2$，…，$\boldsymbol{\beta}_m$ 线性相关，则有一组不全为零的数 k_1，k_2，…，k_m，使得

$$k_1\boldsymbol{\beta}_1+k_2\boldsymbol{\beta}_2+\cdots+k_m\boldsymbol{\beta}_m=\boldsymbol{o},$$

即

$$\begin{cases} a_{11}k_1+a_{21}k_2+\cdots+a_{m1}k_m=0, \\ a_{12}k_1+a_{22}k_2+\cdots+a_{m2}k_m=0, \\ \quad\cdots\cdots \\ a_{1n}k_1+a_{2n}k_2+\cdots+a_{mn}k_m=0, \\ a_{1n+1}k_1+a_{2n+1}k_2+\cdots+a_{mn+1}k_m=0. \end{cases}$$

上式前 n 个方程，即得

$$k_1\boldsymbol{\alpha}_1+k_2\boldsymbol{\alpha}_2+\cdots+k_m\boldsymbol{\alpha}_m=\boldsymbol{o},$$

由此得，向量组 $\boldsymbol{\alpha}_1$，$\boldsymbol{\alpha}_2$，…，$\boldsymbol{\alpha}_m$ 线性相关，矛盾. 故 $\boldsymbol{\beta}_1$，$\boldsymbol{\beta}_2$，…，$\boldsymbol{\beta}_m$ 线性无关. 定理证毕.

例如向量组 $\boldsymbol{\alpha}_1=\begin{pmatrix}1\\0\\0\\8\end{pmatrix}$，$\boldsymbol{\alpha}_2=\begin{pmatrix}0\\1\\0\\3\end{pmatrix}$，$\boldsymbol{\alpha}_3=\begin{pmatrix}0\\0\\1\\3\end{pmatrix}$线性无关，这是因为 $\boldsymbol{\alpha}_1$，$\boldsymbol{\alpha}_2$，$\boldsymbol{\alpha}_3$ 的前 3 个分量组成的向量组为单位向量组，故线性无关；再由定理 3.2.3 可知，线性无关的向量组在同一位置增加分量后仍线性无关.

定理 3.2.4 n 个 n 维向量 $\boldsymbol{\alpha}_1$，$\boldsymbol{\alpha}_2$，…，$\boldsymbol{\alpha}_n$ 线性无关的充分必要条件是矩阵 $\boldsymbol{A}=(\boldsymbol{\alpha}_1, \boldsymbol{\alpha}_2, \cdots, \boldsymbol{\alpha}_n)$ 可逆，即 $|\boldsymbol{A}|\neq 0$.

此定理中，矩阵 $\boldsymbol{A}$ 是将这 n 个 n 维向量 $\boldsymbol{\alpha}_1$，$\boldsymbol{\alpha}_2$，…，$\boldsymbol{\alpha}_n$（$\boldsymbol{\alpha}_i=(a_{i1}, a_{i2}, \cdots, a_{in})^{\mathrm{T}}$，$i=1, 2, \cdots, n$）依次从左至右排列在一起构成的 n 阶矩阵. 当然，向量的排列次序可以改变.

事实上，假设存在一组数 x_1，x_2，…，x_n，使得

$$x_1\boldsymbol{\alpha}_1+x_2\boldsymbol{\alpha}_2+\cdots+x_n\boldsymbol{\alpha}_n=\boldsymbol{o},$$

即

$$\begin{cases} a_{11}x_1+a_{21}x_2+\cdots+a_{n1}x_n=0, \\ a_{12}x_1+a_{22}x_2+\cdots+a_{n2}x_n=0, \\ \cdots\cdots \\ a_{1n}x_1+a_{2n}x_2+\cdots+a_{nn}x_n=0. \end{cases}$$

由 $|\boldsymbol{A}|\neq 0$，依据克莱姆法则，此方程组只有零解，由向量组线性无关性的定义知该向量组线性无关，定理 3.2.4 的充分性得证. 定理的必要性将在下一章中分析.

例如向量组 $\boldsymbol{\alpha}_1=(1, -1, 1)^{\mathrm{T}}$，$\boldsymbol{\alpha}_2=(-1, 0, 1)^{\mathrm{T}}$，$\boldsymbol{\alpha}_3=(1, 3, -2)^{\mathrm{T}}$ 线性无关，就是因为以 $\boldsymbol{\alpha}_1$，$\boldsymbol{\alpha}_2$，$\boldsymbol{\alpha}_3$ 为列的三阶行列式 $|\boldsymbol{A}|=\begin{vmatrix} 1 & -1 & 1 \\ -1 & 0 & 3 \\ 1 & 1 & -2 \end{vmatrix}=-5\neq 0$.

定理 3.2.5 **向量组中一部分向量线性相关，则该向量组线性相关；若向量组线性无关，则其任一部分向量组线性无关.**

证 假设有向量组 $\boldsymbol{\alpha}_1$，$\boldsymbol{\alpha}_2$，…，$\boldsymbol{\alpha}_m$，不妨设其前 $r(r<m)$ 个向量 $\boldsymbol{\alpha}_1$，$\boldsymbol{\alpha}_2$，…，$\boldsymbol{\alpha}_r$ 线性相关，则存在不全为零的数 k_1，k_2，…，k_r，使

$$k_1\boldsymbol{\alpha}_1+k_2\boldsymbol{\alpha}_2+\cdots+k_r\boldsymbol{\alpha}_r=\boldsymbol{o}.$$

取 $k_{r+1}=k_{r+2}=\cdots=k_m=0$，有

$$k_1\boldsymbol{\alpha}_1+k_2\boldsymbol{\alpha}_2+\cdots+k_r\boldsymbol{\alpha}_r+k_{r+1}\boldsymbol{\alpha}_{r+1}+\cdots+k_m\boldsymbol{\alpha}_m=\boldsymbol{o},$$

而 k_1，k_2，…，k_r，k_{r+1}，…，k_m 不全为零，所以，向量组 $\boldsymbol{\alpha}_1$，$\boldsymbol{\alpha}_2$，…，$\boldsymbol{\alpha}_m$ 线性相关；利用反证法即可得，若向量组 $\boldsymbol{\alpha}_1$，$\boldsymbol{\alpha}_2$，…，$\boldsymbol{\alpha}_m$ 线性无关，则其任意部分向量组必线性无关. 定理证毕.

对于线性相关的向量组，我们可以把那些能够由其余向量线性表示的向量一个一个地剔除出去，最后剩下一个特殊的部分向量组，它不再含有“多余”的向量，即具有下述性质：

(1) 这个部分向量组是线性无关的.

(2) 原向量组的任何一个向量都可以由这个部分向量组线性表示.

这样的部分向量组显然是原向量组中最大的线性无关部分组，我们将之称为

原向量组的一个**极大线性无关组**.

习题 3-2

1. 判断下列命题是否正确并说明理由.

(1) 两个向量线性相关，则这两个向量可互相线性表示.

(2) 向量组 $\boldsymbol{\alpha}_1$，$\boldsymbol{\alpha}_2$，…，$\boldsymbol{\alpha}_s$($s\geqslant 3$)两两线性无关，则该向量组线性无关.

(3) 向量组 $\boldsymbol{\alpha}_1$，$\boldsymbol{\alpha}_2$，$\boldsymbol{\alpha}_3$ 线性相关，则 $\boldsymbol{\alpha}_3$ 必可由 $\boldsymbol{\alpha}_1$，$\boldsymbol{\alpha}_2$ 线性表示.

(4) 若对于任意一组不全为零的数 k_1，k_2，…，k_m，都有 $k_1\boldsymbol{\alpha}_1+k_2\boldsymbol{\alpha}_2+\cdots+k_m\boldsymbol{\alpha}_m\neq\boldsymbol{o}$，则 $\boldsymbol{\alpha}_1$，$\boldsymbol{\alpha}_2$，…，$\boldsymbol{\alpha}_m$ 线性无关.

(5) 若对任意一组不全为零的数 k_1，k_2，…，k_m，使得 $k_1\boldsymbol{\alpha}_1+k_2\boldsymbol{\alpha}_2+\cdots+k_m\boldsymbol{\alpha}_m+k_1\boldsymbol{\beta}_1+k_2\boldsymbol{\beta}_2+\cdots+k_m\boldsymbol{\beta}_m=\boldsymbol{o}$ 则 $\boldsymbol{\alpha}_1$，$\boldsymbol{\alpha}_2$，…，$\boldsymbol{\alpha}_m$ 线性相关，$\boldsymbol{\beta}_1$，$\boldsymbol{\beta}_2$，…，$\boldsymbol{\beta}_m$ 线性相关.

(6) $\boldsymbol{A}$ 为 n 阶方阵，$|\boldsymbol{A}|=0$，则 $\boldsymbol{A}$ 中必有某一行(列)可以由其余行(列)线性表示.

2. 设向量组 $\boldsymbol{\alpha}_1$，$\boldsymbol{\alpha}_2$，$\boldsymbol{\alpha}_3$ 线性无关，判断下列向量组的线性相关性.

(1) $\boldsymbol{\alpha}_1+2\boldsymbol{\alpha}_2$，$2\boldsymbol{\alpha}_2+3\boldsymbol{\alpha}_3$，$3\boldsymbol{\alpha}_3+\boldsymbol{\alpha}_1$.

(2) $\boldsymbol{\alpha}_1+\boldsymbol{\alpha}_2$，$\boldsymbol{\alpha}_2+\boldsymbol{\alpha}_3$，$\boldsymbol{\alpha}_3-\boldsymbol{\alpha}_1$.

(3) $\boldsymbol{\alpha}_1-2\boldsymbol{\alpha}_2$，$\boldsymbol{\alpha}_2-2\boldsymbol{\alpha}_3$，$\boldsymbol{\alpha}_3-2\boldsymbol{\alpha}_1$.

(4) $\boldsymbol{\alpha}_1+\boldsymbol{\alpha}_2+\boldsymbol{\alpha}_3$，$2\boldsymbol{\alpha}_1-3\boldsymbol{\alpha}_2+22\boldsymbol{\alpha}_3$，$3\boldsymbol{\alpha}_1+5\boldsymbol{\alpha}_2-5\boldsymbol{\alpha}_3$.

3. 设向量组 $\boldsymbol{\alpha}_1$，$\boldsymbol{\alpha}_2$，$\boldsymbol{\alpha}_3$ 线性相关，向量组 $\boldsymbol{\alpha}_2$，$\boldsymbol{\alpha}_3$，$\boldsymbol{\alpha}_4$ 线性无关.

(1) $\boldsymbol{\alpha}_1$ 能否由 $\boldsymbol{\alpha}_2$，$\boldsymbol{\alpha}_3$ 线性表示？证明你的结论或举出反例.

(2) $\boldsymbol{\alpha}_4$ 能否由 $\boldsymbol{\alpha}_1$，$\boldsymbol{\alpha}_2$，$\boldsymbol{\alpha}_3$ 线性表示？证明你的结论或举出反例.

4. 判断下列向量组的线性相关性.

(1) $\boldsymbol{\alpha}_1=(1,1,1)$，$\boldsymbol{\alpha}_2=(1,1,0)$，$\boldsymbol{\alpha}_3=(1,0,0)$.

(2) $\boldsymbol{\alpha}_1=(1,2,3)$，$\boldsymbol{\alpha}_2=(2,2,1)$，$\boldsymbol{\alpha}_3=(3,4,4)$.

(3) $\boldsymbol{\alpha}_1=(1,1,1,0,2)$，$\boldsymbol{\alpha}_2=(1,1,0,-3,3)$，$\boldsymbol{\alpha}_3=(1,0,0,2,3)$.

3.3 向量组的秩和极大线性无关组

一、向量组的等价

定义 3.3.1 设有两个向量组

$$(\text{Ⅰ})\boldsymbol{\alpha}_1,\boldsymbol{\alpha}_2,\cdots,\boldsymbol{\alpha}_r,(\text{Ⅱ})\boldsymbol{\beta}_1,\boldsymbol{\beta}_2,\cdots,\boldsymbol{\beta}_s,$$

如果向量组(Ⅰ)中的每个向量都可由向量组(Ⅱ)线性表示，则称向量组(Ⅰ)可由向量组(Ⅱ)线性表示. 如果两个向量组可以互相线性表示，则称两个向量组是等价的.

等价的向量组具有下述三个性质：

(1) 自反性：向量组与其自身等价.

(2) 对称性：若向量组(Ⅰ)等价于(Ⅱ)，则向量组(Ⅱ)等价于(Ⅰ).

(3) 传递性：若向量组(Ⅰ)等价于(Ⅱ)，向量组(Ⅱ)等价于(Ⅲ)，则向量组(Ⅰ)等价于(Ⅲ).

例 3.3.1 向量组 $\boldsymbol{\alpha}_1=(1, 1, 1)$，$\boldsymbol{\alpha}_2=(0, 2, 5)$，$\boldsymbol{\alpha}_3=(1, 3, 6)$等价于其线性无关部分向量组 $\boldsymbol{\alpha}_1$，$\boldsymbol{\alpha}_2$.

事实上，由于 $\boldsymbol{\alpha}_1$ 与 $\boldsymbol{\alpha}_2$ 不成比例，故线性无关；又由

(1) $\boldsymbol{\alpha}_1$，$\boldsymbol{\alpha}_2$，$\boldsymbol{\alpha}_3$ 中的每一个向量可由 $\boldsymbol{\alpha}_1$，$\boldsymbol{\alpha}_2$ 线性表示，即

$$\boldsymbol{\alpha}_1=\boldsymbol{\alpha}_1+0\boldsymbol{\alpha}_2,\ \boldsymbol{\alpha}_2=0\boldsymbol{\alpha}_1+\boldsymbol{\alpha}_2,\ \boldsymbol{\alpha}_3=\boldsymbol{\alpha}_1+\boldsymbol{\alpha}_2;$$

(2) $\boldsymbol{\alpha}_1$，$\boldsymbol{\alpha}_2$ 中的每一个向量可由 $\boldsymbol{\alpha}_1$，$\boldsymbol{\alpha}_2$，$\boldsymbol{\alpha}_3$ 线性表示，即

$$\boldsymbol{\alpha}_1=\boldsymbol{\alpha}_1+0\boldsymbol{\alpha}_2+0\boldsymbol{\alpha}_3,\ \boldsymbol{\alpha}_2=0\boldsymbol{\alpha}_1+\boldsymbol{\alpha}_2+0\boldsymbol{\alpha}_3.$$

因此，$\boldsymbol{\alpha}_1$，$\boldsymbol{\alpha}_2$，$\boldsymbol{\alpha}_3$ 等价于其线性无关部分向量组 $\boldsymbol{\alpha}_1$，$\boldsymbol{\alpha}_2$. 易见，此部分组即为原向量组的一个最大的线性无关部分组；同理，$\boldsymbol{\alpha}_1$，$\boldsymbol{\alpha}_3$ 或者 $\boldsymbol{\alpha}_2$，$\boldsymbol{\alpha}_3$ 亦有上述性质.

二、向量组的极大线性无关组

定义 3.3.2 如果向量组 $\boldsymbol{\alpha}_1$，$\boldsymbol{\alpha}_2$，…，$\boldsymbol{\alpha}_m$ 的一个部分向量组 $\boldsymbol{\alpha}_{j1}$，$\boldsymbol{\alpha}_{j2}$，…，$\boldsymbol{\alpha}_{jr}$($r\leqslant m$)满足条件：

(1) $\boldsymbol{\alpha}_{j1}$，$\boldsymbol{\alpha}_{j2}$，…，$\boldsymbol{\alpha}_{jr}$ 线性无关；

(2) $\boldsymbol{\alpha}_1$，$\boldsymbol{\alpha}_2$，…，$\boldsymbol{\alpha}_m$ 中的每一个向量都可由此部分向量组线性表示；

则称 $\boldsymbol{\alpha}_{j1}$，$\boldsymbol{\alpha}_{j2}$，…，$\boldsymbol{\alpha}_{jr}$ 是向量组 $\boldsymbol{\alpha}_1$，$\boldsymbol{\alpha}_2$，…，$\boldsymbol{\alpha}_m$ 的一个极大线性无关组，简称极大无关组.

显然 (1) 向量组和它的极大线性无关组等价；

(2) 一个线性无关向量组的极大线性无关组是向量组本身.

例 3.3.1 中，$\boldsymbol{\alpha}_1$，$\boldsymbol{\alpha}_2$ 是 $\boldsymbol{\alpha}_1$，$\boldsymbol{\alpha}_2$，$\boldsymbol{\alpha}_3$ 的一个极大线性无关组. $\boldsymbol{\alpha}_1$，$\boldsymbol{\alpha}_3$ 或者 $\boldsymbol{\alpha}_2$，$\boldsymbol{\alpha}_3$ 都是 $\boldsymbol{\alpha}_1$，$\boldsymbol{\alpha}_2$，$\boldsymbol{\alpha}_3$ 的极大线性无关组.

一个向量组的极大线性无关组一般来说不是唯一的. 由等价传递性知

(3) 向量组的极大无关组（若不唯一）等价；

(4) 等价的向量组的极大无关组等价.

例 3.3.2 记全体 n 维向量的集合为 $\boldsymbol{R}^n$，求 $\boldsymbol{R}^n$ 的一个极大线性无关组.

解 我们知道，n 维单位向量组 $\boldsymbol{e}_1$，$\boldsymbol{e}_2$，…，$\boldsymbol{e}_n$ 是线性无关的，任一 n 维向量 $\boldsymbol{\alpha}=(a_1, a_2, \cdots, a_n)^{\mathrm{T}}$ 都可用 $\boldsymbol{e}_1$，$\boldsymbol{e}_2$，…，$\boldsymbol{e}_n$ 线性表示，即

$$\boldsymbol{\alpha}=a_1\boldsymbol{e}_1+a_2\boldsymbol{e}_2+\cdots+a_n\boldsymbol{e}_n.$$

故 $\boldsymbol{e}_1$，$\boldsymbol{e}_2$，…，$\boldsymbol{e}_n$ 是 $\boldsymbol{R}^n$ 的一个极大线性无关组.

例 3.3.1 的结果易见，当向量组的极大线性无关组不唯一时，这些极大线性无关组都含有相同个数的向量. 这是否反映了极大线性无关组的一个重要特质

呢？为此，先给出如下结论.

定理 3.3.1　若向量组 $\boldsymbol{\alpha}_1$，$\boldsymbol{\alpha}_2$，…，$\boldsymbol{\alpha}_r$ 可由向量组 $\boldsymbol{\beta}_1$，$\boldsymbol{\beta}_2$，…，$\boldsymbol{\beta}_s$ 线性表示，且 $\boldsymbol{\alpha}_1$，$\boldsymbol{\alpha}_2$，…，$\boldsymbol{\alpha}_r$ 线性无关，则 $r \leqslant s$.

即一个线性无关的向量组不可能被比它个数少的另一个向量组线性表示. 读者可自行证明.

推论 1　如果向量组 $\boldsymbol{\alpha}_1$，$\boldsymbol{\alpha}_2$，…，$\boldsymbol{\alpha}_r$ 可由向量组 $\boldsymbol{\beta}_1$，$\boldsymbol{\beta}_2$，…，$\boldsymbol{\beta}_s$ 线性表示，且 $r > s$，则 $\boldsymbol{\alpha}_1$，$\boldsymbol{\alpha}_2$，…，$\boldsymbol{\alpha}_r$ 线性相关.

推论 2　等价的线性无关向量组含有相同个数的向量.

证　设 $\boldsymbol{\alpha}_1$，$\boldsymbol{\alpha}_2$，…，$\boldsymbol{\alpha}_r$ 和 $\boldsymbol{\beta}_1$，$\boldsymbol{\beta}_2$，…，$\boldsymbol{\beta}_s$ 是两个等价的线性无关向量组. 由等价性及定理 3.3.1，$r \leqslant s$ 且 $s \leqslant r$. 故 $r = s$.

由推论 2 及向量组的极大无关组性质，即得：

定理 3.3.2　一个向量组的所有极大线性无关组所含向量的个数相等.

这一结果表明：向量组的极大线性无关组所含向量的个数与极大线性无关组的选择无关，它反映了向量组本身固有的性质.

三、向量组的秩

定义 3.3.3　向量组 $\boldsymbol{\alpha}_1$，$\boldsymbol{\alpha}_2$，…，$\boldsymbol{\alpha}_m$ 的极大线性无关组所含向量的个数称为向量组的秩，记为 $r(\boldsymbol{\alpha}_1, \boldsymbol{\alpha}_2, \cdots, \boldsymbol{\alpha}_m)$. 规定，只含零向量的向量组的秩为零.

例 3.3.1 中，$\boldsymbol{\alpha}_1$，$\boldsymbol{\alpha}_2$ 是 $\boldsymbol{\alpha}_1$，$\boldsymbol{\alpha}_2$，$\boldsymbol{\alpha}_3$ 的一个极大线性无关组，所以 $r(\boldsymbol{\alpha}_1, \boldsymbol{\alpha}_2, \boldsymbol{\alpha}_3) = 2$.

再如，n 维单位向量组 $\boldsymbol{e}_1$，$\boldsymbol{e}_2$，…，$\boldsymbol{e}_n$ 是 $\boldsymbol{R}^n$ 的一个极大线性无关组，它包含有 n 个向量，$\boldsymbol{R}^n$ 的秩为 n. 事实上，任意一个线性无关的 n 维向量组 $\boldsymbol{\alpha}_1$，$\boldsymbol{\alpha}_2$，…，$\boldsymbol{\alpha}_n$ 都是 $\boldsymbol{R}^n$ 的一个极大线性无关组.

由于向量组的极大线性无关组与向量组等价，由等价的传递性，等价的向量组的极大线性无关组等价，所以，**如果两个向量组等价，则它们的秩相等**. 注意，反之不真.

注意到，线性无关的向量组的秩即为所含向量个数；反之，线性相关的向量组的秩必小于所含向量个数.

从而可得下面这个有用的结论：

m 个 n 维向量 $\boldsymbol{\alpha}_1$，$\boldsymbol{\alpha}_2$，…，$\boldsymbol{\alpha}_m$ 线性相关的充分必要条件是 $r(\boldsymbol{\alpha}_1, \boldsymbol{\alpha}_2, \cdots, \boldsymbol{\alpha}_m) < m$，线性无关的充分必要条件是 $r(\boldsymbol{\alpha}_1, \boldsymbol{\alpha}_2, \cdots, \boldsymbol{\alpha}_m) = m$.

四、一些重要方法

我们已经学习了向量组的线性相关性和向量组的秩的概念，那么如何求向量组的秩？如何求向量组的一个极大线性无关组并表示其余向量呢？下面我们就讨论一些重要的方法.

依据矩阵的分块理论，矩阵可以看作由向量组成的. 对于 $m\times n$ 矩阵

$$A=\begin{pmatrix} a_{11} & a_{12} & \cdots & a_{1n} \\ a_{21} & a_{22} & \cdots & a_{2n} \\ \vdots & \vdots & \vdots & \vdots \\ a_{m1} & a_{m2} & \cdots & a_{mn} \end{pmatrix},$$

若把 $\boldsymbol{A}$ 按列分块，令 $\boldsymbol{\alpha}_j=(a_{1j}, a_{2j}, \cdots, a_{mj})^{\mathrm{T}}(j=1, 2, \cdots, n)$，则

$$\boldsymbol{A}=(\boldsymbol{\alpha}_1, \boldsymbol{\alpha}_2, \cdots, \boldsymbol{\alpha}_n).$$

$\boldsymbol{\alpha}_1, \boldsymbol{\alpha}_2, \cdots, \boldsymbol{\alpha}_n$ 组成的列向量组，称为**矩阵 $\boldsymbol{A}$ 的列向量组**.

若把 $\boldsymbol{A}$ 按行分块，令 $\boldsymbol{\beta}_i=(a_{i1}, a_{i2}, \cdots, a_{in})(i=1, 2, \cdots, m)$，则

$$\boldsymbol{A}=\begin{pmatrix} \boldsymbol{\beta}_1 \\ \boldsymbol{\beta}_2 \\ \vdots \\ \boldsymbol{\beta}_m \end{pmatrix}.$$

$\boldsymbol{\beta}_1, \boldsymbol{\beta}_2, \cdots, \boldsymbol{\beta}_m$ 组成的行向量组，称为**矩阵 $\boldsymbol{A}$ 的行向量组**. 下面引入矩阵的行秩与列秩的概念.

定义 3.3.4　矩阵 $\boldsymbol{A}$ 的行向量组的秩称为矩阵 $\boldsymbol{A}$ 的行秩，列向量组的秩称为矩阵 $\boldsymbol{A}$ 的列秩.

定理 3.3.3　矩阵 $\boldsymbol{A}$ 的行秩等于列秩，且等于矩阵 $\boldsymbol{A}$ 的秩.

证　设 $\boldsymbol{A}=(\boldsymbol{\alpha}_1, \boldsymbol{\alpha}_2, \cdots, \boldsymbol{\alpha}_m)$，$r(\boldsymbol{A})=r$，且 $\boldsymbol{A}$ 中的某个 r 阶子式 $D_r\neq 0$. 由定理 3.2.4 和定理 3.2.5 知 $\boldsymbol{A}$ 中 D_r 所在的 r 列线性无关；又因为 $\boldsymbol{A}$ 中所有的 $r+1$ 阶子式全为零，故 $\boldsymbol{A}$ 中任意 $r+1$ 个列向量线性相关. 因此，D_r 所在的 r 列就是 $\boldsymbol{A}$ 的列向量组的一个极大线性无关组，所以，$\boldsymbol{A}$ 的列秩为 r，等于 $\boldsymbol{A}$ 的秩.

同理，$\boldsymbol{A}$ 的行秩也等于 $\boldsymbol{A}$ 的秩. 定理证毕.

例 3.3.3　求向量组 $\boldsymbol{\alpha}_1=(2, -1, 3, -1)$，$\boldsymbol{\alpha}_2=(4, -2, 5, 4)$，$\boldsymbol{\alpha}_3=(2, -1, 4, -1)$的秩并判断线性相关性.

解　令

$$\boldsymbol{A}=\begin{pmatrix} \boldsymbol{\alpha}_1 \\ \boldsymbol{\alpha}_2 \\ \boldsymbol{\alpha}_3 \end{pmatrix}=\begin{pmatrix} 2 & -1 & 3 & -1 \\ 4 & -2 & 5 & 4 \\ 2 & -1 & 4 & -1 \end{pmatrix},$$

对 $\boldsymbol{A}$ 做行初等变换，得

$$\boldsymbol{A}\longrightarrow\begin{pmatrix} 2 & -1 & 3 & -1 \\ 0 & 0 & -1 & 6 \\ 0 & 0 & 0 & 6 \end{pmatrix}.$$

可见，$r(\boldsymbol{\alpha}_1, \boldsymbol{\alpha}_2, \boldsymbol{\alpha}_3)=r(\boldsymbol{A})=3$(即为向量组所含向量的个数)，故该向量组线性无关.

推论1 任意 $n+1$ 个 n 维向量必线性相关.

推论2 线性无关的 n 维向量组最多含有 n 个 n 维向量.

从定理3.3.3的证明中可以看出：若 D_r 是矩阵 $\boldsymbol{A}$ 的一个最高阶非零子式，则 $\boldsymbol{A}$ 中 D_r 所在的 r 个列即为 $\boldsymbol{A}$ 的列向量组的一个极大线性无关组；D_r 所在的 r 行即为 $\boldsymbol{A}$ 的行向量组的一个极大线性无关组.

因此，欲求向量组的一个极大线性无关组，可以将向量组按列排成矩阵 $\boldsymbol{A}$，求出 $\boldsymbol{A}$ 的一个最高阶非零子式即可. 根据定理2.6.3，秩为 r 的矩阵 $\boldsymbol{A}_r$，用行初等变换化为行最简形矩阵 $\boldsymbol{C}_r$ 时，选取 $\boldsymbol{C}_r$ 的前 r 行(非零行)，同时选取 $\boldsymbol{C}_r$ 的不同阶梯的首列(共 r 列)，交点处的 r^2 个元素构成子块 E_r，其行列式 $|E_r|$ 即为 $\boldsymbol{C}_r$ 的最高阶非零子式；由此可得，$\boldsymbol{C}_r$ 的不同阶梯的首列(共 r 列)向量组即为一个极大线性无关组. 但问题是，$\boldsymbol{A}_r$ 的列向量组的线性关系与 $\boldsymbol{C}_r$ 的列向量组的线性关系相同吗？定理3.3.4给出了肯定的回答.

定理3.3.4 **矩阵 $\boldsymbol{A}$ 经行初等变换化为 $\boldsymbol{B}$，则 $\boldsymbol{A}$ 的列向量组与 $\boldsymbol{B}$ 对应的列向量组有相同的线性组合关系.**

证明从略，下面通过例子验证结论成立.

例如，将矩阵 $\boldsymbol{A}=(\boldsymbol{\alpha}_1, \boldsymbol{\alpha}_2, \boldsymbol{\alpha}_3)$ 经若干次行初等变换化为矩阵 $\boldsymbol{C}=(\boldsymbol{\eta}_1, \boldsymbol{\eta}_2, \boldsymbol{\eta}_3)$，给出列向量组的线性关系：

矩阵 $\boldsymbol{A}$　　矩阵 $\boldsymbol{A}_1$　　矩阵 $\boldsymbol{B}$　　矩阵 $\boldsymbol{C}$

$$\begin{pmatrix}1 & -1 & 1\\ 2 & 2 & 6\\ 3 & 0 & 6\end{pmatrix}\xrightarrow[r_3-3r_1]{r_2-2r_1}\begin{pmatrix}1 & -1 & 1\\ 0 & 4 & 4\\ 0 & 3 & 3\end{pmatrix}\xrightarrow[r_3-3r_2]{\frac{1}{4}r_2}\begin{pmatrix}1 & -1 & 1\\ 0 & 1 & 1\\ 0 & 0 & 0\end{pmatrix}\xrightarrow{r_1+r_2}\begin{pmatrix}1 & 0 & 2\\ 0 & 1 & 1\\ 0 & 0 & 0\end{pmatrix}.$$

列向量组的线性关系为：

$$\boldsymbol{\alpha}_3=2\boldsymbol{\alpha}_1+\boldsymbol{\alpha}_2;\ \boldsymbol{\beta}_3=2\boldsymbol{\beta}_1+\boldsymbol{\beta}_2;\ \boldsymbol{\gamma}_3=2\boldsymbol{\gamma}_1+\boldsymbol{\gamma}_2;\ \boldsymbol{\delta}_3=2\boldsymbol{\delta}_1+\boldsymbol{\delta}_2.$$

例3.3.4 求向量组 $\boldsymbol{\alpha}_1=(2, 4, 2)^{\mathrm{T}}$，$\boldsymbol{\alpha}_2=(1, 1, 0)^{\mathrm{T}}$，$\boldsymbol{\alpha}_3=(2, 3, 1)^{\mathrm{T}}$，$\boldsymbol{\alpha}_4=(3, 5, 2)^{\mathrm{T}}$ 的一个极大线性无关组，并把其余向量用所求的极大线性无关组线性表出.

解 由定理3.3.4，把向量组按列排成矩阵 $\boldsymbol{A}$，用初等行变换把 $\boldsymbol{A}$ 化为行最简形矩阵 $\boldsymbol{C}$，求出 $\boldsymbol{C}$ 的列向量组的一个极大线性无关组，与其相应的 $\boldsymbol{A}$ 中的列就是 $\boldsymbol{A}$ 的列向量组的一个极大线性无关组.

构造 $\boldsymbol{A}=(\boldsymbol{\alpha}_1, \boldsymbol{\alpha}_2, \boldsymbol{\alpha}_3, \boldsymbol{\alpha}_4)$，则

$$\boldsymbol{A}=\begin{pmatrix}2 & 1 & 2 & 3\\ 4 & 1 & 3 & 5\\ 2 & 0 & 1 & 2\end{pmatrix}\to\begin{pmatrix}2 & 1 & 2 & 3\\ 0 & -1 & -1 & -1\\ 0 & -1 & -1 & -1\end{pmatrix}\to\begin{pmatrix}2 & 1 & 2 & 3\\ 0 & 1 & 1 & 1\\ 0 & 0 & 0 & 0\end{pmatrix}\to\begin{pmatrix}1 & 0 & \frac{1}{2} & 1\\ 0 & 1 & 1 & 1\\ 0 & 0 & 0 & 0\end{pmatrix}=\boldsymbol{C}.$$
$$\qquad\qquad\qquad\qquad\qquad\qquad\qquad\qquad\qquad\qquad\qquad\quad \boldsymbol{\beta}_1\quad \boldsymbol{\beta}_2\quad \boldsymbol{\beta}_3\quad \boldsymbol{\beta}_4$$

可见 $r(\boldsymbol{C})=2$，因此，向量组 $\boldsymbol{\beta}_1$，$\boldsymbol{\beta}_2$，$\boldsymbol{\beta}_3$，$\boldsymbol{\beta}_4$ 的极大线性无关组含有两个向量. 因为 $\boldsymbol{C}$ 第一列向量 $\boldsymbol{\beta}_1$ 和第二列向量 $\boldsymbol{\beta}_2$ 线性无关，故与其对应的矩阵 $\boldsymbol{A}$ 中的

$\boldsymbol{\alpha}_1$，$\boldsymbol{\alpha}_2$ 线性无关，从而 $\boldsymbol{\alpha}_1$，$\boldsymbol{\alpha}_2$ 就是所求向量组的一个极大线性无关组.

由矩阵 $\boldsymbol{C}$，$\boldsymbol{\beta}_3=\frac{1}{2}\boldsymbol{\beta}_1+\boldsymbol{\beta}_2$，$\boldsymbol{\beta}_4=\boldsymbol{\beta}_1+\boldsymbol{\beta}_2$，所以有

$$\boldsymbol{\alpha}_3=\frac{1}{2}\boldsymbol{\alpha}_1+\boldsymbol{\alpha}_2;\ \boldsymbol{\alpha}_4=\boldsymbol{\alpha}_1+\boldsymbol{\alpha}_2.$$

例 3.3.5 判断向量 $\boldsymbol{\beta}=(4, 3, -1, 11)$ 是否是向量组 $\boldsymbol{\alpha}_1=(1, 2, -1, 5)$，$\boldsymbol{\alpha}_2=(2, -1, 1, 1)$ 的线性组合；若是，写出其表达式.

解 设 $\boldsymbol{A}=(\boldsymbol{\alpha}_1^{\mathrm{T}}, \boldsymbol{\alpha}_2^{\mathrm{T}}, \boldsymbol{\beta}^{\mathrm{T}})$. 对 $\boldsymbol{A}$ 做行初等变换，化为行最简形矩阵，有

$$\boldsymbol{A}=(\boldsymbol{\alpha}_1^{\mathrm{T}}, \boldsymbol{\alpha}_2^{\mathrm{T}}, \boldsymbol{\beta}^{\mathrm{T}})=\left(\begin{array}{cc:c}1 & 2 & 4\\ 2 & -1 & 3\\ -1 & 1 & -1\\ 5 & 1 & 11\end{array}\right)\longrightarrow\left(\begin{array}{cc:c}1 & 2 & 4\\ 0 & 1 & 1\\ 0 & 0 & 0\\ 0 & 0 & 0\end{array}\right)\longrightarrow\left(\begin{array}{cc:c}1 & 0 & 2\\ 0 & 1 & 1\\ 0 & 0 & 0\\ 0 & 0 & 0\end{array}\right)=\boldsymbol{C}.$$

因为 $r(\boldsymbol{\alpha}_1^{\mathrm{T}}, \boldsymbol{\alpha}_2^{\mathrm{T}}, \boldsymbol{\beta}^{\mathrm{T}})=r(\boldsymbol{A})=2$，所以向量组 $\boldsymbol{\alpha}_1$，$\boldsymbol{\alpha}_2$，$\boldsymbol{\beta}$ 线性相关，又易知，$\boldsymbol{\alpha}_1$，$\boldsymbol{\alpha}_2$ 线性无关，由定理 3.2.2 知 $\boldsymbol{\beta}$ 可由 $\boldsymbol{\alpha}_1$，$\boldsymbol{\alpha}_2$ 线性表示，由矩阵 $\boldsymbol{C}$ 可知

$$\boldsymbol{\beta}=2\boldsymbol{\alpha}_1+\boldsymbol{\alpha}_2.$$

习题 3－3

1. 求下列向量组的秩，并判断其线性相关性.

(1) $\boldsymbol{\alpha}_1=(1, 1, 1)^{\mathrm{T}}$，$\boldsymbol{\alpha}_2=(0, 2, 5)^{\mathrm{T}}$，$\boldsymbol{\alpha}_3=(1, 3, 6)^{\mathrm{T}}$.

(2) $\boldsymbol{\beta}_1=(1, -1, 2, 4)^{\mathrm{T}}$，$\boldsymbol{\beta}_2=(0, 3, 1, 2)^{\mathrm{T}}$，$\boldsymbol{\beta}_3=(3, 0, 7, 14)^{\mathrm{T}}$.

(3) $\boldsymbol{\gamma}_1=(1, 1, 3, 1)^{\mathrm{T}}$，$\boldsymbol{\gamma}_2=(4, 1, -3, 2)^{\mathrm{T}}$，$\boldsymbol{\gamma}_3=(1, 0, -1, 2)^{\mathrm{T}}$.

2. 设向量组

$$\boldsymbol{\alpha}_1=\begin{pmatrix}a\\3\\1\end{pmatrix},\ \boldsymbol{\alpha}_2=\begin{pmatrix}2\\b\\3\end{pmatrix},\ \boldsymbol{\alpha}_3=\begin{pmatrix}1\\2\\1\end{pmatrix},\ \boldsymbol{\alpha}_4=\begin{pmatrix}2\\3\\1\end{pmatrix}$$

的秩为 2，求 a，b.

3. 判断下列向量组是否线性相关；如果线性相关，求出向量组的一个极大线性无关组，并将其余向量用这个极大线性无关组表示出来.

(1) $\boldsymbol{\alpha}_1=(1, 1, 1)^{\mathrm{T}}$，$\boldsymbol{\alpha}_2=(1, 2, 3)^{\mathrm{T}}$，$\boldsymbol{\alpha}_3=(1, 3, 6)^{\mathrm{T}}$.

(2) $\boldsymbol{\alpha}_1=(1, -1, 2, 4)^{\mathrm{T}}$，$\boldsymbol{\alpha}_2=(0, 3, 1, 2)^{\mathrm{T}}$，$\boldsymbol{\alpha}_3=(3, 0, 7, 14)^{\mathrm{T}}$.

(3) $\boldsymbol{\alpha}_1=(2, 1, 4, 3)^{\mathrm{T}}$，$\boldsymbol{\alpha}_2=(-1, 1, -6, 6)^{\mathrm{T}}$，$\boldsymbol{\alpha}_3=(-1, -2, 2, -9)^{\mathrm{T}}$，$\boldsymbol{\alpha}_4=(1, 1, -2, 7)^{\mathrm{T}}$，$\boldsymbol{\alpha}_5=(2, 4, 4, 9)^{\mathrm{T}}$.

3.4 向量的内积与正交矩阵

一、内积的概念

定义 3.4.1 设有两个 n 维向量 $\boldsymbol{\alpha}=(a_1, a_2, \cdots, a_n)^{\mathrm{T}}$ 和 $\boldsymbol{\beta}=(b_1, b_2, \cdots,$

$b_n)^T$，它们的内积定义为$a_1b_1+a_2b_2+\cdots+a_nb_n$，记作$(\boldsymbol{\alpha},\boldsymbol{\beta})$，即

$$(\boldsymbol{\alpha},\boldsymbol{\beta})=(a_1,a_2,\cdots,a_n)\begin{pmatrix}b_1\\b_2\\\vdots\\b_n\end{pmatrix}=a_1b_1+a_2b_2+\cdots+a_nb_n.$$

向量的内积是向量乘法的一种，其结果是一个实数，因此也叫作向量的**数量积**. 向量的内积具有下面的性质(其中$\boldsymbol{\alpha}$，$\boldsymbol{\beta}$，$\boldsymbol{\gamma}$为n维列向量，k为常数)：

(1) $(\boldsymbol{\alpha},\boldsymbol{\beta})=(\boldsymbol{\beta},\boldsymbol{\alpha})$.

(2) $(k\boldsymbol{\alpha},\boldsymbol{\beta})=(\boldsymbol{\alpha},k\boldsymbol{\beta})=k(\boldsymbol{\alpha},\boldsymbol{\beta})$.

(3) $(\boldsymbol{\alpha}+\boldsymbol{\beta},\boldsymbol{\gamma})=(\boldsymbol{\alpha},\boldsymbol{\gamma})+(\boldsymbol{\beta},\boldsymbol{\gamma})$.

(4) $(\boldsymbol{\alpha},\boldsymbol{\alpha})\geqslant 0$，当且仅当$\boldsymbol{\alpha}=\boldsymbol{o}$时$(\boldsymbol{\alpha},\boldsymbol{\alpha})=0$.

有了内积的概念，可以将解析几何中二维向量和三维向量的长度和夹角的概念推广到n维向量.

二、向量的模与夹角

定义 3.4.2 **数$\sqrt{(\alpha,\alpha)}$叫作向量$\boldsymbol{\alpha}$的模(或长度)，记为$\|\boldsymbol{\alpha}\|$. 即**

$$\|\boldsymbol{\alpha}\|=\sqrt{(\alpha,\alpha)}.$$

特别地，模为1的向量称为单位向量.

对任意的非零向量$\boldsymbol{\alpha}$，$\frac{1}{\|\boldsymbol{\alpha}\|}\boldsymbol{\alpha}$为单位向量，因为$\left\|\frac{1}{\|\boldsymbol{\alpha}\|}\boldsymbol{\alpha}\right\|=\frac{1}{\|\boldsymbol{\alpha}\|}\cdot\|\boldsymbol{\alpha}\|=1$. 把由非零向量$\boldsymbol{\alpha}$化为单位向量的这一过程，称作对向量$\boldsymbol{\alpha}$的**单位化**.

向量的模具有下述性质：(读者自行证明)

(1) 非负性：当$\boldsymbol{\alpha}\neq o$时，$\|\boldsymbol{\alpha}\|>0$；当且仅当$\boldsymbol{\alpha}=\boldsymbol{o}$时，$\|\boldsymbol{\alpha}\|=0$.

(2) 齐次性：$\|k\boldsymbol{\alpha}\|=|k|\,\|\boldsymbol{\alpha}\|$.

(3) 柯西-布涅柯夫斯基(Cauchy-Buniakowski)不等式：$|(\boldsymbol{\alpha},\boldsymbol{\beta})|\leqslant\|\boldsymbol{\alpha}\|\,\|\boldsymbol{\beta}\|$.

(4) 三角不等式：$\|\boldsymbol{\alpha}+\boldsymbol{\beta}\|\leqslant\|\boldsymbol{\alpha}\|+\|\boldsymbol{\beta}\|$.

如果α，β都不是零向量，由上面的性质(3)，有

$$-1\leqslant\frac{(\boldsymbol{\alpha},\boldsymbol{\beta})}{\|\boldsymbol{\alpha}\|\,\|\boldsymbol{\beta}\|}\leqslant 1,$$

当$\boldsymbol{\alpha}$，$\boldsymbol{\beta}$是二维向量时，在平面解析几何中，$\frac{(\boldsymbol{\alpha},\boldsymbol{\beta})}{\|\boldsymbol{\alpha}\|\,\|\boldsymbol{\beta}\|}$表示向量$\boldsymbol{\alpha}$与$\boldsymbol{\beta}$夹角的余弦. 对于一般的$n$维向量$\boldsymbol{\alpha}$，$\boldsymbol{\beta}$，同样可定义可它们的**夹角**为

$$\theta=\arccos\frac{(\boldsymbol{\alpha},\boldsymbol{\beta})}{\|\boldsymbol{\alpha}\|\,\|\boldsymbol{\beta}\|}.$$

由此可以给出向量正交的定义，该定义是平面解析几何中向量垂直的概念的推广.

定义 3.4.3 **向量 $\boldsymbol{\alpha}$ 与 $\boldsymbol{\beta}$ 称为是正交的，如果**$(\boldsymbol{\alpha}, \boldsymbol{\beta})=0$.

显然，若 $\boldsymbol{\alpha}=\boldsymbol{o}$，则 $\boldsymbol{\alpha}$ 与任何向量均正交.

例 3.4.1 设向量 $\boldsymbol{\alpha}=\begin{pmatrix}1\\2\\2\\3\end{pmatrix}$，$\boldsymbol{\beta}=\begin{pmatrix}3\\1\\5\\1\end{pmatrix}$，求 $\|\boldsymbol{\alpha}\|$ 以及 $\boldsymbol{\alpha}$ 与 $\boldsymbol{\beta}$ 的夹角 θ.

解 因为

$$\|\boldsymbol{\alpha}\|=\sqrt{1^2+2^2+2^2+3^2}=\sqrt{18}=3\sqrt{2},$$
$$\|\boldsymbol{\beta}\|=\sqrt{3^2+1^2+5^2+1^2}=\sqrt{36}=6,$$
$$(\boldsymbol{\alpha}, \boldsymbol{\beta})=1\times3+2\times1+2\times5+3\times1=18,$$

所以

$$\theta=\arccos\frac{(\boldsymbol{\alpha}, \boldsymbol{\beta})}{\|\boldsymbol{\alpha}\|\,\|\boldsymbol{\beta}\|}=\arccos\frac{18}{3\sqrt{2}\times6}=\arccos\frac{\sqrt{2}}{2}=\frac{\pi}{4}.$$

三、正交向量组

若 $\boldsymbol{\alpha}_1, \boldsymbol{\alpha}_2, \cdots, \boldsymbol{\alpha}_s$ 为非零向量组，且 $\boldsymbol{\alpha}_1, \boldsymbol{\alpha}_2, \cdots, \boldsymbol{\alpha}_s$ 中的向量两两正交，则称该向量组为**正交向量组**. 若正交向量组中每个向量都是单位向量，称该向量组为**标准正交向量组(或单位正交向量组)**.

显然，$\boldsymbol{\alpha}_1, \boldsymbol{\alpha}_2, \cdots, \boldsymbol{\alpha}_s$ 是标准正交向量组，当且仅当

$$(\boldsymbol{\alpha}_i, \boldsymbol{\alpha}_j)=\begin{cases}1, & i=j\\0, & i\neq j\end{cases}.$$

例如，n 维单位向量组 $\boldsymbol{e}_1, \boldsymbol{e}_2, \cdots, \boldsymbol{e}_n$ 是一标准正交向量组.

正交向量组有下述重要性质：

定理 3.4.1 **正交向量组 $\boldsymbol{\alpha}_1, \boldsymbol{\alpha}_2, \cdots, \boldsymbol{\alpha}_m$ 是线性无关的向量组.**

证 设有 $k_1, k_2, \cdots, k_m$，使

$$k_1\boldsymbol{\alpha}_1+k_2\boldsymbol{\alpha}_2+\cdots+k_i\boldsymbol{\alpha}_i+\cdots+k_m\boldsymbol{\alpha}_m=\boldsymbol{o}.$$

不妨设向量为列向量，则以 $\boldsymbol{\alpha}_i^{\mathrm{T}}(i=1, 2, \cdots, m)$乘上式两端，得

$$k_i\boldsymbol{\alpha}_i{}^{\mathrm{T}}\boldsymbol{\alpha}_i=k_i(\boldsymbol{\alpha}_i, \boldsymbol{\alpha}_i)=0.$$

因 $\boldsymbol{\alpha}_i\neq\boldsymbol{o}$，故$(\boldsymbol{\alpha}_i, \boldsymbol{\alpha}_i)\neq0$，从而必有 $k_i=0(i=1, 2, \cdots, m)$，于是 $\boldsymbol{\alpha}_1, \boldsymbol{\alpha}_2, \cdots, \boldsymbol{\alpha}_m$ 线性无关.

定理的逆命题一般不成立. 但是任一线性无关的向量组总可以通过如下所述的正交化过程，构成正交向量组，进而通过单位化，化成标准正交向量组.

四、向量组的标准正交化

定理 3.4.2 **设向量组 $\boldsymbol{\alpha}_1, \boldsymbol{\alpha}_2, \cdots, \boldsymbol{\alpha}_m$ 线性无关，令**

$$\boldsymbol{\beta}_1=\boldsymbol{\alpha}_1,$$

$$\boldsymbol{\beta}_2=\boldsymbol{\alpha}_2-\frac{(\boldsymbol{\alpha}_2,\ \boldsymbol{\beta}_1)}{(\boldsymbol{\beta}_1,\ \boldsymbol{\beta}_1)}\boldsymbol{\beta}_1,$$

$$\boldsymbol{\beta}_3=\boldsymbol{\alpha}_3-\frac{(\boldsymbol{\alpha}_3,\ \boldsymbol{\beta}_1)}{(\boldsymbol{\beta}_1,\ \boldsymbol{\beta}_1)}\boldsymbol{\beta}_1-\frac{(\boldsymbol{\alpha}_3,\ \boldsymbol{\beta}_2)}{(\boldsymbol{\beta}_2,\ \boldsymbol{\beta}_2)}\boldsymbol{\beta}_2$$

……

$$\boldsymbol{\beta}_m=\boldsymbol{\alpha}_m-\frac{(\boldsymbol{\alpha}_m,\ \boldsymbol{\beta}_1)}{(\boldsymbol{\beta}_1,\ \boldsymbol{\beta}_1)}\boldsymbol{\beta}_1-\frac{(\boldsymbol{\alpha}_m,\ \boldsymbol{\beta}_2)}{(\boldsymbol{\beta}_2,\ \boldsymbol{\beta}_2)}\boldsymbol{\beta}_2-\cdots-\frac{(\boldsymbol{\alpha}_m,\ \boldsymbol{\beta}_{m-1})}{(\boldsymbol{\beta}_{m-1},\ \boldsymbol{\beta}_{m-1})}\boldsymbol{\beta}_{m-1},$$

则 $\boldsymbol{\beta}_1$，$\boldsymbol{\beta}_2$，…，$\boldsymbol{\beta}_m$ 为正交向量组；

再令

$$\boldsymbol{\eta}_i=\frac{\boldsymbol{\beta}_i}{\|\boldsymbol{\beta}_i\|}\quad(i=1,\ 2,\ \cdots,\ m),$$

则 $\boldsymbol{\eta}_1$，$\boldsymbol{\eta}_2$，…，$\boldsymbol{\eta}_m$ 为标准正交向量组.

由线性无关的向量组 $\boldsymbol{\alpha}_1$，$\boldsymbol{\alpha}_2$，…，$\boldsymbol{\alpha}_m$ 构造正交向量组 $\boldsymbol{\beta}_1$，$\boldsymbol{\beta}_2$，…，$\boldsymbol{\beta}_m$ 的过程称为**施密特(Schimidt)正交化过程**.

例 3.4.2 把向量组 $\boldsymbol{\alpha}_1=(1,\ 1,\ 0,\ 0)^{\mathrm{T}}$，$\boldsymbol{\alpha}_2=(1,\ 0,\ 1,\ 0)^{\mathrm{T}}$，$\boldsymbol{\alpha}_3=(-1,\ 0,\ 0,\ 1)^{\mathrm{T}}$ 化为标准正交向量组.

解 容易验证 $\boldsymbol{\alpha}_1$，$\boldsymbol{\alpha}_2$，$\boldsymbol{\alpha}_3$ 是线性无关的.

(1) 将 $\boldsymbol{\alpha}_1$，$\boldsymbol{\alpha}_2$，$\boldsymbol{\alpha}_3$ 正交化，令

$$\boldsymbol{\beta}_1=\boldsymbol{\alpha}_1=(1,\ 1,\ 0,\ 0)^{\mathrm{T}},$$

$$\boldsymbol{\beta}_2=\boldsymbol{\alpha}_2-\frac{(\boldsymbol{\alpha}_2,\ \boldsymbol{\beta}_1)}{(\boldsymbol{\beta}_1,\ \boldsymbol{\beta}_1)}\boldsymbol{\beta}_1=(1,\ 0,\ 1,\ 0)^{\mathrm{T}}-\frac{1}{2}(1,\ 1,\ 0,\ 0)^{\mathrm{T}}$$

$$=\left(\frac{1}{2},\ -\frac{1}{2},\ 1,\ 0\right)^{\mathrm{T}},$$

$$\boldsymbol{\beta}_3=\boldsymbol{\alpha}_3-\frac{(\boldsymbol{\alpha}_3,\ \boldsymbol{\beta}_1)}{(\boldsymbol{\beta}_1,\ \boldsymbol{\beta}_1)}\boldsymbol{\beta}_1-\frac{(\boldsymbol{\alpha}_3,\ \boldsymbol{\beta}_2)}{(\boldsymbol{\beta}_2,\ \boldsymbol{\beta}_2)}\boldsymbol{\beta}_2$$

$$=(-1,\ 0,\ 0,\ 1)^{\mathrm{T}}-\left(-\frac{1}{2}\right)(1,\ 1,\ 0,\ 0)^{\mathrm{T}}-\left(-\frac{1}{3}\right)\left(\frac{1}{2},\ -\frac{1}{2},\ 1,\ 0\right)^{\mathrm{T}}$$

$$=\left(-\frac{1}{3},\ \frac{1}{3},\ \frac{1}{3},\ 1\right)^{\mathrm{T}}.$$

(2) 将 $\boldsymbol{\beta}_1$，$\boldsymbol{\beta}_2$，$\boldsymbol{\beta}_3$ 单位化，令

$$\boldsymbol{\eta}_1=\frac{\boldsymbol{\beta}_1}{\|\boldsymbol{\beta}_1\|}=\frac{1}{\sqrt{2}}(1,\ 1,\ 0,\ 0)^{\mathrm{T}}=\left(\frac{\sqrt{2}}{2},\ \frac{\sqrt{2}}{2},\ 0,\ 0\right)^{\mathrm{T}},$$

$$\boldsymbol{\eta}_2=\frac{\boldsymbol{\beta}_2}{\|\boldsymbol{\beta}_2\|}=\frac{1}{\sqrt{\frac{3}{2}}}\left(\frac{1}{2},\ -\frac{1}{2},\ 1,0\right)^{\mathrm{T}}=\left(\frac{\sqrt{6}}{6},\ -\frac{\sqrt{6}}{6},\frac{\sqrt{6}}{3},\ 0\right)^{\mathrm{T}},$$

$$\boldsymbol{\eta}_3=\frac{\boldsymbol{\beta}_3}{\|\boldsymbol{\beta}_3\|}=\frac{1}{\sqrt{\frac{4}{3}}}\left(-\frac{1}{3},\ \frac{1}{3},\ \frac{1}{3},\ 1\right)^{\mathrm{T}}=\left(-\frac{\sqrt{3}}{6},\ \frac{\sqrt{3}}{6},\ \frac{\sqrt{3}}{6},\ \frac{\sqrt{3}}{2}\right)^{\mathrm{T}}.$$

$\boldsymbol{\eta}_1$，$\boldsymbol{\eta}_2$，$\boldsymbol{\eta}_3$ 即为所求的标准正交向量组.

注意，把向量组化为标准正交向量组时，一定要先正交化，再标准化.

由定理 3.4.1 的逆否命题知，线性相关的向量组一定不是正交向量组，而对于 n 维向量组来说，$n+1$ 个 n 维向量必定线性相关，因此 n 维向量空间中的正交向量组至多含有 n 个向量.

五、正交矩阵

定义 3.4.4 如果 n 阶矩阵 $\boldsymbol{A}$ 满足

$$\boldsymbol{A}^{\mathrm{T}}\boldsymbol{A}=\boldsymbol{E} \text{ 或 } \boldsymbol{A}\boldsymbol{A}^{\mathrm{T}}=\boldsymbol{E},$$

则称 $\boldsymbol{A}$ 为正交矩阵.

例如，$\boldsymbol{A}=\begin{pmatrix} \cos\theta & \sin\theta \\ -\sin\theta & \cos\theta \end{pmatrix}$是一个正交矩阵.

定理 3.4.3 正交矩阵具有如下性质：

(1) 矩阵 $\boldsymbol{A}$ 为正交矩阵的充要条件是 $\boldsymbol{A}^{-1}=\boldsymbol{A}^{\mathrm{T}}$.

(2) 正交矩阵的逆矩阵是正交矩阵.

(3) 两个正交矩阵的乘积是正交矩阵.

(4) 正交矩阵 $\boldsymbol{A}$ 是满秩的且 $|\boldsymbol{A}|=1$ 或 -1.

(5) n 阶矩阵 $\boldsymbol{A}$ 为正交矩阵的充要条件是 $\boldsymbol{A}$ 的 n 个列(行)构成的向量组是标准正交向量组.

证 只证(5). 设 $\boldsymbol{A}$ 的列分块矩阵为$(\boldsymbol{\alpha}_1, \boldsymbol{\alpha}_2, \cdots, \boldsymbol{\alpha}_n)$，则

$$\boldsymbol{A}^{\mathrm{T}}\boldsymbol{A}=\begin{pmatrix} \boldsymbol{\alpha}_1^{\mathrm{T}} \\ \boldsymbol{\alpha}_2^{\mathrm{T}} \\ \vdots \\ \boldsymbol{\alpha}_n^{\mathrm{T}} \end{pmatrix}(\boldsymbol{\alpha}_1, \boldsymbol{\alpha}_2, \cdots, \boldsymbol{\alpha}_n)=\begin{pmatrix} \boldsymbol{\alpha}_1^{\mathrm{T}}\boldsymbol{\alpha}_1 & \boldsymbol{\alpha}_1^{\mathrm{T}}\boldsymbol{\alpha}_2 & \cdots & \boldsymbol{\alpha}_1^{\mathrm{T}}\boldsymbol{\alpha}_n \\ \boldsymbol{\alpha}_2^{\mathrm{T}}\boldsymbol{\alpha}_1 & \boldsymbol{\alpha}_2^{\mathrm{T}}\boldsymbol{\alpha}_2 & \cdots & \boldsymbol{\alpha}_2^{\mathrm{T}}\boldsymbol{\alpha}_n \\ \vdots & \vdots & \ddots & \vdots \\ \boldsymbol{\alpha}_n^{\mathrm{T}}\boldsymbol{\alpha}_1 & \boldsymbol{\alpha}_n^{\mathrm{T}}\boldsymbol{\alpha}_2 & \cdots & \boldsymbol{\alpha}_n^{\mathrm{T}}\boldsymbol{\alpha}_n \end{pmatrix}=\begin{pmatrix} 1 & & & \\ & 1 & & \\ & & \ddots & \\ & & & 1 \end{pmatrix}.$$

比较上面第三个等号两边的矩阵，可知

$$\boldsymbol{\alpha}_i^{\mathrm{T}}\boldsymbol{\alpha}_j=(\boldsymbol{\alpha}_i, \boldsymbol{\alpha}_j)=\begin{cases} 1, & i=j, \\ 0, & i\neq j. \end{cases}$$

即 $\boldsymbol{A}$ 的列向量组是标准正交向量组.

反之，若 n 个向量 $\boldsymbol{\alpha}_1$，$\boldsymbol{\alpha}_2$，…，$\boldsymbol{\alpha}_n$ 是标准正交向量组，则按上述过程逆推，就得到 $\boldsymbol{A}=(\boldsymbol{\alpha}_1, \boldsymbol{\alpha}_2, \cdots, \boldsymbol{\alpha}_n)$是正交矩阵.

对于 n 个行向量的情况可类似证明.

由此可见，正交矩阵的 n 个列(行)向量构成了向量空间 R^n 的一个标准正交向量组.

例 3.4.3 证明矩阵 $\boldsymbol{A}=\begin{pmatrix} \frac{2}{3} & \frac{2}{3} & \frac{1}{3} \\ \frac{1}{3} & -\frac{2}{3} & \frac{2}{3} \\ -\frac{2}{3} & \frac{1}{3} & \frac{2}{3} \end{pmatrix}$是正交矩阵.

证(方法一)因为

$$A^{T}A=\begin{pmatrix}\frac{2}{3} & \frac{1}{3} & -\frac{2}{3}\\ \frac{2}{3} & -\frac{2}{3} & \frac{1}{3}\\ \frac{1}{3} & \frac{2}{3} & \frac{2}{3}\end{pmatrix}\begin{pmatrix}\frac{2}{3} & \frac{2}{3} & \frac{1}{3}\\ \frac{1}{3} & -\frac{2}{3} & \frac{2}{3}\\ -\frac{2}{3} & \frac{1}{3} & \frac{2}{3}\end{pmatrix}=\begin{pmatrix}1 & & \\ & 1 & \\ & & 1\end{pmatrix}=E,$$

故 A 是正交矩阵.

(方法二)令

$$A=\begin{pmatrix}\frac{2}{3} & \frac{2}{3} & \frac{1}{3}\\ \frac{1}{3} & -\frac{2}{3} & \frac{2}{3}\\ -\frac{2}{3} & \frac{1}{3} & \frac{2}{3}\end{pmatrix}=(\alpha_1,\ \alpha_2,\ \alpha_3),$$

由于

$$(\alpha_1,\ \alpha_2)=(\alpha_2,\ \alpha_3)=(\alpha_1,\ \alpha_3)=0,\ (\alpha_1,\ \alpha_1)=(\alpha_2,\ \alpha_2)=(\alpha_3,\ \alpha_3)=1,$$

即 A 的 3 个列向量构成标准正交向量组，因此 A 是正交矩阵.

例 3.4.4 设 A 是 n 阶正交矩阵且 $|A|<0$，证明 $A+E$ 不可逆.

证 由定理 3.4.3，A 是正交矩阵，有 $|A|=1$ 或 -1，依题意，$|A|<0$，故 $|A|=-1$，于是

$$\begin{aligned}|A+E|&=|A+AA^{T}|=|A(E+A^{T})|=|A|\,|E+A^{T}|=-|E+A^{T}|\\&=-|(E+A)^{T}|=-|E+A|,\end{aligned}$$

故

$$|A+E|=0,$$

即 $A+E$ 不可逆.

习题 3-4

1. 设 $\alpha=(1,\ 2,\ -1,\ 1)^{T}$，$\beta=(2,\ 3,\ 1-1)^{T}$，求：

(1) $(\alpha,\ \beta)$，$(3\alpha-2\beta,\ 2\alpha-3\beta)$；(2) $\|\alpha\|$，$\|\beta\|$；(3) 向量 α，β 是否正交?

2. 利用施密特正交化方法把下列向量组正交化.

(1) $\alpha_1=(1,\ 1,\ 1)^{T}$，$\alpha_2=(1,\ 2,\ 3)^{T}$，$\alpha_3=(1,\ 4,\ 9)^{T}$；

(2) $\alpha_1=(1,\ 0,\ -1,\ 1)^{T}$，$\alpha_2=(1,\ -1,\ 0,\ 1)^{T}$，$\alpha_3=(-1,\ 1,\ 1,\ 0)^{T}$.

3. 判断下列命题是否正确并说明理由.

(1) 向量的内积仍是向量.

(2) 正交向量组一定是线性无关的向量组.

(3) 若 $\boldsymbol{\alpha}$ 与 $\boldsymbol{\alpha}_1$，$\boldsymbol{\alpha}_2$ 正交，则 $\boldsymbol{\alpha}$ 与 $\boldsymbol{\alpha}_1$，$\boldsymbol{\alpha}_2$ 的任一线性组合也正交.

(4) n 维向量空间中的正交向量组所包含向量的个数至多等于 n.

(5) $\boldsymbol{e}_1=(\cos\theta，-\sin\theta)^{\mathrm{T}}$，$\boldsymbol{e}_2=(\sin\theta，\cos\theta)^{\mathrm{T}}$ 是 $\boldsymbol{R}^2$ 中的标准正交向量组.

(6) 正交矩阵行列式的值只能是 ± 1.

(7) 若 $\boldsymbol{A}$ 是正交矩阵，则 $\boldsymbol{A}^{\mathrm{T}}$，$\boldsymbol{A}^{-1}$ 及 $\boldsymbol{A}$ 的伴随矩阵 $\boldsymbol{A}^*$ 也是正交矩阵.

(8) 正交矩阵的行向量组和列向量组都是标准正交向量组.

4. 判断下列矩阵是否为正交矩阵.

(1) $\begin{pmatrix} 1 & -\frac{1}{2} & \frac{1}{3} \\ -\frac{1}{2} & 1 & \frac{1}{2} \\ \frac{1}{3} & \frac{1}{2} & -1 \end{pmatrix}$；(2) $\begin{pmatrix} \frac{1}{9} & -\frac{8}{9} & -\frac{4}{9} \\ -\frac{8}{9} & \frac{1}{9} & -\frac{4}{9} \\ -\frac{4}{9} & -\frac{4}{9} & \frac{7}{9} \end{pmatrix}$.

本章小结

一、n 维向量的概念

n 维向量可以看作一个行矩阵(行向量)或列矩阵(列向量). 对向量的运算只有线性运算(向量的加法及数与向量的乘法)，其运算规律与矩阵运算规律相同.

二、向量组的线性相关性

(1) 向量组的线性相关、线性无关的定义.

在线性组合式

$$k_1\boldsymbol{\alpha}_1+k_2\boldsymbol{\alpha}_2+\cdots+k_m\boldsymbol{\alpha}_m=\boldsymbol{o}$$

中，由系数 k_1，k_2，…，k_m 是否不全为零来决定向量组 $\boldsymbol{\alpha}_1$，$\boldsymbol{\alpha}_2$，…，$\boldsymbol{\alpha}_m$ 的线性相关性. 即当 k_1，k_2，…，k_m 不全为零时，上式成立，则称向量组 $\boldsymbol{\alpha}_1$，$\boldsymbol{\alpha}_2$，…，$\boldsymbol{\alpha}_m$ 线性相关；只有当 $k_1=k_2=\cdots=k_m=0$ 时，上式成立，则向量组 $\boldsymbol{\alpha}_1$，$\boldsymbol{\alpha}_2$，…，$\boldsymbol{\alpha}_m$ 线性无关.

(2) 向量组的极大线性无关组和向量组的秩的概念及求法.

(3) 向量组的线性相关性的判定方法.

方法较多，可以用向量组线性相关性的定义判别；可以用由定义得出的定理判定；在建立了矩阵的秩与向量组的秩的关系之后，可以用矩阵的秩来判别；还可以利用等价向量组的性质来判别等.

三、施密特正交化方法、正交矩阵

有了向量的正交的概念后，利用施密特正交化方法可将一组线性无关的向量组化成一组标准正交向量组.

实例介绍

空间飞行与控制系统

1981年4月美国第一架航天飞机哥伦比亚号发射升空(见图3-1). 这架航天飞机是控制系统工程设计的最好例子，涉及工程学的航空、化学、电子、液压以及机械工程等许多分支.

图3-1 航天飞机

航天飞机的控制系统对飞行的重要性不言而喻. 由于航天飞机是一个不稳定的空中机体，在大气层飞行时它需要不间断地用计算机监控. 飞行控制系统不断地向空气动力控制表面和44个小推进器喷口发送命令，用来控制航天飞机在飞行时的俯仰角(即头部圆锥体的仰角).

从数学的角度看，一个工程学系统的输入与输出信号都是函数，这些函数的加法和数量乘法在应用中至关重要. 而函数的这两个运算具有完全类似于R^n中向量的加法和数量乘法的代数性质. 因此，所有可能的输入(函数)的集合称为一个向量空间. 系统工程学的数学基础依赖于函数的向量空间.

综合练习题三

1. 填空题.

(1) 若$\boldsymbol{\beta}=(1,2,t)^{\mathrm{T}}$可由$\boldsymbol{\alpha}_1=(2,1,1)^{\mathrm{T}}$，$\boldsymbol{\alpha}_2=(-1,2,7)^{\mathrm{T}}$，$\boldsymbol{\alpha}_3=(1,-1,-4)^{\mathrm{T}}$线性表示，则$t=$________.

(2) 若$\boldsymbol{\alpha}_1=(1,0,5,2)$，$\boldsymbol{\alpha}_2=(3,-2,3,-4)$，$\boldsymbol{\alpha}_3=(-1,1,t,3)$线性相关，则$t=$________.

(3) 设向量组$\boldsymbol{\alpha}_1=(1,1,2,-2)$，$\boldsymbol{\alpha}_2=(1,3,-x,-2x)$，$\boldsymbol{\alpha}_3=(1,-1,6,0)$的秩为2，则$x=$________.

(4) 设有向量组$\boldsymbol{\alpha}_1=(2,3,4,5)^{\mathrm{T}}$，$\boldsymbol{\alpha}_2=(3,4,5,6)^{\mathrm{T}}$，$\boldsymbol{\alpha}_3=(4,5,6,7)^{\mathrm{T}}$，$\boldsymbol{\alpha}_4=(5,6,7,8)^{\mathrm{T}}$，则$r(\boldsymbol{\alpha}_1,\boldsymbol{\alpha}_2,\boldsymbol{\alpha}_3,\boldsymbol{\alpha}_4)=$________.

(5) 设$\boldsymbol{A}$是4×3矩阵，$\boldsymbol{B}=\begin{pmatrix}1&0&2\\0&2&0\\-1&0&3\end{pmatrix}$，若$r(\boldsymbol{A})=2$，则$r(\boldsymbol{AB})=$______.

2. 选择题.

(1) 下列各向量组线性无关的是________.

(A) (1, 2, 3, 4), (4, 3, 2, 1), (0, 0, 0, 0);

(B) (a, b, c), (b, c, d), (c, d, e), (d, e, f);

(C) $(a, 1, b, 0, 0)$, $(c, 0, d, 2, 3)$, $(e, 4, f, 5, 6)$;

(D) $(a, 1, 2, 3)$, $(b, 1, 2, 3)$, $(c, 4, 2, 3)$, $(d, 0, 0, 0)$.

(2) 设 $\boldsymbol{\alpha}_1, \boldsymbol{\alpha}_2, \cdots, \boldsymbol{\alpha}_s$ 是 n 维向量，下列命题正确的是________.

(A) 若 $\boldsymbol{\alpha}_s$ 不能用 $\boldsymbol{\alpha}_1, \boldsymbol{\alpha}_2, \cdots, \boldsymbol{\alpha}_{s-1}$ 线性表示，则 $\boldsymbol{\alpha}_1, \boldsymbol{\alpha}_2, \cdots, \boldsymbol{\alpha}_s$ 线性无关；

(B) 若 $\boldsymbol{\alpha}_1, \boldsymbol{\alpha}_2, \cdots, \boldsymbol{\alpha}_s$ 线性相关，$\boldsymbol{\alpha}_s$ 不能用 $\boldsymbol{\alpha}_1, \boldsymbol{\alpha}_2, \cdots, \boldsymbol{\alpha}_{s-1}$ 线性表示，则 $\alpha_1, \alpha_2, \cdots, \alpha_{s-1}$ 线性相关；

(C) 若 $\boldsymbol{\alpha}_1, \boldsymbol{\alpha}_2, \cdots, \boldsymbol{\alpha}_s$ 中，任意 $s-1$ 个向量线性无关，则 $\boldsymbol{\alpha}_1, \boldsymbol{\alpha}_2, \cdots, \boldsymbol{\alpha}_s$ 线性无关；

(D) 零向量不能用 $\boldsymbol{\alpha}_1, \boldsymbol{\alpha}_2, \cdots, \boldsymbol{\alpha}_s$ 线性表示.

(3) 若 α, β, γ 线性无关，α, β, δ 线性相关，则________.

(A) α 能由 β, γ, δ 线性表示；

(B) β 不能由 α, γ, δ 线性表示；

(C) δ 能由 α, β, γ 线性表示；

(D) δ 不能由 α, β, γ 线性表示.

(4) n 维向量组 $\boldsymbol{\alpha}_1, \boldsymbol{\alpha}_2, \cdots, \boldsymbol{\alpha}_s$ 线性相关的充分必要条件是________.

(A) $\boldsymbol{\alpha}_1, \boldsymbol{\alpha}_2, \cdots, \boldsymbol{\alpha}_s$ 中有一个零向量；

(B) $\boldsymbol{\alpha}_1, \boldsymbol{\alpha}_2, \cdots, \boldsymbol{\alpha}_s$ 中任意两个向量的分量成比例；

(C) $\boldsymbol{\alpha}_1, \boldsymbol{\alpha}_2, \cdots, \boldsymbol{\alpha}_s$ 中有一个向量是其余向量的线性组合；

(D) $\boldsymbol{\alpha}_1, \boldsymbol{\alpha}_2, \cdots, \boldsymbol{\alpha}_s$ 中任意一个向量是其余向量的线性组合.

(5) 向量组 $\boldsymbol{\alpha}_1, \boldsymbol{\alpha}_2, \cdots, \boldsymbol{\alpha}_s$ 的秩不为零的充分必要条件是________.

(A) $\boldsymbol{\alpha}_1, \boldsymbol{\alpha}_2, \cdots, \boldsymbol{\alpha}_s$ 中至少有一个非零向量；

(B) $\boldsymbol{\alpha}_1, \boldsymbol{\alpha}_2, \cdots, \boldsymbol{\alpha}_s$ 全是非零向量；

(C) $\boldsymbol{\alpha}_1, \boldsymbol{\alpha}_2, \cdots, \boldsymbol{\alpha}_s$ 线性无关；

(D) $\boldsymbol{\alpha}_1, \boldsymbol{\alpha}_2, \cdots, \boldsymbol{\alpha}_s$ 线性相关.

(6) 若向量组 $\boldsymbol{\alpha}_1, \boldsymbol{\alpha}_2, \cdots, \boldsymbol{\alpha}_s$ 的秩为 r，则________.

(A) $r<s$；

(B) 向量组中任何小于 r 个向量的部分组皆线性无关；

(C) 向量组中任意 r 个向量线性无关；

(D) 向量组中任意 $r+1$ 个向量皆线性相关.

3. 设 $\boldsymbol{\alpha}_1=(1, 1, 1)$, $\boldsymbol{\alpha}_2=(1, 2, 3)$, $\boldsymbol{\alpha}_3=(1, 3, t)$.

(1) t 为何值时，$\boldsymbol{\alpha}_1, \boldsymbol{\alpha}_2, \boldsymbol{\alpha}_3$ 线性相关？

(2) t 为何值时，$\boldsymbol{\alpha}_1$，$\boldsymbol{\alpha}_2$，$\boldsymbol{\alpha}_3$ 线性无关?

(3) 当线性相关时，将 $\boldsymbol{\alpha}_3$ 表示为 $\boldsymbol{\alpha}_1$，$\boldsymbol{\alpha}_2$ 的线性组合.

4. 若 $\boldsymbol{\beta}=(4, t^2, -4)^{\mathrm{T}}$ 可由 $\boldsymbol{\alpha}_1=(1, -1, 1)^{\mathrm{T}}$，$\boldsymbol{\alpha}_2=(1, t, -1)^{\mathrm{T}}$，$\boldsymbol{\alpha}_3=(t, 1, 2)^{\mathrm{T}}$ 线性表示且表示方法不唯一，求 t 及 $\boldsymbol{\beta}$ 的表达式.

5. 求下列向量组的秩和极大无关组，并判断向量组的线性相关性.

$\boldsymbol{\alpha}_1=(1, -2, 2, 3)$，$\boldsymbol{\alpha}_2=(-2, 4, -1, 3)$，$\boldsymbol{\alpha}_3=(-1, 2, 0, 3)$，$\boldsymbol{\alpha}_4=(0, 6, 2, 3)$.

6. 设 $\boldsymbol{A}=\begin{pmatrix}2 & -2 & 1 & 3\\ 9 & -5 & 2 & 8\end{pmatrix}$，求一个 4×2 矩阵 $\boldsymbol{B}$，使得 $\boldsymbol{AB}=\boldsymbol{O}$，且 $r(\boldsymbol{B})=2$.

7. 设 $\boldsymbol{\alpha}_1$，$\boldsymbol{\alpha}_2$，…，$\boldsymbol{\alpha}_n$ 是 n 维向量组，基本向量 $\boldsymbol{e}_1$，$\boldsymbol{e}_2$，…，$\boldsymbol{e}_n$ 可由它们线性表示，证明 $\boldsymbol{\alpha}_1$，$\boldsymbol{\alpha}_2$，…，$\boldsymbol{\alpha}_n$ 线性无关.

8. 设 $\boldsymbol{\alpha}_1$，$\boldsymbol{\alpha}_2$，…，$\boldsymbol{\alpha}_n$ 是一组 n 维向量，证明它们线性无关的充要条件是：任一 n 维向量都可由它们线性表示.

第 4 章　线性方程组

第 1 章的第三节讨论了 n 个未知量 n 个方程构成的线性方程组的解，我们知道由克莱姆法则得到的线性方程组当系数行列式非零时有唯一解的结论，并给出了解的表达式. 但该法则具有很大的局限性：首先，若未知量的个数 n 与方程组中方程的个数 m 不同时，该法则就不能适用；其次，n 个未知量 n 个方程构成的方程组的系数行列式非零时，当 n 较大，用行列式求解的计算量非常大，此时克莱姆法则很不实用. 我们在这一章将用矩阵的初等变换法讨论由 n 个未知量 m 个方程构成的更一般的线性方程组是否有解、解的结构和求解方法.

4.1　高斯(Gauss)消元法与矩阵的行变换

一、基本概念

我们已经知道，n 个未知量 m 个方程的线性方程组的一般形式为

$$\begin{cases} a_{11}x_1+a_{12}x_2+\cdots+a_{1n}x_n=b_1, \\ a_{21}x_1+a_{22}x_2+\cdots+a_{2n}x_n=b_2, \\ \cdots\cdots \\ a_{m1}x_1+a_{m2}x_2+\cdots+a_{mn}x_n=b_m. \end{cases} \tag{4.1.1}$$

其中 x_1，x_2，…，x_n 是 n 个未知量；a_{ij}($i=1$，2，…，m；$j=1$，2，…，n)为方程组的系数；b_i($i=1$，2，…，m)为常数项.

方程组(4.1.1)的矩阵形式为

$$\boldsymbol{AX}=\boldsymbol{b}, \tag{4.1.2}$$

其中

$$\boldsymbol{A}=\begin{pmatrix} a_{11} & a_{12} & \cdots & a_{1n} \\ a_{21} & a_{22} & \cdots & a_{2n} \\ \vdots & \vdots & \vdots & \vdots \\ a_{m1} & a_{m2} & \cdots & a_{mn} \end{pmatrix}, \quad \boldsymbol{X}=\begin{pmatrix} x_1 \\ x_2 \\ \vdots \\ x_n \end{pmatrix}, \quad \boldsymbol{b}=\begin{pmatrix} b_1 \\ b_2 \\ \vdots \\ b_m \end{pmatrix}.$$

$\boldsymbol{A}$ 称为线性方程组(4.1.1)的**系数矩阵**. 记

$$\widetilde{\boldsymbol{A}}=(\boldsymbol{A}\,|\,\boldsymbol{b})=\left(\begin{array}{cccc:c} a_{11} & a_{12} & \cdots & a_{1n} & b_1 \\ a_{21} & a_{22} & \cdots & a_{2n} & b_2 \\ \vdots & \vdots & \vdots & \vdots & \vdots \\ a_{11} & a_{11} & \cdots & a_{11} & b_m \end{array}\right),$$

$\widetilde{A}$ 称为线性方程组(4.1.1)的**增广矩阵**.

由矩阵和向量的知识，若把矩阵 $\boldsymbol{A}$ 按列分块为

$$\boldsymbol{A}=(\boldsymbol{\alpha}_1,\ \boldsymbol{\alpha}_2,\ \cdots,\ \boldsymbol{\alpha}_n),$$

则 $\boldsymbol{AX}=\boldsymbol{b}$ 可表示为向量组合式

$$x_1\alpha_1+x_2\alpha_2+\cdots+x_n\alpha_n=\boldsymbol{b} \tag{4.1.3}$$

求解方程组(4.1.2)即为求解式(4.1.3)，也就是求 $\boldsymbol{b}$ 表示为 α_1，α_2，…，α_n 的线性组合.

如果方程组(4.1.1)的常数项 b_1，b_2，…，b_m 全为零，即 $\boldsymbol{b}=\boldsymbol{o}$，则称方程组(4.1.1)为**齐次线性方程组**，其矩阵形式为 $\boldsymbol{AX}=\boldsymbol{o}$.

若 b_1，b_2，…，b_m 不全为零，即 $\boldsymbol{b}\neq\boldsymbol{o}$，则称方程组(4.1.1)为**非齐次线性方程组**，其矩阵形式为 $\boldsymbol{AX}=\boldsymbol{b}$.

称 $\boldsymbol{AX}=\boldsymbol{o}$ 为非齐次线性方程组 $\boldsymbol{AX}=\boldsymbol{b}$ **对应的齐次线性方程组或导出方程组**.

对于方程组(4.1.1)，若以 n 个数组成的有序数组(a_1，a_2，…，a_n)替代未知数 x_1，x_2，…，x_n，使方程组(4.1.1)的每一个方程都成为恒等式，则称有序数组 a_1，a_2，…，a_n 是方程组(4.1.1)的一个解. 该解写成向量形式(a_1，a_2，…，a_n)或$(a_1,\ a_2,\ \cdots,\ a_n)^{\mathrm{T}}$，就称为方程组(4.1.1)的**解向量**. 方程组(4.1.1)的解或解向量的全体称为方程组(4.1.1)的**解集**. 解方程组就是求解方程组的解集. 为了求出方程组的解集，我们要想办法让方程组的解集保持不变，而让方程组越来越简单，直至能容易地得出它们的解集. 为此，我们引入同解方程组的概念.

如果两个方程组有相同的解的集合，则称它们是**同解**的.

如果方程组有解，则称方程组是**相容**的，否则，是**不相容**的.

我们不仅要让方程组保持解集不变，还要让方程组向简单的方向进行变化. 我们可以：交换方程组中的两个方程；某个方程乘以一个非零的数；用某个数乘以某一方程然后加到另一方程上去. 我们称上述三种运算为**线性方程组的初等变换**. 显然，对方程组施行初等变换得到的方程组与原方程组同解.

利用初等变换将方程组化为行阶梯形式的方程组，再利用回代法解出未知量的过程，叫作**高斯消元法**.

二、高斯消元法与矩阵的行变换

显然，对于方程组(4.1.1)，需要解决三个问题：

(1) 方程组有解的充分必要条件是什么？

(2) 如果方程组有解，它有多少组解？

(3) 怎样求解？

我们知道，方程组(4.1.1)由其系数和常数项完全确定，也就是由增广矩阵 $\widetilde{\boldsymbol{A}}$ 完全确定. 因此，我们将从对增广矩阵 $\widetilde{\boldsymbol{A}}$ 的研究入手，讨论线性方程组解的问题.

例 4.1.1 解方程组

$$\begin{cases}2x_1-\ x_2+3x_3=1,\\4x_1+2x_2+5x_3=4,\\2x_1+\qquad 2x_3=6.\end{cases}$$

解 方程组的增广矩阵为

$$\widetilde{\boldsymbol{A}}=\left(\begin{array}{ccc:c}2&-1&3&1\\4&2&5&4\\2&0&2&6\end{array}\right).$$

首先，第一个方程的(-2)倍加到第二个方程上，第一个方程的(-1)倍加到第三个方程上，变化后的方程组(Ⅰ)及其增广矩阵分别为

$$(\text{Ⅰ})\begin{cases}2x_1-x_2+3x_3=1,\\\qquad 4x_2-\ x_3=2,\\\qquad\ \ x_2-\ x_3=5.\end{cases}\quad \widetilde{\boldsymbol{A}}_1=\left(\begin{array}{ccc:c}2&-1&3&1\\0&4&-1&2\\0&1&-1&5\end{array}\right);$$

然后，将方程组(Ⅰ)的第三个方程的(-4)倍加到第二个方程上去，第二个方程与第三个方程互换位置，此时得到的方程组(Ⅱ)及其增广矩阵分别为

$$(\text{Ⅱ})\begin{cases}2x_1-x_2+3x_3=1,\\\qquad\ \ x_2-\ x_3=5,\\\qquad\qquad 3x_3=-18.\end{cases}\quad \widetilde{\boldsymbol{A}}_2=\left(\begin{array}{ccc:c}2&-1&3&1\\0&1&-1&5\\0&0&3&-18\end{array}\right);$$

将方程组(Ⅱ)的第三个方程两端除以 3，得到 $x_3=-6$，将其代入第二个方程，得到 $x_2=-1$；再将 $x_2=-1$ 和 $x_3=-6$ 代入第一个方程，得 $x_1=9$. 从而得到的方程组(Ⅲ)及其增广矩阵分别为

$$(\text{Ⅲ})\begin{cases}x_1=9,\\x_2=-1,\\x_3=-6.\end{cases}\quad \widetilde{\boldsymbol{A}}_3=\left(\begin{array}{ccc:c}1&0&0&9\\0&1&0&-1\\0&0&1&-6\end{array}\right);$$

这样我们求得方程组的解为：$x_1=9$，$x_2=-1$，$x_3=-6$.

例 4.1.1 的求解过程，即为高斯消元法.

可以看出，对方程组施行的初等变换与未知量无关，只是对未知量的系数及常数项进行运算. 这些运算相当于对方程组的增广矩阵 $\widetilde{\boldsymbol{A}}$ 进行了一系列仅限于行的初等变换：

$$\widetilde{\boldsymbol{A}}\xrightarrow{r_2+(-2)r_1,\ r_3+(-1)r_1}\widetilde{\boldsymbol{A}}_1\xrightarrow{r_2+(-4)r_3,\ r_2\leftrightarrow r_3}$$

$$\widetilde{\boldsymbol{A}}_2\xrightarrow{r_1+r_2,\ (1/3)r_3,\ r_2+r_3,\ r_1+(-2)r_3,\ (1/2)r_1}\widetilde{\boldsymbol{A}}_3.$$

因此，利用高斯消元法求解线性方程组可以转化为对其增广矩阵 $\widetilde{\boldsymbol{A}}$ 进行的一系列行初等变换. 下面我们通过几个例子加以说明.

例 4.1.2 解方程组

$$\begin{cases} x_1 - 2x_2 + 3x_3 - 4x_4 = 4, \\ \qquad x_2 - x_3 + x_4 = -3, \\ x_1 + 3x_2 - \qquad 3x_4 = 1, \\ \quad -7x_2 + 3x_3 + x_4 = -3. \end{cases}$$

解 由于

$$\widetilde{\mathbf{A}} = (A \mid b) = \left(\begin{array}{cccc|c} 1 & -2 & 3 & -4 & 4 \\ 0 & 1 & -1 & 1 & -3 \\ 1 & 3 & 0 & -3 & 1 \\ 0 & -7 & 3 & 1 & -3 \end{array}\right) \xrightarrow{r_3 + (-1)r_1} \left(\begin{array}{cccc|c} 1 & -2 & 3 & -4 & 4 \\ 0 & 1 & -1 & 1 & -3 \\ 0 & 5 & -3 & 1 & -3 \\ 0 & -7 & 3 & 1 & -3 \end{array}\right)$$

$$\xrightarrow[r_4 + 7r_2]{r_3 + (-5)r_2} \left(\begin{array}{cccc|c} 1 & -2 & 3 & -4 & 4 \\ 0 & 1 & -1 & 1 & -3 \\ 0 & 0 & 2 & -4 & 12 \\ 0 & 0 & -4 & 8 & -24 \end{array}\right) \xrightarrow{r_4 + 2r_3} \left(\begin{array}{cccc|c} 1 & -2 & 3 & -4 & 4 \\ 0 & 1 & -1 & 1 & -3 \\ 0 & 0 & 2 & -4 & 12 \\ 0 & 0 & 0 & 0 & 0 \end{array}\right)$$

$$\xrightarrow[r_1 + 2r_2]{\frac{1}{2}r_3} \left(\begin{array}{cccc|c} 1 & 0 & 1 & -2 & -2 \\ 0 & 1 & -1 & 1 & -3 \\ 0 & 0 & 1 & -2 & 6 \\ 0 & 0 & 0 & 0 & 0 \end{array}\right) \xrightarrow[r_2 + r_3]{r_1 + (-1)r_3} \left(\begin{array}{cccc|c} 1 & 0 & 0 & 0 & -8 \\ 0 & 1 & 0 & -1 & 3 \\ 0 & 0 & 1 & -2 & 6 \\ 0 & 0 & 0 & 0 & 0 \end{array}\right),$$

由最后一个矩阵可得同解方程组

$$\begin{cases} x_1 \qquad\qquad = -8, \\ \quad x_2 - \quad x_4 = 3, \\ \qquad x_3 - 2x_4 = 6. \end{cases}$$

令 $x_4 = k$，则方程组的解为

$$\begin{cases} x_1 = -8, \\ x_2 = 3 + k, \\ x_3 = 6 + 2k, \\ x_4 = k. \end{cases}$$

其中 k 为任意常数.

例 4.1.3 解线性方程组

$$\begin{cases} x_1 + x_2 + x_3 = 1, \\ x_1 + 2x_2 - 5x_3 = 2, \\ 2x_1 + 3x_2 - 4x_3 = 5. \end{cases}$$

解 由于

$$\widetilde{\mathbf{A}} = (A \mid b) = \left(\begin{array}{ccc|c} 1 & 1 & 1 & 1 \\ 1 & 2 & -5 & 2 \\ 2 & 3 & -4 & 5 \end{array}\right) \xrightarrow[r_3 + (-2)r_1]{r_2 + (-1)r_1} \left(\begin{array}{ccc|c} 1 & 1 & 1 & 1 \\ 0 & 1 & -6 & 1 \\ 0 & 1 & -6 & 3 \end{array}\right)$$

$$\xrightarrow{r_3+(-1)r_2}\left(\begin{array}{ccc|c}1 & 1 & 1 & 1\\0 & 1 & -6 & 1\\0 & 0 & 0 & 2\end{array}\right),$$

由最后一个矩阵可得同解方程组

$$\begin{cases}x_1+x_2+\ x_3=1,\\ \qquad x_2-6x_3=1,\\ \qquad\qquad 0=2.\end{cases}$$

此为矛盾方程组，故该方程组无解.

由定理 2.6.3，我们知道，对秩为 r 的矩阵 $\boldsymbol{A}$ 做行初等变换，可化为行最简形矩阵 $\boldsymbol{C}_r$. 同理，若对线性方程组(4.1.1)的系数矩阵的增广矩阵 $\widetilde{\boldsymbol{A}}$ 施行行初等变换，至多对 $\widetilde{\boldsymbol{A}}$ 中的系数矩阵 $\boldsymbol{A}$ 施行交换两列的初等变换，则 $\widetilde{\boldsymbol{A}}$ 可化为

$$\widetilde{\boldsymbol{C}}_r=\left(\begin{array}{ccccccc|c}1 & 0 & \cdots & 0 & c_{1r+1} & \cdots & c_{1n} & d_1\\0 & 1 & \cdots & 0 & c_{2r+1} & \cdots & c_{2n} & d_2\\\vdots & \vdots & \ddots & \vdots & \vdots & \vdots & \vdots & \vdots\\0 & 0 & \cdots & 1 & c_{rr+1} & \cdots & c_{rn} & d_r\\0 & 0 & \cdots & 0 & 0 & \cdots & 0 & d_{r+1}\\\vdots & \vdots & \vdots & \vdots & \vdots & \vdots & \vdots & \vdots\\0 & 0 & \cdots & 0 & 0 & \cdots & 0 & d_m\end{array}\right).$$

对线性方程组的系数矩阵 $\boldsymbol{A}$ 施行交换两列的初等变换，相当于交换线性方程组的两个未知量的位置，不会改变方程组的同解性.

假设与 $\widetilde{\boldsymbol{C}}_r$ 对应的方程组为

$$\begin{cases}y_1+c_{1r+1}y_{r+1}+\cdots+c_{1n}y_n=d_1,\\y_2+c_{2r+1}y_{r+1}+\cdots+c_{2n}y_n=d_2,\\\cdots\cdots\\y_r+c_{rr+1}y_{r+1}+\cdots+c_{rn}y_n=d_r,\\0=d_{r+1},\\\cdots\cdots\\0=d_m.\end{cases}\tag{4.1.4}$$

其中 y_1，y_2，$\cdots$，y_n 是 x_1，x_2，$\cdots$，x_n 的某种排列，且方程组(4.1.1)与方程组(4.1.4)同解.

由方程组(4.1.4)可见：

(1) 如果 $r<m$，且 d_{r+1}，d_{r+2}，$\cdots$，d_m 不全为零，即 $r(\boldsymbol{A})<r(\widetilde{\boldsymbol{A}})$，则方程组(4.1.4)无解，因此方程组(4.1.1)无解.

(2) 如果 $r=m$ 或 $r<m$，而 $d_{r+1}=d_{r+2}=\cdots=d_m=0$，即 $r(\boldsymbol{A})=r(\widetilde{\boldsymbol{A}})$，则方程组(4.1.4)同解于方程组

$$\begin{cases} y_1 + c_{1r+1}y_{r+1} + \cdots + c_{1n}y_n = d_1, \\ y_2 + c_{2r+1}y_{r+1} + \cdots + c_{2n}y_n = d_2, \\ \cdots\cdots \\ y_r + c_{rr+1}y_{r+1} + \cdots + c_{rn}y_n = d_r. \end{cases} \tag{4.1.5}$$

显然：

(1) 若 $r=n$，则方程组(4.1.5)有唯一解：$y_1=d_1$，$y_2=d_2$，…，$y_n=d_n$.

(2) 若 $r<n$，则方程组(4.1.5)有无穷多解. 事实上，此时方程组(4.1.5)可写成

$$\begin{cases} y_1 = d_1 - c_{1r+1}y_{r+1} - \cdots - c_{1n}y_n, \\ y_2 = d_2 - c_{2r+1}y_{r+1} - \cdots - c_{2n}y_n, \\ \cdots\cdots \\ y_r = d_r - c_{rr+1}y_{r+1} - \cdots - c_{rn}y_n. \end{cases} \tag{4.1.6}$$

任给 y_{r+1}，y_{r+2}，…，y_n 一组值，就能确定 y_1，y_2，…，y_r 的值，从而确定方程组(4.1.5)的一个解. 因而可以得到方程组的无穷多个解. 由于 y_{r+1}，y_{r+2}，…，y_n 可以自由取值，我们称其为方程组(4.1.5)的 $n-r$ 个**自由未知量**. 式(4.1.6)称为方程组(4.1.1)的**一般解**.

y_1，y_2，…，y_r 称为约束未知量(非自由未知量).

于是有如下重要结论：

定理 4.1.1　线性方程组 $\boldsymbol{AX}=\boldsymbol{b}$ 有解的充分必要条件是其系数矩阵的秩等于增广矩阵的秩. 且当 $r(\boldsymbol{A})=r(\tilde{\boldsymbol{A}})=n$ 时，方程组有唯一解；而当 $r(\boldsymbol{A})=r(\tilde{\boldsymbol{A}})<n$ 时，方程组有无穷多解. 如果系数矩阵的秩不等于增广矩阵的秩，方程组无解.

推论　n 个方程 n 个未知量的线性方程组有唯一解的充分必要条件是方程组的系数行列式不等于零.

在方程组有无穷多个解的情况下，我们不可能逐个写出这些解. 那么，这无穷多个解之间有什么关系？能否用有限个解把这无穷多个解表示出来？要回答这个问题，我们需要先讨论齐次线性方程组的解的结构.

习题 4-1

用高斯消元法解下列线性方程组.

(1) $\begin{cases} 2x_1 - x_2 + 3x_3 = 3, \\ 3x_1 + x_2 - 5x_3 = 0, \\ 4x_1 - x_2 + x_3 = 3, \\ x_1 + 3x_2 - 13x_3 = -6. \end{cases}$

(2) $\begin{cases} 2x_1 + 3x_2 + 5x_3 + x_4 = 3, \\ 3x_1 + 4x_2 + 2x_3 + 3x_4 = -2, \\ x_1 + 2x_2 + 8x_3 - x_4 = 8, \\ 7x_1 + 9x_2 + x_3 + 8x_4 = 0. \end{cases}$

(3) $\begin{cases} x_1 - x_2 - x_3 + x_4 = 0, \\ x_1 - x_2 + x_3 - 3x_4 = 1, \\ x_1 - x_2 - 2x_3 + 3x_4 = -1/2. \end{cases}$

(4) $\begin{cases} 2x_1 - 4x_2 + 2x_3 + 7x_4 = 0, \\ 3x_1 - 6x_2 + 4x_3 + 3x_4 = 0, \\ 5x_1 - 10x_2 + 4x_3 + 25x_4 = 0. \end{cases}$

4.2 齐次线性方程组解的性质与结构

本节应用 n 维向量的理论和方法，进一步讨论齐次线性方程组有无穷多解时解的结构及性质. 在下面的讨论中，把线性方程组的解看作向量.

设齐次线性方程组为

$$\boldsymbol{AX}=\boldsymbol{o}, \tag{4.2.1}$$

其中

$$\boldsymbol{A}=\begin{pmatrix} a_{11} & a_{12} & \cdots & a_{1n} \\ a_{21} & a_{22} & \cdots & a_{2n} \\ \vdots & \vdots & \vdots & \vdots \\ a_{m1} & a_{m2} & \cdots & a_{mn} \end{pmatrix}, \ \boldsymbol{X}=\begin{pmatrix} x_1 \\ x_2 \\ \vdots \\ x_n \end{pmatrix}, \ \boldsymbol{o}=\begin{pmatrix} 0 \\ 0 \\ \vdots \\ 0 \end{pmatrix}.$$

若把矩阵 $\boldsymbol{A}$ 按列分块为

$$\boldsymbol{A}=(\boldsymbol{\alpha}_1, \boldsymbol{\alpha}_2, \cdots, \boldsymbol{\alpha}_n),$$

则 $\boldsymbol{AX}=\boldsymbol{o}$ 可表示为向量组合式

$$x_1\boldsymbol{\alpha}_1+x_2\boldsymbol{\alpha}_2+\cdots+x_n\boldsymbol{\alpha}_n=\boldsymbol{o} \tag{4.2.2}$$

根据向量组相关性的定义，有

定理 4.2.1 **齐次线性方程组 $\boldsymbol{AX}=\boldsymbol{o}$ 有非零解的充要条件是：矩阵 $\boldsymbol{A}$ 的列向量组 $\boldsymbol{\alpha}_1$，$\boldsymbol{\alpha}_2$，$\cdots$，$\boldsymbol{\alpha}_n$ 线性相关. 即 $\boldsymbol{AX}=\boldsymbol{o}$ 有非零解的充要条件是 $r(\boldsymbol{A})<n$.**

在 $r(\boldsymbol{A})<n$ 的情况下，齐次线性方程组 $\boldsymbol{AX}=\boldsymbol{o}$ 有无穷多解. 为了研究无穷多解的结构，首先讨论齐次线性方程组解的性质.

性质 1 **若 $\boldsymbol{\xi}_1$，$\boldsymbol{\xi}_2$ 是方程组(4.2.1)的解，则 $\boldsymbol{\xi}_1+\boldsymbol{\xi}_2$ 也是(4.2.1)的解.**

证 因 $\boldsymbol{\xi}_1$，$\boldsymbol{\xi}_2$ 是方程组 $\boldsymbol{AX}=\boldsymbol{o}$ 的解，所以 $\boldsymbol{A\xi}_1=\boldsymbol{o}$，$\boldsymbol{A\xi}_2=\boldsymbol{o}$，从而

$$\boldsymbol{A}(\boldsymbol{\xi}_1+\boldsymbol{\xi}_2)=\boldsymbol{A\xi}_1+\boldsymbol{A\xi}_2=\boldsymbol{o}+\boldsymbol{o}=\boldsymbol{o},$$

即 $\boldsymbol{\xi}_1+\boldsymbol{\xi}_2$ 是 $\boldsymbol{AX}=\boldsymbol{o}$ 的解.

性质 2 **若 $\boldsymbol{\xi}$ 是方程组(4.2.1)的解，则对任一常数 k，$k\boldsymbol{\xi}$ 也是(4.2.1)的解.**

证 $\boldsymbol{\xi}$ 是方程组 $\boldsymbol{AX}=\boldsymbol{o}$ 的解，所以 $\boldsymbol{A\xi}=\boldsymbol{o}$，于是

$$\boldsymbol{A}(k\boldsymbol{\xi})=k(\boldsymbol{A\xi})=k\cdot\boldsymbol{o}=\boldsymbol{o},$$

即 $k\boldsymbol{\xi}$ 是 $\boldsymbol{AX}=\boldsymbol{o}$ 的解.

推论 **如果 $\boldsymbol{\xi}_1$，$\boldsymbol{\xi}_2$，$\cdots$，$\boldsymbol{\xi}_s$ 是齐次线性方程组(4.2.1)的解，则其线性组合**

$$k_1\boldsymbol{\xi}_1+k_2\boldsymbol{\xi}_2+\cdots+k_s\boldsymbol{\xi}_s$$

仍是(4.2.1)的解，其中 k_1，k_2，$\cdots$，k_s 为任意常数.

由此可见，当 $r(\boldsymbol{A})<n$ 时，若用 Q 表示 $\boldsymbol{AX}=\boldsymbol{o}$ 全体解的集合，则有：

(1) 若 $\boldsymbol{\xi}_1\in Q$，$\boldsymbol{\xi}_2\in Q$，则 $\boldsymbol{\xi}_1+\boldsymbol{\xi}_2\in Q$.

(2) 若 $\boldsymbol{\xi}_1\in Q$，$k\in R$，则 $k\boldsymbol{\xi}_1\in Q$.

定义 4.2.1 **设 $\boldsymbol{\xi}_1$，$\boldsymbol{\xi}_2$，$\cdots$，$\boldsymbol{\xi}_s\in Q$，并且**

(1) $\boldsymbol{\xi}_1, \boldsymbol{\xi}_2, \cdots, \boldsymbol{\xi}_s$ 线性无关；

(2) Q 中的任一个解向量都能够由 $\boldsymbol{\xi}_1, \boldsymbol{\xi}_2, \cdots, \boldsymbol{\xi}_s$ 线性表示，
则称 $\boldsymbol{\xi}_1, \boldsymbol{\xi}_2, \cdots, \boldsymbol{\xi}_s$ 为线性方程组 $\boldsymbol{AX}=\boldsymbol{o}$ 的一个基础解系.

显然，齐次线性方程组 $\boldsymbol{AX}=\boldsymbol{o}$ 的基础解系是其全体解向量构成的向量组的一个极大线性无关组.

定理 4.2.2 设 $\boldsymbol{A}$ 是 $m\times n$ 矩阵，$r(\boldsymbol{A})=r<n$，则齐次线性方程组(4.2.1)的基础解系含有 $n-r$ 个解向量.

证 首先，方程组(4.2.1)全体解的集合存在着 $n-r$ 个线性无关的解向量.

因为 $r(\boldsymbol{A})=r<n$，对系数矩阵 $\boldsymbol{A}$ 作行及交换两列的初等变换，可将 $\boldsymbol{A}$ 化为

$$\boldsymbol{C}_r=\begin{pmatrix}1&0&\cdots&0&c_{1r+1}&\cdots&c_{1n}\\0&1&\cdots&0&c_{2r+1}&\cdots&c_{2n}\\\vdots&\vdots&\ddots&\vdots&\vdots&\vdots&\vdots\\0&0&\cdots&1&c_{rr+1}&\cdots&c_{rn}\\0&0&\cdots&0&0&\cdots&0\\\vdots&\vdots&\vdots&\vdots&\vdots&\cdots&\vdots\\0&0&\cdots&0&0&\cdots&0\end{pmatrix}.$$

与 $\boldsymbol{C}_r$ 对应的齐次线性方程组为

$$\begin{cases}y_1+c_{1r+1}y_{r+1}+c_{1r+2}y_{r+2}+\cdots+c_{1n}y_n=0,\\y_2+c_{2r+1}y_{r+1}+c_{2r+2}y_{r+2}+\cdots+c_{2n}y_n=0,\\\cdots\cdots\\y_r+c_{rr+1}y_{r+1}+c_{rr+2}y_{r+2}+\cdots+c_{rn}y_n=0.\end{cases}\tag{4.2.3}$$

其中 $y_1, y_2, \cdots, y_n$ 是 $x_1, x_2, \cdots, x_n$ 的某个排列.

因为 $r(\boldsymbol{C}_r)=r<n$，所以方程组(4.2.3)含有 $n-r$ 个自由未知量，取 $y_{r+1}, y_{r+2}, \cdots, y_n$ 为自由未知量，并使 $(y_{r+1}, y_{r+2}, \cdots, y_n)^{\mathrm{T}}$ 依次取值，

$$\begin{pmatrix}1\\0\\\vdots\\0\end{pmatrix},\begin{pmatrix}0\\1\\\vdots\\0\end{pmatrix},\cdots,\begin{pmatrix}0\\0\\\vdots\\1\end{pmatrix},$$

即可得方程组的 $n-r$ 个解

$$\boldsymbol{\xi}_1=\begin{pmatrix}-c_{1r+1}\\-c_{2r+1}\\\vdots\\-c_{rr+1}\\1\\0\\\vdots\\0\end{pmatrix},\ \boldsymbol{\xi}_2=\begin{pmatrix}-c_{1r+2}\\-c_{2r+2}\\\vdots\\-c_{rr+2}\\0\\1\\\vdots\\0\end{pmatrix},\ \cdots,\ \boldsymbol{\xi}_{n-r}=\begin{pmatrix}-c_{1n}\\-c_{2n}\\\vdots\\-c_{rn}\\0\\0\\\vdots\\1\end{pmatrix}.$$

由于 ξ_1，ξ_2，…，ξ_{n-r} 构成的矩阵 $M=(\xi_1, \xi_2, \cdots, \xi_{n-r})$ 含有 $n-r$ 阶单位阵，所以 M 的秩为 $n-r$，因此 ξ_1，ξ_2，…，ξ_{n-r} 线性无关.

其次，齐次线性方程组(4.2.1)的任一解都可以表示为 ξ_1，ξ_2，…，ξ_{n-r} 的线性组合.

设 $\xi=(a_1, a_2, \cdots, a_r, a_{r+1}, \cdots, a_n)^{\mathrm{T}}$ 是方程组(4.2.1)的任意一个解，构造向量

$$\eta=a_{r+1}\xi_1+a_{r+2}\xi_2+\cdots+a_n\xi_{n-r},$$

即

$$\eta=\begin{pmatrix}-c_{1r+1}a_{r+1}\\-c_{2r+1}a_{r+1}\\\vdots\\-c_{rr+1}a_{r+1}\\a_{r+1}\\0\\\vdots\\0\end{pmatrix}+\begin{pmatrix}-c_{1r+2}a_{r+2}\\-c_{2r+2}a_{r+2}\\\vdots\\-c_{rr+2}a_{r+2}\\0\\a_{r+2}\\\vdots\\0\end{pmatrix}+\cdots+\begin{pmatrix}-c_{1n}a_n\\-c_{2n}a_n\\\vdots\\-c_{rn}a_n\\0\\0\\\vdots\\a_n\end{pmatrix}$$

$$=\begin{pmatrix}-c_{1r+1}a_{r+1}-c_{1r+2}a_{r+2}-\cdots-c_{1n}a_n\\-c_{2r+1}a_{r+1}-c_{2r+2}a_{r+2}-\cdots-c_{2n}a_n\\\vdots\\-c_{rr+1}a_{r+1}-c_{rr+2}a_{r+2}-\cdots-c_{rn}a_n\\a_{r+1}\\a_{r+2}\\\vdots\\a_n\end{pmatrix}.$$

由于 ξ_1，ξ_2，…，ξ_{n-r} 是(4.2.1)的解，由性质1、2之推论，η 也是(4.2.1)的解. 比较 η 与 ξ，它们后面的 $n-r$ 个分量对应相等. 由于 η 和 ξ 也都是方程组(4.2.3)的解，而方程组(4.2.3)的解由后面 $n-r$ 个分量所唯一确定，所以，η 与 ξ 的前 r 分量也对应相等，因此 $\xi=\eta$，即

$$\xi=a_{r+1}\xi_1+a_{r+2}\xi_2+\cdots+a_n\xi_{n-r}.$$

亦即齐次线性方程组(4.2.1)的任意解都可以表示为 ξ_1，ξ_2，…，ξ_{n-r} 的线性组合.

因此，ξ_1，ξ_2，…，ξ_{n-r} 是方程组(4.2.1)的基础解系，且含有 $n-r$ 个解向量.

即，如果 ξ_1，ξ_2，…，ξ_{n-r} 是齐次线性方程组 $AX=o(r(A)=r<n)$ 的一个基础解系，则方程组的任一解向量 ξ 可由这 $n-r$ 个解向量线性表示，即

$$\xi=k_1\xi_1+k_2\xi_2+\cdots+k_{n-r}\xi_{n-r} \tag{4.2.4}$$

其中 k_1，k_2，…，k_{n-r} 为任意常数.

式(4.2.4)描述了齐次线性方程组的解的结构，通常我们把式(4.2.4)称为齐次线性方程组的**通解**.

例 4.2.1 求解齐次线性方程组

$$\begin{cases} x_1 - x_2 + 2x_4 + x_5 = 0, \\ 3x_1 - 3x_2 + 7x_4 = 0, \\ x_1 - x_2 + 2x_3 + 3x_4 + 2x_5 = 0, \\ 2x_1 - 2x_2 + 2x_3 + 7x_4 - 3x_5 = 0. \end{cases}$$

解 对方程组的系数矩阵 $\boldsymbol{A}$ 做行初等变换化为行最简形矩阵，有

$$\boldsymbol{A} = \begin{pmatrix} 1 & -1 & 0 & 2 & 1 \\ 3 & -3 & 0 & 7 & 0 \\ 1 & -1 & 2 & 3 & 2 \\ 2 & -2 & 2 & 7 & -3 \end{pmatrix} \longrightarrow \begin{pmatrix} 1 & -1 & 0 & 0 & 7 \\ 0 & 0 & 1 & 0 & 2 \\ 0 & 0 & 0 & 1 & -3 \\ 0 & 0 & 0 & 0 & 0 \end{pmatrix}.$$

因为 $r(\boldsymbol{A}) = 3 < n = 5$(未知量的个数)，所以方程组有非零解(无穷多解)且基础解系含有 $n - r(\boldsymbol{A}) = 5 - 3 = 2$ 个解向量. 与原方程组同解的齐次线性方程组为

$$\begin{cases} x_1 - x_2 + 7x_5 = 0, \\ x_3 + 2x_5 = 0, \\ x_4 - 3x_5 = 0. \end{cases}$$

选取 x_2，x_5 为自由未知量，一般解为

$$\begin{cases} x_1 = x_2 - 7x_5, \\ x_3 = -2x_5, \\ x_4 = 3x_5. \end{cases}$$

并分别令 $\begin{pmatrix} x_2 \\ x_5 \end{pmatrix} = \begin{pmatrix} 1 \\ 0 \end{pmatrix}$，$\begin{pmatrix} 0 \\ 1 \end{pmatrix}$，代入同解方程组，则得方程组的一个基础解系

$$\boldsymbol{\xi}_1 = \begin{pmatrix} 1 \\ 1 \\ 0 \\ 0 \\ 0 \end{pmatrix}, \quad \boldsymbol{\xi}_2 = \begin{pmatrix} -7 \\ 0 \\ -2 \\ 3 \\ 1 \end{pmatrix}.$$

因此方程组的通解为 $\boldsymbol{\xi} = k_1\boldsymbol{\xi}_1 + k_2\boldsymbol{\xi}_2$，即

$$\begin{pmatrix} x_1 \\ x_2 \\ x_3 \\ x_4 \\ x_5 \end{pmatrix} = k_1 \begin{pmatrix} 1 \\ 1 \\ 0 \\ 0 \\ 0 \end{pmatrix} + k_2 \begin{pmatrix} -7 \\ 0 \\ -2 \\ 3 \\ 1 \end{pmatrix}，其中 k_1，k_2 为任意常数.$$

例 4.2.2 求解齐次线性方程组

$$\begin{cases} x_1+x_2+x_3+x_4=0, \\ x_1+x_2-x_3-x_4=0. \end{cases}$$

解 对方程组的系数矩阵 $\boldsymbol{A}$ 做行初等变换，将其化为行阶梯形矩阵，有

$$\boldsymbol{A}=\begin{pmatrix} 1 & 1 & 1 & 1 \\ 1 & 1 & -1 & -1 \end{pmatrix} \xrightarrow{r_2+(-1)r_1} \begin{pmatrix} 1 & 1 & 1 & 1 \\ 0 & 0 & -2 & -2 \end{pmatrix}=\boldsymbol{B}\text{（行阶梯形矩阵）}$$

$$\xrightarrow[r_2+(-1)r_1]{-\frac{1}{2}r_2} \begin{pmatrix} 1 & 1 & 0 & 0 \\ 0 & 0 & 1 & 1 \end{pmatrix}=\boldsymbol{C}\text{（行最简形矩阵）}.$$

原方程组的同解方程组为

$$\begin{cases} x_1+x_2 \qquad\qquad =0, \\ \qquad\qquad x_3+x_4=0. \end{cases}$$

选取 x_2，x_4 为自由未知量，一般解为

$$\begin{cases} x_1=-x_2, \\ x_3=-x_4. \end{cases}$$

并分别令 $\begin{pmatrix} x_2 \\ x_4 \end{pmatrix}=\begin{pmatrix} 1 \\ 0 \end{pmatrix}$，$\begin{pmatrix} 0 \\ 1 \end{pmatrix}$，代入该方程，得到方程组的一个基础解系

$$\boldsymbol{\xi}_1=\begin{pmatrix} -1 \\ 1 \\ 0 \\ 0 \end{pmatrix},\ \boldsymbol{\xi}_2=\begin{pmatrix} 0 \\ 0 \\ -1 \\ 1 \end{pmatrix}.$$

故方程组的通解为

$$k_1\boldsymbol{\xi}_1+k_2\boldsymbol{\xi}_2=k_1\begin{pmatrix} -1 \\ 1 \\ 0 \\ 0 \end{pmatrix}+k_2\begin{pmatrix} 0 \\ 0 \\ -1 \\ 1 \end{pmatrix}\text{，其中 } k_1\text{，}k_2 \text{ 为任意常数}.$$

习题 4-2

1. 判断下列命题是否正确并说明理由.

(1) 齐次线性方程组的基础解系不是唯一的.

(2) 如果齐次线性方程组有两个不同的解，则必有无穷多解.

(3) 齐次线性方程组 $\boldsymbol{AX}=\boldsymbol{o}$ 有非零解当且仅当 $\boldsymbol{A}$ 的行向量线性相关.

(4) 若齐次线性方程组系数矩阵的列数大于行数，则该方程组有非零解.

2. 求下列齐次线性方程组的一个基础解系及通解.

(1) $\begin{cases} x_1+x_2+x_3-x_4=0, \\ x_1-x_2+x_3-3x_4=0, \\ x_1+3x_2+x_3+x_4=0. \end{cases}$　　(2) $\begin{cases} x_1-x_2-x_3+x_4=0, \\ x_1-x_2+x_3-3x_4=0, \\ x_1-x_2-2x_3+3x_4=0. \end{cases}$

(3) $\begin{cases} x_1-x_2+5x_3-x_4=0, \\ x_1+x_2-2x_3+3x_4=0, \\ 3x_1-x_2+8x_3+x_4=0, \\ x_1+3x_2-9x_3+7x_4=0. \end{cases}$　　(4) $\begin{cases} x_1-2x_2+3x_3-4x_4+2x_5=0, \\ x_1+3x_2-3x_4+2x_5=0, \\ x_2-x_3+x_4=0, \\ x_1-4x_2+3x_3-2x_4+2x_5=0. \end{cases}$

4.3 非齐次线性方程组解的性质与结构

设非齐次线性方程组为

$$\boldsymbol{AX}=\boldsymbol{b}, \tag{4.3.1}$$

其中

$$\boldsymbol{A}=\begin{pmatrix} a_{11} & a_{12} & \cdots & a_{1n} \\ a_{21} & a_{22} & \cdots & a_{2n} \\ \vdots & \vdots & \vdots & \vdots \\ a_{m1} & a_{m2} & \cdots & a_{mn} \end{pmatrix},\ \boldsymbol{X}=\begin{pmatrix} x_1 \\ x_2 \\ \vdots \\ x_n \end{pmatrix},\ \boldsymbol{b}=\begin{pmatrix} b_1 \\ b_2 \\ \vdots \\ b_m \end{pmatrix}.$$

若把矩阵 $\boldsymbol{A}$ 按列分块为

$$\boldsymbol{A}=(\boldsymbol{\alpha}_1,\ \boldsymbol{\alpha}_2,\ \cdots,\ \boldsymbol{\alpha}_n),$$

则 $\boldsymbol{AX}=\boldsymbol{b}$ 可表示为向量组合式

$$x_1\boldsymbol{\alpha}_1+x_2\boldsymbol{\alpha}_2+\cdots+x_n\boldsymbol{\alpha}_n=\boldsymbol{b}. \tag{4.3.2}$$

根据向量组线性组合的定义，有：

定理 4.3.1　非齐次线性方程组 $\boldsymbol{AX}=\boldsymbol{b}$ 有解的充要条件是：列向量 $\boldsymbol{b}$ 是系数矩阵 $\boldsymbol{A}$ 的 n 个列向量 $\boldsymbol{\alpha}_1,\ \boldsymbol{\alpha}_2,\ \cdots,\ \boldsymbol{\alpha}_n$ 的线性组合，即 $r(\boldsymbol{A})=r(\widetilde{\boldsymbol{A}})$.

证明　(必要性)若 $\boldsymbol{AX}=\boldsymbol{b}$ 有解，即式(4.3.2)成立，这表明 $\boldsymbol{b}$ 是系数矩阵 $\boldsymbol{A}$ 的 n 个列向量 $\boldsymbol{\alpha}_1,\ \boldsymbol{\alpha}_2,\ \cdots,\ \boldsymbol{\alpha}_n$ 的线性组合.

(充分性)若 $\boldsymbol{b}$ 可由 $\boldsymbol{A}$ 的 n 个列向量线性表示，由定理 4.1.1，非齐次线性方程组 $\boldsymbol{AX}=\boldsymbol{b}$ 有解.

$\boldsymbol{AX}=\boldsymbol{b}$ 与其导出方程组 $\boldsymbol{AX}=\boldsymbol{o}$ 的解之间有如下关系：

性质 1　如果 $\boldsymbol{\eta}_1,\ \boldsymbol{\eta}_2$ 是 $\boldsymbol{AX}=\boldsymbol{b}$ 的解，则 $\boldsymbol{\eta}_1-\boldsymbol{\eta}_2$ 是其导出方程组 $\boldsymbol{AX}=\boldsymbol{o}$ 的解.

证　因为 $\boldsymbol{\eta}_1,\ \boldsymbol{\eta}_2$ 是 $\boldsymbol{AX}=\boldsymbol{b}$ 的解，所以

$$\boldsymbol{A}(\boldsymbol{\eta}_1-\boldsymbol{\eta}_2)=\boldsymbol{A\eta}_1-\boldsymbol{A\eta}_2=\boldsymbol{b}-\boldsymbol{b}=\boldsymbol{o},$$

故 $\boldsymbol{\eta}_1-\boldsymbol{\eta}_2$ 是 $\boldsymbol{AX}=\boldsymbol{o}$ 的解.

性质 2　如果 $\boldsymbol{\eta}$ 是 $\boldsymbol{AX}=\boldsymbol{b}$ 的解，$\boldsymbol{\xi}$ 是其导出方程组 $\boldsymbol{AX}=\boldsymbol{o}$ 的解，则 $\boldsymbol{\xi}+\boldsymbol{\eta}$ 是

$\boldsymbol{AX}=\boldsymbol{b}$ 的解.

证 因为 $\boldsymbol{\eta}$ 是 $\boldsymbol{AX}=\boldsymbol{b}$ 的解，$\boldsymbol{\xi}$ 是 $\boldsymbol{AX}=\boldsymbol{o}$ 的的解，所以

$$\boldsymbol{A}(\boldsymbol{\xi}+\boldsymbol{\eta})=\boldsymbol{A\xi}+\boldsymbol{A\eta}=\boldsymbol{o}+\boldsymbol{b}=\boldsymbol{b},$$

故 $\boldsymbol{\xi}+\boldsymbol{\eta}$ 是 $\boldsymbol{AX}=\boldsymbol{b}$ 的解.

由性质 1、性质 2 可以得到非齐次线性方程组解的结构定理：

定理 4.3.2 **设 $\boldsymbol{\eta}_0$ 是 $\boldsymbol{AX}=\boldsymbol{b}$ 的一个特解，$\boldsymbol{\xi}_1$，$\boldsymbol{\xi}_2$，…，$\boldsymbol{\xi}_{n-r}$ 是其导出方程组 $\boldsymbol{AX}=\boldsymbol{o}$ 的基础解系，则 $\boldsymbol{AX}=\boldsymbol{b}$ 的通解为**

$$\boldsymbol{\eta}=\boldsymbol{\eta}_0+k_{11}+k_2\boldsymbol{\xi}_2+\cdots+k_{n-r}\boldsymbol{\xi}_{n-r}, \tag{4.3.3}$$

其中 k_1，$k_2\cdots$，k_s 为任意常数，$r(\boldsymbol{A})=r$.

证 设 $\boldsymbol{\eta}$ 是 $\boldsymbol{AX}=\boldsymbol{b}$ 的任一解，因 $\boldsymbol{\eta}_0$ 是 $\boldsymbol{AX}=\boldsymbol{b}$ 的一个特解，由性质 1 知 $\boldsymbol{\eta}-\boldsymbol{\eta}_0$ 是 $\boldsymbol{AX}=\boldsymbol{o}$ 的解. 根据齐次线性方程组解的结构定理，$\boldsymbol{\eta}-\boldsymbol{\eta}_0$ 可以表示成 $\boldsymbol{AX}=\boldsymbol{o}$ 的基础解系 $\boldsymbol{\xi}_1$，$\boldsymbol{\xi}_2$，…，$\boldsymbol{\xi}_{n-r}$ 的线性组合，即有

$$\boldsymbol{\eta}=\boldsymbol{\eta}_0+k_1\boldsymbol{\xi}_1+k_2\boldsymbol{\xi}_2+\cdots+k_{n-r}\boldsymbol{\xi}_{n-r}.$$

由 $\boldsymbol{\eta}$ 的任意性，所以式(4.3.3)是非齐次线性方程组 $\boldsymbol{AX}=\boldsymbol{b}$ 的通解.

例 4.3.1 求解非齐次线性方程组

$$\begin{cases} x_1+x_2+x_3+x_4+x_5=7, \\ 3x_1+2x_2+x_3+x_4-3x_5=-2, \\ x_2+2x_3+2x_4+6x_5=23, \\ 5x_1+4x_2+3x_3+3x_4-x_5=12. \end{cases}$$

解 (1) 求特解. 对方程组的增广矩阵 $\widetilde{\boldsymbol{A}}$ 做行初等变换，将其化为行最简形矩阵. 有

$$\widetilde{\boldsymbol{A}}=(\boldsymbol{A}\mid\boldsymbol{b})=\left(\begin{array}{ccccc:c} 1 & 1 & 1 & 1 & 1 & 7 \\ 3 & 2 & 1 & 1 & -3 & -2 \\ 0 & 1 & 2 & 2 & 6 & 23 \\ 5 & 4 & 3 & 3 & -1 & 12 \end{array}\right)\longrightarrow\left(\begin{array}{ccccc:c} 1 & 0 & -1 & -1 & -5 & -16 \\ 0 & 1 & 2 & 2 & 6 & 23 \\ 0 & 0 & 0 & 0 & 0 & 0 \\ 0 & 0 & 0 & 0 & 0 & 0 \end{array}\right).$$

由此可见，$r(\widetilde{\boldsymbol{A}})=r(\boldsymbol{A})=2<5$(未知量的个数)，故方程组有无穷多解，且与其同解的方程组为

$$\begin{cases} x_1-x_3-x_4-5x_5=-16, \\ x_2+2x_3+2x_4+6x_5=23. \end{cases}$$

选取 x_3，x_4，x_5 为自由未知量，一般解为

$$\begin{cases} x_1=-16+x_3+x_4+5x_5, \\ x_2=23-2x_3-2x_4-6x_5. \end{cases}$$

令 $\begin{pmatrix} x_3 \\ x_4 \\ x_5 \end{pmatrix}=\begin{pmatrix} 0 \\ 0 \\ 0 \end{pmatrix}$，得方程组的一个特解

$$\eta_0=\begin{pmatrix}-16\\23\\0\\0\\0\end{pmatrix}.$$

(2) 求导出方程组的基础解系. 根据(1)中增广矩阵 $\tilde{\boldsymbol{A}}$ 中的系数矩阵 $\boldsymbol{A}$ 的初等变换结果，导出方程组同解于

$$\begin{cases}x_1 \quad - \quad x_3 - x_4 - 5x_5 = 0,\\ \quad x_2 + 2x_3 + 2x_4 + 6x_5 = 0.\end{cases}$$

因 $r(\boldsymbol{A})=2<5$(未知量的个数)，故导出方程组有无穷多解，且方程组自由未知量个数为 $n-r(\boldsymbol{A})=5-2=3$，选取 x_3，x_4，x_5 为自由未知量，一般解为

$$\begin{cases}x_1 = \quad x_3 + x_4 + 5x_5,\\ x_2 = -2x_3 - 2x_4 - 6x_5.\end{cases}$$

并分别令

$$\begin{pmatrix}x_3\\x_4\\x_5\end{pmatrix}=\begin{pmatrix}1\\0\\0\end{pmatrix},\quad \begin{pmatrix}0\\1\\0\end{pmatrix},\begin{pmatrix}0\\0\\1\end{pmatrix},$$

代入方程组，得导出方程组的一个基础解系

$$\boldsymbol{\xi}_1=\begin{pmatrix}1\\-2\\1\\0\\0\end{pmatrix},\quad \boldsymbol{\xi}_2=\begin{pmatrix}1\\-2\\0\\1\\0\end{pmatrix},\quad \boldsymbol{\xi}_3=\begin{pmatrix}5\\-6\\0\\0\\1\end{pmatrix}.$$

(3) 由式(4.3.3)，非齐次线性方程组的通解为

$$\boldsymbol{\eta}=\boldsymbol{\eta}_0+k_1\boldsymbol{\xi}_1+k_2\boldsymbol{\xi}_2+k_3\boldsymbol{\xi}_3=\begin{pmatrix}-16\\23\\0\\0\\0\end{pmatrix}+k_1\begin{pmatrix}1\\-2\\1\\0\\0\end{pmatrix}+k_2\begin{pmatrix}1\\-2\\0\\1\\0\end{pmatrix}+k_3\begin{pmatrix}5\\-6\\0\\0\\1\end{pmatrix}.$$

其中 k_1，k_2，k_3 为任意常数.

例 4.3.2 设线性方程组

$$\begin{cases}px_1+x_2+x_3=1,\\ x_1+px_2+x_3=p,\\ x_1+x_2+px_3=p^2.\end{cases}$$

问 p 取何值时方程组有解？p 取何值时方程组无解？在有解的情况下求出它的通解.

解 由于

$$\widetilde{\boldsymbol{A}}=(\boldsymbol{A}\mid\boldsymbol{b})=\left(\begin{array}{ccc:c}p&1&1&1\\1&p&1&p\\1&1&p&p^2\end{array}\right)\xrightarrow[\substack{r_2+(-1)r_1\\ r_3+(-p)r_1}]{r_1\leftrightarrow r_3}\left(\begin{array}{ccc:c}1&1&p&p^2\\0&p-1&1-p&p-p^2\\0&1-p&1-p^2&1-p^3\end{array}\right)$$

$$\xrightarrow{r_3+r_2}\left(\begin{array}{ccc:c}1&1&p&p^2\\0&p-1&1-p&p-p^2\\0&0&2-p-p^2&1+p-p^2-p^3\end{array}\right)$$

$$=\left(\begin{array}{ccc:c}1&1&p&p^2\\0&-(1-p)&1-p&(1-p)p\\0&0&(1-p)(2+p)&(1-p)(1+p)^2\end{array}\right)=\widetilde{\boldsymbol{B}}.$$

由此可知：

(1) 当 $p=-2$ 时，$r(\boldsymbol{A})=2\neq r(\widetilde{\boldsymbol{A}})=3$，故方程组无解.

(2) 当 $p=1$ 时，$r(\boldsymbol{A})=r(\widetilde{\boldsymbol{A}})=1<3=n$，所以方程组有解且有无穷多解.

此时 $\widetilde{\boldsymbol{A}}\longrightarrow\left(\begin{array}{ccc:c}1&1&1&1\\0&0&0&0\\0&0&0&0\end{array}\right)$，对应的同解方程组为 $x_1+x_2+x_3=1$. 取 x_2，x_3 为自由未知量，则方程组的解为

$$\begin{pmatrix}x_1\\x_2\\x_3\end{pmatrix}=\begin{pmatrix}1\\0\\0\end{pmatrix}+k_1\begin{pmatrix}-1\\1\\0\end{pmatrix}+k_2\begin{pmatrix}-1\\0\\1\end{pmatrix}\quad(k_1,\ k_2\text{ 为任意常数}).$$

(3) 当 $p\neq1$ 且 $p\neq-2$ 时，$r(\boldsymbol{A})=r(\widetilde{\boldsymbol{A}})=3=n$，方程组有唯一解.

此时，有

$$\widetilde{\boldsymbol{A}}\longrightarrow\widetilde{\boldsymbol{B}}\xrightarrow{\substack{\frac{1}{p-1}r_2\\ \frac{1}{(1-p)(2+p)}r_3}}\left(\begin{array}{ccc:c}1&1&p&p^2\\0&1&-1&-p\\0&0&1&(1+p)^2/2+p\end{array}\right)$$

$$\xrightarrow{\substack{r_2+r_3\\ r_1+(-p)r_3\\ r_1+(-1)r_2}}\left(\begin{array}{ccc:c}1&0&0&-1-p/2+p\\0&1&0&1/2+p\\0&0&1&(1+p)^2/2+p\end{array}\right).$$

从而方程组的唯一解为

$$\begin{pmatrix}x_1\\x_2\\x_3\end{pmatrix}=\begin{pmatrix}-\dfrac{1+p}{2+p}\\\dfrac{1}{2+p}\\\dfrac{(1+p)^2}{2+p}\end{pmatrix}.$$

例 4.3.3 已知向量 $\boldsymbol{\eta}_1=\begin{pmatrix}1\\-1\\0\\2\end{pmatrix}$，$\boldsymbol{\eta}_2=\begin{pmatrix}2\\1\\-1\\4\end{pmatrix}$，$\boldsymbol{\eta}_3=\begin{pmatrix}4\\5\\-3\\11\end{pmatrix}$ 是非齐次线性方程组

$$\begin{cases}a_1x_1+2x_2+a_3x_3+a_4x_4=d_1,\\4x_1+b_2x_2+3x_3+b_4x_4=d_2,\\3x_1+c_2x_2+5x_3+c_4x_4=d_3.\end{cases}$$

的三个解，求该方程组的通解.

解 设该非齐次线性方程组为 $\boldsymbol{AX}=\boldsymbol{d}$. 由于 $\boldsymbol{\eta}_1$，$\boldsymbol{\eta}_2$，$\boldsymbol{\eta}_3$ 是 $\boldsymbol{AX}=\boldsymbol{d}$ 的解，所以

$$\boldsymbol{\eta}_2-\boldsymbol{\eta}_1=\begin{pmatrix}1\\2\\-1\\2\end{pmatrix},\ \boldsymbol{\eta}_3-\boldsymbol{\eta}_1=\begin{pmatrix}3\\6\\-3\\9\end{pmatrix},$$

是其对应的齐次线性方程组 $\boldsymbol{AX}=\boldsymbol{o}$ 的解. 因向量 $\boldsymbol{\eta}_2-\boldsymbol{\eta}_1$，$\boldsymbol{\eta}_3-\boldsymbol{\eta}_1$ 对应的分量不成比例，故 $\boldsymbol{\eta}_2-\boldsymbol{\eta}_1$，$\boldsymbol{\eta}_3-\boldsymbol{\eta}_1$ 线性无关. 因此 $\boldsymbol{AX}=\boldsymbol{o}$ 的基础解系所含向量的个数 $[4-r(\boldsymbol{A})]\geqslant 2$，即 $r(\boldsymbol{A})\leqslant 2$.

又由于 $\boldsymbol{A}$ 中有二阶子式 $\begin{vmatrix}4&3\\3&5\end{vmatrix}\neq 0$，则 $r(\boldsymbol{A})\geqslant 2$. 所以，$r(\boldsymbol{A})=2$.

也就是说，$\boldsymbol{AX}=\boldsymbol{o}$ 的基础解系含有两个向量，故 $\boldsymbol{\eta}_2-\boldsymbol{\eta}_1$，$\boldsymbol{\eta}_3-\boldsymbol{\eta}_1$ 是 $\boldsymbol{AX}=\boldsymbol{o}$ 的基础解系. 所以 $\boldsymbol{AX}=\boldsymbol{d}$ 的通解为

$$\boldsymbol{\eta}_1+k_1(\boldsymbol{\eta}_2-\boldsymbol{\eta}_1)+k_2(\boldsymbol{\eta}_3-\boldsymbol{\eta}_1)\ (k_1,\ k_2 \text{ 为任意常数}).$$

习题 4-3

1. 判断下列命题是否正确并说明理由.

(1) 若齐次线性方程组 $\boldsymbol{AX}=\boldsymbol{o}$ 有无穷多解，则非齐次线性方程组 $\boldsymbol{AX}=\boldsymbol{b}$ 有解.

(2) 相容的非齐次线性方程组 $\boldsymbol{AX}=\boldsymbol{b}$ 有唯一解的充要条件是其导出组 $\boldsymbol{AX}=\boldsymbol{o}$ 仅有零解.

(3) 若非齐次线性方程组 $\boldsymbol{AX}=\boldsymbol{b}$ 有解，且 $\boldsymbol{A}$ 的列向量组线性无关，则向量 b 可由 $\boldsymbol{A}$ 的列向量组线性表示且表示式唯一.

(4) 无论对于齐次还是非齐次的线性方程组，只要系数矩阵的秩等于未知量的个数，则方程组就有唯一解.

(5) n 个方程 n 个未知量的线性方程组有唯一解的充要条件是方程组的系数矩阵满秩.

(6) 非齐次线性方程组有唯一解时，方程的个数必等于未知量的个数.

(7) 三个方程四个未知量的线性方程组有无穷多解.

(8) 两个同解的线性方程组的系数矩阵有相同的秩.

(9) 两个皆为三个方程四个未知量的方程组，若它们的系数矩阵有相同的秩，则两个方程组同解.

(10) 设 $\boldsymbol{A}$ 为 $m\times n$ 矩阵，若 $r(\boldsymbol{A})=m$，则非齐次线性方程组 $\boldsymbol{AX}=\boldsymbol{b}$ 有解.

2. 求出下列非齐次线性方程组的解.

(1) $\begin{cases}2x_1+x_2-x_3+x_4=1,\\4x_1+2x_2-2x_3+x_4=2,\\2x_1+x_2-x_3-x_4=1.\end{cases}$　(2) $\begin{cases}x_1+x_2-2x_3-x_4=1,\\3x_1-x_2+x_3+4x_4=4,\\x_1+5x_2-9x_3-8x_4=0.\end{cases}$

(3) $\begin{cases}x_1+x_2+x_3+x_4+x_5=0,\\2x_1+x_3+x_4-4x_5=-1,\\x_2+2x_3+2x_4+6x_5=2,\\5x_1+4x_2+3x_3+3x_4-x_5=-2.\end{cases}$　(4) $\begin{cases}x_1+3x_2+x_4=2,\\x_1-3x_2+x_4=-1,\\2x_1+x_2+7x_3+2x_4=5,\\4x_1+2x_2+14x_3=6.\end{cases}$

3. 问 a，b 取何值时，下列线性方程组有无穷多解？并写出无穷多解的结构.

(1) $\begin{cases}-2x_1+x_2+x_3=-2,\\x_1-2x_2+x_3=a,\\x_1+x_2-2x_3=a^2.\end{cases}$　(2) $\begin{cases}x_1+x_2+x_3+x_4+x_5=1,\\3x_1+2x_2+x_3+x_4-3x_5=a,\\x_2+2x_3+2x_4+6x_5=1,\\5x_1+4x_2+3x_3+3x_4-x_5=b.\end{cases}$

4. 设 $\boldsymbol{\eta}^*$ 是非齐次线性方程组 $\boldsymbol{AX}=\boldsymbol{b}$ 的一个解，$\boldsymbol{\xi}_1$，$\boldsymbol{\xi}_2$，…，$\boldsymbol{\xi}_{n-r}$ 是对应的齐次线性方程组的一个基础解系，证明：

(1) $\boldsymbol{\eta}^*$，$\boldsymbol{\xi}_1$，$\boldsymbol{\xi}_2$，…，$\boldsymbol{\xi}_{n-r}$ 线性无关.

(2) $\boldsymbol{\eta}^*$，$\boldsymbol{\eta}^*+\boldsymbol{\xi}_1$，$\boldsymbol{\eta}^*+\boldsymbol{\xi}_2$，…，$\boldsymbol{\eta}^*+\boldsymbol{\xi}_{n-r}$ 线性无关.

5. 讨论 λ 取何值时，下述非齐次线性方程组有解？在有解时求解.

$$\begin{cases}\lambda x+y+z=1\\x+\lambda y+z=\lambda\\x+y+\lambda z=\lambda^2\end{cases}$$

本章小结

一、线性方程组的概念

(1) 线性方程组的一般形式为

$$\begin{cases}a_{11}x_1+a_{12}x_2+\cdots+a_{1n}x_n=b_1,\\a_{21}x_1+a_{22}x_2+\cdots+a_{2n}x_n=b_2,\\\cdots\cdots\\a_{m1}x_1+a_{m2}x_2+\cdots+a_{mn}x_n=b_m.\end{cases}\qquad(*)$$

记

$$A=\begin{pmatrix} a_{11} & a_{12} & \cdots & a_{1n} \\ a_{21} & a_{22} & \cdots & a_{2n} \\ \vdots & \vdots & \vdots & \vdots \\ a_{m1} & a_{m2} & \cdots & a_{mn} \end{pmatrix},\ \boldsymbol{\alpha}_1=\begin{pmatrix} a_{11} \\ a_{21} \\ \vdots \\ a_{n1} \end{pmatrix},\ \cdots,\ \boldsymbol{\alpha}_n=\begin{pmatrix} a_{1n} \\ a_{2n} \\ \vdots \\ a_{nn} \end{pmatrix},\ \boldsymbol{X}=\begin{pmatrix} x_1 \\ x_2 \\ \vdots \\ x_n \end{pmatrix},\ \boldsymbol{b}=\begin{pmatrix} b_1 \\ b_2 \\ \vdots \\ b_m \end{pmatrix}.$$

则得方程组(＊)的矩阵形式

$$\boldsymbol{AX}=\boldsymbol{b},$$

及方程组(＊)的向量形式

$$x_1\boldsymbol{\alpha}_1+x_2\boldsymbol{\alpha}_2+\cdots+x_n\boldsymbol{\alpha}_n=\boldsymbol{b}.$$

可见，线性方程组有解的充要条件是常数项组成的列 b 是其系数矩阵 $\boldsymbol{A}$ 列向量的线性组合.

(2) 如果方程组(＊)的常数项 b_1，b_2，…，b_m 全为零，即 $\boldsymbol{b}=\boldsymbol{o}$，则称方程组(＊)为**齐次线性方程组**，其矩阵形式为 $\boldsymbol{AX}=\boldsymbol{o}$.

若 b_1，b_2，…，b_m 不全为零，即 $\boldsymbol{b}\neq\boldsymbol{o}$，则称方程组(＊)为**非齐次线性方程组**，其矩阵形式为 $\boldsymbol{AX}=\boldsymbol{b}$.

称 $\boldsymbol{AX}=\boldsymbol{o}$ 为非齐次线性方程组 $\boldsymbol{AX}=\boldsymbol{b}$ **对应的齐次线性方程组或导出方程组.**

显然，齐次线性方程组 $\boldsymbol{AX}=\boldsymbol{o}$ 一定有零解，而非齐次线性方程组不一定有解.

二、线性方程组解的判定

	$\boldsymbol{AX}=\boldsymbol{b}(b\neq o)$	$\boldsymbol{AX}=\boldsymbol{o}$
$r(\mathbf{A})<r(\widetilde{\mathbf{A}})$	无解	不会发生
$r(\mathbf{A})=r(\widetilde{\mathbf{A}})=n$	唯一解	仅有零解
$r(\mathbf{A})=r(\widetilde{\mathbf{A}})<n$	无穷多解	

三、线性方程组解的结构

1. 齐次线性方程组解的结构

如果 $\boldsymbol{\xi}_1$，$\boldsymbol{\xi}_2$，…，$\boldsymbol{\xi}_{n-r}$ 是齐次线性方程组 $\boldsymbol{AX}=\boldsymbol{o}(r(\mathbf{A})=r<n)$ 的一个基础解系，则方程组的任一解向量 $\boldsymbol{\xi}$ 可由这 $n-r$ 个解向量线性表示，即

$$\boldsymbol{\xi}=k_1\boldsymbol{\xi}_1+k_2\boldsymbol{\xi}_2+\cdots+k_{n-r}\boldsymbol{\xi}_{n-r}.$$

2. 非齐次线性方程组解的结构

设 $\boldsymbol{\eta}_0$ 是 $\boldsymbol{AX}=\boldsymbol{b}$ 的一个特解，$\boldsymbol{\xi}_1$，$\boldsymbol{\xi}_2$，…，$\boldsymbol{\xi}_{n-r}$ 是其导出方程组 $\boldsymbol{AX}=\boldsymbol{o}$ 的基础解系，则 $\boldsymbol{AX}=\boldsymbol{b}$ 的通解为

$$\boldsymbol{\eta}=\boldsymbol{\eta}_0+k_{11}+k_2\boldsymbol{\xi}_2+\cdots+k_{n-r}\boldsymbol{\xi}_{n-r},$$

其中 k_1，k_2…，k_s 为任意常数，$r(\mathbf{A})=r$.

四、线性方程组的求解方法

1. 求解齐次线性方程组流程图

$$\boldsymbol{A}\xrightarrow{\text{行初等变换}}\boldsymbol{B}(\text{行阶梯形})\longrightarrow\begin{cases}r(\boldsymbol{A})=n,\text{只有零解},\\ r(\boldsymbol{A})<n,\text{有无穷多解}.\end{cases}\xrightarrow{r(\boldsymbol{A})<n}\boldsymbol{C}(\text{行最简形})$$

$\longrightarrow$ 确定自由未知量及约束未知量，给出一般解$\longrightarrow$ 求出基础解系$\longrightarrow$ 写出通解.

2. 求解非齐次线性方程组流程图

$$\tilde{\boldsymbol{A}}=(\boldsymbol{A}\mid\boldsymbol{b})\xrightarrow{\text{行初等变换}}\boldsymbol{B}(\text{行阶梯形})\longrightarrow\begin{cases}r(\boldsymbol{A})<r(\tilde{\boldsymbol{A}}),\text{无解},\\ r(\boldsymbol{A})=r(\tilde{\boldsymbol{A}})=n,\text{有唯一解},\\ r(\boldsymbol{A})=r(\tilde{\boldsymbol{A}})<n,\text{有无穷多解}.\end{cases}$$

$\xrightarrow{r(\boldsymbol{A})=r(\tilde{\boldsymbol{A}})<n}\boldsymbol{C}$(行最简形)$\longrightarrow$ 确定自由未知量及约束未知量，给出一般解$\longrightarrow$ 求出 $\boldsymbol{AX}=\boldsymbol{b}$ 的一个特解$\longrightarrow$ 求出 $\boldsymbol{AX}=\boldsymbol{o}$ 基础解系$\longrightarrow$ 写出非齐次线性方程组的通解.

实例介绍

经济学和工程学中的线性模型

1949 年夏末，哈弗大学的瓦·列昂惕夫教授小心翼翼地将最后一张穿孔卡片插入学校的 Mark Ⅱ计算机. 这些卡片存储着美国经济信息，它们汇总了美国劳工统计署历时两年紧张工作所得到的总共 25 万多条信息. 列昂惕夫把美国经济分解为 500 个部门，例如煤炭工业、汽车工业、交通系统等. 对每个部门，他写出了一个描述该部门的产出如何分配给其他经济部门的线性方程. 由于当时最大的计算机之一的 Mark Ⅱ计算机还不能处理所得到的包含 500 个未知数的 500 个方程的方程组，列昂惕夫只好把问题简化为包含 42 个未知数的 42 个方程的方程组.

为解列昂惕夫的 42 个方程，编写 Mark Ⅱ计算机上的程序需要几个月的工作，他急于知道计算机解这个问题需要多长时间. Mark Ⅱ计算机运算了 56 个小时，才得到最后的答案，我们将在第一节中讨论这个解的性质.

列昂惕夫获得了 1973 年诺贝尔经济学奖，他打开了研究经济数学模型的新时代的大门. 1949 年他在哈弗的工作标志着应用计算机分析大规模数学模型的开始. 从那以后，许多其他领域中的研究者应用计算机来分析数学模型. 由于所涉及的数据数量庞大，这些模型通常是线性的，即他们是用线性方程组描述的.

线性代数在应用中的重要性随着计算机功能的增大而迅速增加，而每一代新的硬件和软件引发了对计算机能力的更大需求. 因此，计算机科学就通过并行处理和大规模计算的爆炸性增长与线性代数密切联系在了一起.

科学家和工程师正在研究大量极其复杂的问题. 这在几十年前是不可想象的. 今天，线性代数对许多科学技术和工商领域中的学生的重要性可说超过了大学其他数学课程. 本书中的材料是在许多有趣领域中进一步研究的基础. 这里举出几个例子.

• 线性规划. 许多重要的管理决策是在线性规划模型的基础上做出的，这些模型包含几百个变量. 例如，种植业使用线性规划来确定合理的种植业生产结构和作物布局；畜牧业利用线性规划来调整畜禽结构和饲料配方.

• 电路. 工程师使用仿真软件来设计电路和微芯片，它们包含数百万的晶体管. 这样的软件技术依赖于线性代数的方法.

综合练习题四

1. 填空题.

(1) 设 $\boldsymbol{A}=\begin{pmatrix}1 & 2 & 1\\ 2 & 3 & a+2\\ 1 & a & -2\end{pmatrix}$，$\boldsymbol{b}=\begin{pmatrix}1\\3\\0\end{pmatrix}$，$\boldsymbol{X}=\begin{pmatrix}x_1\\x_2\\x_3\end{pmatrix}$，若 $\boldsymbol{AX}=\boldsymbol{o}$ 只有零解，则 a $=$________；若 $\boldsymbol{AX}=\boldsymbol{b}$ 无解，则 $a=$________.

(2) 已知 $\boldsymbol{\alpha}_1$，$\boldsymbol{\alpha}_2$ 是方程组 $\begin{cases} x_1-x_2+2x_3=3,\\ 2x_1-3x_3=1,\\ -2x_1+ax_2+10x_3=4.\end{cases}$ 的两个不同的解向量，则 $a=$________.

(3) 已知 $\boldsymbol{\alpha}_1$，$\boldsymbol{\alpha}_2$，…，$\boldsymbol{\alpha}_t$ 是方程组 $\boldsymbol{AX}=\boldsymbol{b}$ 的解，如果 $c_1\boldsymbol{\alpha}_1+c_2\boldsymbol{\alpha}_2+\cdots+c_t\boldsymbol{\alpha}_t$ 仍是 $\boldsymbol{AX}=\boldsymbol{b}$ 的解，则 $c_1+c_2+\cdots+c_t=$________.

(4) $\boldsymbol{A}$ 是 n 阶矩阵，且 $\boldsymbol{A}$ 中每行元素之和均为零，$r(\boldsymbol{A})=n-1$，则 $\boldsymbol{AX}=\boldsymbol{o}$ 的通解为________.

(5) 方程组 $\begin{cases} x_1+x_2+x_3=1\\ a_1x_1+a_2x_2+a_3x_3=2\\ a_1^2x_1+a_2^2x_2+a_3^2x_3=3\end{cases}$ 有唯一解的充要条件是________.

2. 选择题.

(1) 下列命题中，________不是 n 阶矩阵 $\boldsymbol{A}$ 可逆的充分必要条件.

(A) $\boldsymbol{A}$ 的列秩为 n；

(B) $\boldsymbol{A}$ 的列向量组线性无关；

(C) $\boldsymbol{A}$ 的每个列向量都是非零向量；

(D) 当且仅当 $\boldsymbol{X}=\boldsymbol{O}$ 时，有 $\boldsymbol{AX}=\boldsymbol{o}$，其中 $\boldsymbol{X}=(x_1, x_2, \cdots, x_n)^{\mathrm{T}}$.

(2) 已知 $\boldsymbol{\xi}_1$，$\boldsymbol{\xi}_2$，$\boldsymbol{\xi}_3$，$\boldsymbol{\xi}_4$ 是 $\boldsymbol{AX}=\boldsymbol{o}$ 的基础解系，则此方程组的基础解系还可以选用________.

(A) $\boldsymbol{\xi}_1+\boldsymbol{\xi}_2$，$\boldsymbol{\xi}_2+\boldsymbol{\xi}_3$，$\boldsymbol{\xi}_3+\boldsymbol{\xi}_4$，$\boldsymbol{\xi}_4+\boldsymbol{\xi}_1$；

(B) $\boldsymbol{\xi}_1$，$\boldsymbol{\xi}_2$，$\boldsymbol{\xi}_3$，$\boldsymbol{\xi}_4$ 的等价向量组 $\boldsymbol{\zeta}_1$，$\boldsymbol{\zeta}_2$，$\boldsymbol{\zeta}_3$，$\boldsymbol{\zeta}_4$；

(C) $\boldsymbol{\xi}_1$，$\boldsymbol{\xi}_2$，$\boldsymbol{\xi}_3$，$\boldsymbol{\xi}_4$ 的等秩向量组 $\boldsymbol{\alpha}_1$，$\boldsymbol{\alpha}_2$，$\boldsymbol{\alpha}_3$，$\boldsymbol{\alpha}_4$；

(D) $\boldsymbol{\xi}_1+\boldsymbol{\xi}_2$，$\boldsymbol{\xi}_2+\boldsymbol{\xi}_3$，$\boldsymbol{\xi}_3-\boldsymbol{\xi}_4$，$\boldsymbol{\xi}_4-\boldsymbol{\xi}_1$.

(3) $\boldsymbol{\beta}_1$，$\boldsymbol{\beta}_2$ 是 $\boldsymbol{AX}=\boldsymbol{b}$ 的两个不同的解，$\boldsymbol{\alpha}_1$，$\boldsymbol{\alpha}_2$ 是其导出组 $\boldsymbol{AX}=\boldsymbol{o}$ 的基础解系，k_1，k_2 为任意常数，则 $\boldsymbol{AX}=\boldsymbol{b}$ 的通解为________.

(A) $k_1\boldsymbol{\alpha}_1+k_2(\boldsymbol{\alpha}_1+\boldsymbol{\alpha}_2)+\dfrac{\boldsymbol{\beta}_1-\boldsymbol{\beta}_2}{2}$；　(B) $k_1\boldsymbol{\alpha}_1+k_2(\boldsymbol{\alpha}_1-\boldsymbol{\alpha}_2)+\dfrac{\boldsymbol{\beta}_1+\boldsymbol{\beta}_2}{2}$；

(C) $k_1\boldsymbol{\alpha}_1+k_2(\boldsymbol{\beta}_1-\boldsymbol{\beta}_2)+\dfrac{\boldsymbol{\beta}_1-\boldsymbol{\beta}_2}{2}$；　(D) $k_1\boldsymbol{\alpha}_1+k_2(\boldsymbol{\beta}_1-\boldsymbol{\beta}_2)+\dfrac{\boldsymbol{\beta}_1+\boldsymbol{\beta}_2}{2}$.

(4) 设 $\boldsymbol{A}$ 是 $m\times n$ 矩阵，则齐次线性方程组 $\boldsymbol{AX}=\boldsymbol{o}$ 仅有零解的充分必要条件是(　　).

(A) $\boldsymbol{A}$ 的行向量组线性无关；　(B) $\boldsymbol{A}$ 的行向量组线性相关；

(C) $\boldsymbol{A}$ 的列向量组线性无关；　(D) $\boldsymbol{A}$ 的列向量组线性相关.

(5) 设 $\boldsymbol{\xi}_1$，$\boldsymbol{\xi}_2$ 是 $\boldsymbol{AX}=\boldsymbol{o}$ 的解，$\boldsymbol{\eta}_1$，$\boldsymbol{\eta}_2$ 是 $\boldsymbol{AX}=\boldsymbol{b}$ 的解，则(　　).

(A) $\boldsymbol{\xi}_1+\boldsymbol{\xi}_2$ 是 $\boldsymbol{AX}=\boldsymbol{o}$ 的解；　(B) $\boldsymbol{\eta}_1+\boldsymbol{\eta}_2$ 为 $\boldsymbol{AX}=\boldsymbol{b}$ 的解；

(C) $2\boldsymbol{\xi}_1+\boldsymbol{\eta}_1$ 是 $\boldsymbol{AX}=\boldsymbol{o}$ 的解；　(D) $\boldsymbol{\xi}_1-\boldsymbol{\xi}_2$ 是 $\boldsymbol{AX}=\boldsymbol{b}$ 的解.

(6) 设线性方程组 $\boldsymbol{AX}=\boldsymbol{b}$ 有 n 个未知量，m 个方程组，且 $r(\boldsymbol{A})=r$，则此方程组(　　).

(A) $r=m$ 时，有解；　(B) $r=n$ 时，有惟一解；

(C) $m=n$ 时，有惟一解；　(D) $r<n$ 时，有无穷多解.

(7) 设 $\boldsymbol{A}$ 是 $m\times n$ 矩阵，$\boldsymbol{AX}=\boldsymbol{o}$ 是非齐次线性方程组 $\boldsymbol{AX}=\boldsymbol{b}$ 所对应齐次线性方程组，则下列结论正确的是(　　).

(A) 若 $\boldsymbol{AX}=\boldsymbol{o}$ 仅有零解，则 $\boldsymbol{AX}=\boldsymbol{b}$ 有惟一解；

(B) 若 $\boldsymbol{AX}=\boldsymbol{o}$ 有非零解，则 $\boldsymbol{AX}=\boldsymbol{b}$ 有无穷多个解；

(C) 若 $\boldsymbol{AX}=\boldsymbol{b}$ 有无穷多个解，则 $\boldsymbol{AX}=\boldsymbol{o}$ 仅有零解；

(D) 若 $\boldsymbol{AX}=\boldsymbol{b}$ 有无穷多个解，则 $\boldsymbol{AX}=\boldsymbol{o}$ 有非零解.

3. 若 $\boldsymbol{\beta}=(4，t^2，-4)^{\mathrm{T}}$ 可由 $\boldsymbol{\alpha}_1=(1，-1，1)^{\mathrm{T}}$，$\boldsymbol{\alpha}_2=(1，t，-1)^{\mathrm{T}}$，$\boldsymbol{\alpha}_3=(t，1，2)^{\mathrm{T}}$ 线性表示且表示方法不唯一，求 t 及 $\boldsymbol{\beta}$ 的表达式.

4. 求一个齐次线性方程组，使它的基础解系为

$$\boldsymbol{\xi}_1=\begin{pmatrix}0\\1\\2\\3\end{pmatrix}，\boldsymbol{\xi}_2=\begin{pmatrix}3\\2\\1\\0\end{pmatrix}.$$

5. 设四元非齐次线性方程组的系数矩阵的秩为 3，$\boldsymbol{\eta}_1$，$\boldsymbol{\eta}_2$，$\boldsymbol{\eta}_3$ 是它的三个解向量，且

$$\boldsymbol{\eta}_1=\begin{pmatrix}2\\3\\4\\5\end{pmatrix},\ \boldsymbol{\eta}_2+\boldsymbol{\eta}_3=\begin{pmatrix}1\\2\\3\\4\end{pmatrix},$$

求该方程组的通解.

6. 设 n 维向量组 $\boldsymbol{\alpha}_1$，$\boldsymbol{\alpha}_2$，$\boldsymbol{\alpha}_3(n\geqslant 3)$线性无关，讨论当 $a\boldsymbol{\alpha}_2-\boldsymbol{\alpha}_1$，$b\boldsymbol{\alpha}_3-\boldsymbol{\alpha}_2$，$a\boldsymbol{\alpha}_1-b\boldsymbol{\alpha}_3$ 线性相关时，方程组

$$\begin{cases}x_1+x_2+x_3+2x_4=3,\\2x_1+3x_2+ax_3+7x_4=8,\\x_1+2x_2+3x_4=4,\\-x_2+x_3+(a-2)x_4=b-1.\end{cases}$$

解的情况. 当有无穷多解时，写出解的结构.

7. 设 $\boldsymbol{A}$ 是 n 阶矩阵，证明：对于任意的 $\boldsymbol{b}$，$\boldsymbol{AX}=\boldsymbol{b}$ 都有解的充分必要条件是 $|\boldsymbol{A}|\neq 0$.

8. 已知 $\boldsymbol{\alpha}_1$，$\boldsymbol{\alpha}_2$，$\boldsymbol{\alpha}_3$ 是 $\boldsymbol{AX}=\boldsymbol{o}$ 的一个基础解系，证明 $\boldsymbol{\alpha}_1+\boldsymbol{\alpha}_2$，$\boldsymbol{\alpha}_2+\boldsymbol{\alpha}_3$，$\boldsymbol{\alpha}_3+\boldsymbol{\alpha}_1$ 也是该方程组的一个基础解系.

第 5 章　相似矩阵

形式最简单的矩阵是对角矩阵. 在实际应用中, 经常需要将一个方阵化为对角矩阵. 为此, 本章首先给出方阵的特征值与特征向量的概念, 这两个概念在数学、力学、化学和许多工程技术领域中都有广泛的应用, 然后在此基础上, 讨论矩阵的对角化问题.

5.1　方阵的特征值与特征向量

一般 $\boldsymbol{A}$ 作用于向量 $\boldsymbol{\xi}$ 可能会把向量往各个方向上移动, 但实际上存在一些特殊的向量, $\boldsymbol{A}$ 在其上的作用十分简单. 如 $\boldsymbol{A}=\begin{pmatrix}3 & -2\\1 & 0\end{pmatrix}$, $\boldsymbol{u}=\begin{pmatrix}-1\\1\end{pmatrix}$, $\boldsymbol{v}=\begin{pmatrix}2\\1\end{pmatrix}$. u, v 在 $\boldsymbol{A}$ 的作用下的结果如下图所示.

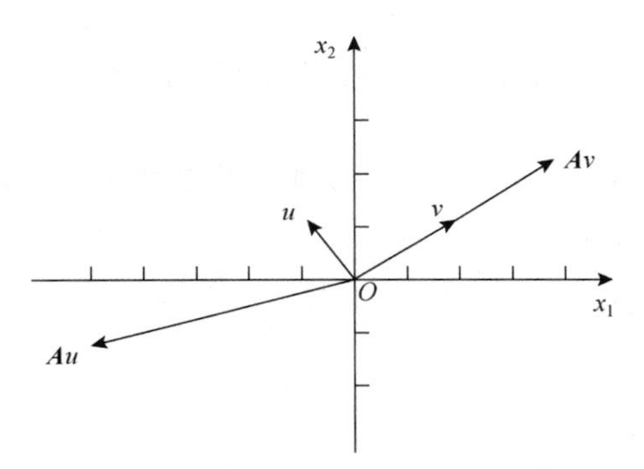

事实上, $\boldsymbol{A}v$ 就是 $2v$, $\boldsymbol{A}$ 只是拉伸了 v, 方向并没有变化. 在本节中, 我们研究形如 $\boldsymbol{A\xi}=2\boldsymbol{\xi}$ 的方程, 并且求那些被 $\boldsymbol{A}$ 作用相当于被数乘作用的向量.

一、特征值与特征向量的概念

定义 5.1.1　设 $\boldsymbol{A}$ 为 n 阶方阵, 如果存在数 λ 和非零向量 $\boldsymbol{\xi}$, 使得下式成立

$$\boldsymbol{A\xi}=\lambda\boldsymbol{\xi}$$

则称数 λ 为方阵 $\boldsymbol{A}$ 的特征值, 称非零向量 $\boldsymbol{\xi}$ 为矩阵 $\boldsymbol{A}$ 的对应于特征值 λ 的特征向量.

从定义不难得出以下结论:

(1) 特征向量一定是非零向量.

(2) 特征向量是对应于某一个特征值的, 它不能同时对应于两个不同的特征值.

实际上，如果有 $A\xi=\lambda\xi$，又有 $A\xi=\mu\xi$，则 $(\lambda-\mu)\xi=0$，又因为 $\xi\neq0$，故 $\lambda-\mu=0$，即 $\lambda=\mu$.

(3) 有了一个特征向量，就可以有无穷多个特征向量.

实际上，若 ξ 是方阵 A 的对应于特征值 λ 的特征向量，则对于任意常数 $k\neq0$，$k\xi$ 也是方阵 A 的对应于特征值 λ 的特征向量；若 ξ_1，ξ_2 都是矩阵 A 的对应于特征值 λ 的特征向量，而且 $\xi_1+\xi_2\neq o$，则 $\xi_1+\xi_2$ 也是矩阵 A 的对应于特征值 λ 的特征向量. 因此，对任意常数 k_1，k_2，当特征值 λ 对应的特征向量的线性组合 $k_1\xi_1+k_2\xi_2\neq o$ 时，$k_1\xi_1+k_2\xi_2$ 仍是 λ 对应的特征向量.

如何求方阵 A 的特征值和特征向量呢？

由特征值和特征向量的定义，对于给定的方阵 A，如果 λ 是它的特征值，ξ 是对应于特征值 λ 的特征向量，则有

$$\lambda\xi=A\xi.$$

即

$$(\lambda E-A)\xi=o.$$

这说明 ξ 是齐次线性方程组

$$(\lambda E-A)X=o$$

的一个非零解. 而该方程组有非零解的充分必要条件是系数行列式

$$|\lambda E-A|=0.$$

定义 5.1.2　设 $A=(a_{ij})_{n\times n}$ 为 n 阶方阵，含有数 λ 的矩阵

$$(\lambda E-A)=\begin{pmatrix}\lambda-a_{11} & -a_{12} & \cdots & -a_{1n}\\ -a_{21} & \lambda-a_{22} & \cdots & -a_{2n}\\ \vdots & \vdots & \ddots & \vdots\\ -a_{n1} & -a_{n2} & \cdots & \lambda-a_{nn}\end{pmatrix},$$

称为 A 的特征矩阵.

A 的特征矩阵的行列式

$$|\lambda E-A|=\begin{vmatrix}\lambda-a_{11} & -a_{12} & \cdots & -a_{1n}\\ -a_{21} & \lambda-a_{22} & \cdots & -a_{2n}\\ \cdots & \cdots & \cdots & \cdots\\ -a_{n1} & -a_{n2} & \cdots & \lambda-a_{nn}\end{vmatrix}$$

称为 A 的特征多项式，它是一个首项系数为 1 的 n 次多项式，即

$$f(\lambda)=\lambda^n+a_1\lambda^{n-1}+\cdots+a_n;$$

方程

$$|\lambda E-A|=0$$

称为 A 的特征方程.

显然，特征方程的根就是方阵 A 的特征值(或特征根). 由于在复数范围内，

特征方程恰好有 n 个根(重根按重数计算)，因此，n 阶方阵在复数范围内一定有 n 个特征值.

于是，给定 n 阶方阵 $\boldsymbol{A}$ 后，求特征值与特征向量的步骤如下：

(1) 从特征方程 $|\lambda\boldsymbol{E}-\boldsymbol{A}|=0$ 中求出矩阵 $\boldsymbol{A}$ 的全部不同特征值 λ_1，λ_2，$\cdots$，λ_t.

(2) 对于每一个特征值 λ_i，解齐次线性方程组

$$(\lambda_i\boldsymbol{E}-\boldsymbol{A})\boldsymbol{X}=\boldsymbol{o}\,,$$

求出它的基础解系，基础解系的非零线性组合就是 $\boldsymbol{A}$ 的对应于特征值 λ_i 的全部特征向量($i=1$，2，$\cdots$，t).

例 5.1.1 证明：n 阶零矩阵的特征值为零.

解 由于 $|\lambda\boldsymbol{E}-\boldsymbol{O}|=|\lambda\boldsymbol{E}|=\lambda^n=0$，必有 $\lambda=0$.

思考：对角矩阵的特征值是什么？

例 5.1.2 求矩阵 $\boldsymbol{A}=\begin{pmatrix}3 & 1\\5 & -1\end{pmatrix}$的特征值与特征向量.

解 $\boldsymbol{A}$ 的特征多项式为

$$|\lambda\boldsymbol{E}-\boldsymbol{A}|=\begin{vmatrix}\lambda-3 & -1\\-5 & \lambda+1\end{vmatrix}=(\lambda-4)(\lambda+2),$$

所以，$\boldsymbol{A}$ 的特征值为 $\lambda_1=4$，$\lambda_2=-2$.

当 $\lambda_1=4$ 时，解方程组 $(4\boldsymbol{E}-\boldsymbol{A})\boldsymbol{X}=\boldsymbol{o}$，即

$$\begin{pmatrix}1 & -1\\-5 & 5\end{pmatrix}\begin{pmatrix}x_1\\x_2\end{pmatrix}=\begin{pmatrix}0\\0\end{pmatrix},$$

解得基础解系为 $\boldsymbol{\xi}_1=(1,\ 1)^{\mathrm{T}}$，于是 $\lambda_1=4$ 对应的特征向量为 $k_1\boldsymbol{\xi}_1=k_1(1,\ 1)^{\mathrm{T}}$，$k_1\neq 0$.

当 $\lambda_2=-2$ 时，解方程组 $(-2\boldsymbol{E}-\boldsymbol{A})\boldsymbol{X}=\boldsymbol{o}$，即

$$\begin{pmatrix}-5 & -1\\-5 & -1\end{pmatrix}\begin{pmatrix}x_1\\x_2\end{pmatrix}=\begin{pmatrix}0\\0\end{pmatrix},$$

解得基础解系为 $\boldsymbol{\xi}_2=(1,\ -5)^{\mathrm{T}}$，于是 $\lambda_2=-2$ 对应的特征向量为 $k_2\boldsymbol{\xi}_2=k_2(1,\ -5)^{\mathrm{T}}$，$k_2\neq 0$.

例 5.1.3 求矩阵 $\boldsymbol{A}=\begin{pmatrix}-1 & 1 & 0\\-4 & 3 & 0\\1 & 0 & 2\end{pmatrix}$的特征值与特征向量.

解 $\boldsymbol{A}$ 的特征多项式为

$$|\lambda\boldsymbol{E}-\boldsymbol{A}|=\begin{vmatrix}\lambda+1 & -1 & 0\\4 & \lambda-3 & 0\\-1 & 0 & \lambda-2\end{vmatrix}=(\lambda-2)(\lambda-1)^2,$$

所以，$\boldsymbol{A}$ 的特征值为 $\lambda_1=2$，$\lambda_2=\lambda_3=1$.

当 $\lambda_1=2$ 时，解方程组

$$\begin{pmatrix}3 & -1 & 0\\ 4 & -1 & 0\\ -1 & 0 & 0\end{pmatrix}\begin{pmatrix}x_1\\ x_2\\ x_3\end{pmatrix}=\begin{pmatrix}0\\ 0\\ 0\end{pmatrix},$$

解得基础解系为 $\boldsymbol{\xi}_1=(0,\ 0,\ 1)^{\mathrm{T}}$，于是 $\lambda_1=2$ 对应的特征向量为 $k_1\boldsymbol{\xi}_1=k_1(0,\ 0,\ 1)^{\mathrm{T}}$，$k_1\neq 0$.

当 $\lambda_2=\lambda_3=1$ 时，解方程组

$$\begin{pmatrix}2 & -1 & 0\\ 4 & -2 & 0\\ -1 & 0 & -1\end{pmatrix}\begin{pmatrix}x_1\\ x_2\\ x_3\end{pmatrix}=\begin{pmatrix}0\\ 0\\ 0\end{pmatrix},$$

解得基础解系为 $\boldsymbol{\xi}_2=(-1,\ -2,\ 1)^{\mathrm{T}}$，于是 $\lambda_2=\lambda_3=1$ 对应的特征向量为 $k_2\boldsymbol{\xi}_2=k_2(-1,\ -2,\ 1)^{\mathrm{T}}$，$k_2\neq 0$.

例 5.1.4 求矩阵 $\boldsymbol{A}=\begin{pmatrix}-2 & 1 & 1\\ 0 & 2 & 0\\ -4 & 1 & 3\end{pmatrix}$ 的特征值与特征向量.

解 $\boldsymbol{A}$ 的特征多项式为

$$|\lambda\boldsymbol{E}-\boldsymbol{A}|=\begin{vmatrix}\lambda+2 & -1 & -1\\ 0 & \lambda-2 & 0\\ 4 & -1 & \lambda-3\end{vmatrix}=(\lambda+1)(\lambda-2)^2,$$

所以，$\boldsymbol{A}$ 的特征值为 $\lambda_1=-1$，$\lambda_2=\lambda_3=2$.

当 $\lambda_1=-1$ 时，解方程组

$$\begin{pmatrix}1 & -1 & -1\\ 0 & -3 & 0\\ 4 & -1 & -4\end{pmatrix}\begin{pmatrix}x_1\\ x_2\\ x_3\end{pmatrix}=\begin{pmatrix}0\\ 0\\ 0\end{pmatrix},$$

解得基础解系为 $\boldsymbol{\xi}_1=(1,\ 0,\ 1)^{\mathrm{T}}$，于是 $\lambda_1=-1$ 对应的特征向量为 $k_1\boldsymbol{\xi}_1=k_1(1,\ 0,\ 1)^{\mathrm{T}}$，$k_1\neq 0$.

当 $\lambda_2=\lambda_3=2$ 时，解方程组

$$\begin{pmatrix}4 & -1 & -1\\ 0 & 0 & 0\\ 4 & -1 & -1\end{pmatrix}\begin{pmatrix}x_1\\ x_2\\ x_3\end{pmatrix}=\begin{pmatrix}0\\ 0\\ 0\end{pmatrix},$$

解得基础解系为

$$\boldsymbol{\xi}_2=\left(\frac{1}{4},\ 1,\ 0\right)^{\mathrm{T}},\ \boldsymbol{\xi}_3=\left(\frac{1}{4},\ 0,\ 1\right)^{\mathrm{T}},$$

于是 $\lambda_2=\lambda_3=2$ 对应的特征向量为

$$k_2\boldsymbol{\xi}_2+k_3\boldsymbol{\xi}_3=k_2\left(\frac{1}{4},\ 1,\ 0\right)^{\mathrm{T}}+k_3\left(\frac{1}{4},\ 0,\ 1\right)^{\mathrm{T}},\quad k_2,\ k_3\ \text{不全为零}.$$

注意：对于例 5.1.3 与例 5.1.4 中的矩阵，$\lambda=1$ 与 $\lambda=2$ 分别是其二重特征值，但各自对应的特征向量的结构却有本质的区别，后面将用到这一特性.

二、特征值与特征向量的性质

方阵 $\boldsymbol{A}$ 与其特征值之间有如下的重要关系：

性质 1　设 n 阶方阵 $\boldsymbol{A}=(a_{ij})_{n\times n}$ 的 n 个特征值为 λ_1，λ_2，…，λ_n，则：

(1) $\lambda_1+\lambda_2+\cdots+\lambda_n=a_{11}+a_{22}+\cdots+a_{nn}$.　(5.1.1)

(2) $\lambda_1\cdot\lambda_2\cdot\cdots\cdot\lambda_n=|\boldsymbol{A}|$.　(5.1.2)

证　(1) 一方面，由于

$$|\lambda\boldsymbol{E}-\boldsymbol{A}|=\begin{vmatrix}\lambda-a_{11} & -a_{12} & \cdots & -a_{1n}\\ -a_{21} & \lambda-a_{22} & \cdots & -a_{2n}\\ \vdots & \vdots & \ddots & \vdots\\ -a_{n1} & -a_{n2} & \cdots & \lambda-a_{nn}\end{vmatrix},$$

将行列式按第一行展开，可知只有第一项

$$(\lambda-a_{11})\begin{vmatrix}\lambda-a_{22} & -a_{23} & \cdots & -a_{2n}\\ -a_{32} & \lambda-a_{33} & \cdots & -a_{3n}\\ \vdots & \vdots & \ddots & \vdots\\ -a_{n2} & -a_{n3} & \cdots & \lambda-a_{nn}\end{vmatrix}$$

含 λ^n、λ^{n-1} 的项. 继续展开可得只有 $(\lambda-a_{11})(\lambda-a_{22})\cdots(\lambda-a_{nn})$ 才含 λ^n、λ^{n-1} 的项，故知

$$|\lambda\boldsymbol{E}-\boldsymbol{A}|=\lambda^n-(a_{11}+a_{22}+\cdots+a_{nn})\lambda^{n-1}+\cdots+c_1\lambda+c_0$$

另一方面，当 λ_1，λ_2，…，λ_n 为 $\boldsymbol{A}$ 的 n 个特征值时，$\boldsymbol{A}$ 的特征多项式 $|\lambda\boldsymbol{E}-\boldsymbol{A}|$ 可写为

$$\begin{aligned}|\lambda\boldsymbol{E}-\boldsymbol{A}|&=(\lambda-\lambda_1)(\lambda-\lambda_2)\cdots(\lambda-\lambda_n)\\&=\lambda^n-(\lambda_1+\lambda_2+\cdots+\lambda_n)\lambda^{n-1}+\cdots+(-1)^n\lambda_1\cdot\lambda_2\cdots\lambda_n.\end{aligned}$$

比较两式右端，注意 λ^{n-1} 的系数，有 $\lambda_1+\lambda_2+\cdots+\lambda_n=a_{11}+a_{22}+\cdots+a_{nn}$.

(2)在 $|\lambda\boldsymbol{E}-\boldsymbol{A}|=(\lambda-\lambda_1)(\lambda-\lambda_2)\cdots(\lambda-\lambda_n)$ 中，令 $\lambda=0$，得

$$|-\boldsymbol{A}|=(-\lambda_1)(-\lambda_2)\cdots(-\lambda_n)=(-1)^n\lambda_1\cdot\lambda_2\cdots\lambda_n,$$

即

$$|\boldsymbol{A}|=\lambda_1\cdot\lambda_2\cdots\lambda_n.$$

矩阵 $\boldsymbol{A}$ 的主对角线上元素的和称为**矩阵 $\boldsymbol{A}$ 的迹**，记作 $Tr(\boldsymbol{A})$，即

$$Tr(\boldsymbol{A})=a_{11}+a_{22}+\cdots+a_{nn}.$$

因此，式(5.1.1)可写为 $Tr(\boldsymbol{A})=\sum\limits_{i=1}^{n}\lambda_i$.

推论　n 阶方阵 $\boldsymbol{A}$ 可逆的充要条件是 $\boldsymbol{A}$ 的特征值不等于零.

由此可见，零是 $\boldsymbol{A}$ 的特征值$\Leftrightarrow|\boldsymbol{A}|=0$.

性质 2 n 阶方阵 $\boldsymbol{A}$ 与其转置矩阵 $\boldsymbol{A}^{\mathrm{T}}$ 有相同的特征值.

证 因为 $|\lambda\boldsymbol{E}-\boldsymbol{A}^{\mathrm{T}}|=|(\lambda\boldsymbol{E}-\boldsymbol{A})^{\mathrm{T}}|=|\lambda\boldsymbol{E}-\boldsymbol{A}|$，所以 $\boldsymbol{A}$ 与 $\boldsymbol{A}^{\mathrm{T}}$ 有相同的特征多项式，因而特征值相同.

性质 3 **设 λ 是方阵 $\boldsymbol{A}$ 的一个特征值，$\boldsymbol{\xi}$ 是对应于 λ 的特征向量，则：**

(1) $k\lambda$ 是方阵 $k\boldsymbol{A}$ 的一个特征值(k 是常数)，$\boldsymbol{\xi}$ 是对应于 $k\lambda$ 的特征向量.

(2) λ^m 是方阵 $\boldsymbol{A}^m$ 的一个特征值(m 为正整数)，$\boldsymbol{\xi}$ 是对应于 λ^m 的特征向量.

(3) $k_m\lambda^m+k_{m-1}\lambda^{m-1}+\cdots+k_1\lambda+k_0$ 是方阵 $k_m\boldsymbol{A}^m+k_{m-1}\boldsymbol{A}^{m-1}+\cdots+k_1\boldsymbol{A}+k_0\boldsymbol{E}$ 的一个特征值(m 为正整数)，$\boldsymbol{\xi}$ 是对应于该特征值的特征向量.

证 (1) 由定义 $\boldsymbol{A\xi}=\lambda\boldsymbol{\xi}$，两端乘 k，得

$$k\boldsymbol{A\xi}=k\lambda\boldsymbol{\xi},$$

故 $k\lambda$ 是方阵 $k\boldsymbol{A}$ 的一个特征值(k 是常数)，$\boldsymbol{\xi}$ 是对应于它的特征向量.

(2) 由定义 $\boldsymbol{A\xi}=\lambda\boldsymbol{\xi}$，两端左边乘 $\boldsymbol{A}$，得

$$\boldsymbol{A}^2\boldsymbol{\xi}=\lambda\boldsymbol{A\xi}.$$

把 $\boldsymbol{A\xi}=\lambda\boldsymbol{\xi}$ 代入上式，得

$$\boldsymbol{A}^2\boldsymbol{\xi}=\lambda^2\boldsymbol{\xi}.$$

依次类推，可得 $\boldsymbol{A}^m\boldsymbol{\xi}=\lambda^m\boldsymbol{\xi}$. 因为 $\boldsymbol{\xi}\neq\boldsymbol{o}$，所以 λ^m 是 $\boldsymbol{A}^m$ 的一个特征值，$\boldsymbol{\xi}$ 是对应于它的特征向量.

(3) 由(1)(2)可得

$$\begin{aligned}&(k_m\boldsymbol{A}^m+k_{m-1}\boldsymbol{A}^{m-1}+\cdots+k_1\boldsymbol{A}+k_0\boldsymbol{E})\boldsymbol{\xi}\\&=k_m(\boldsymbol{A}^m\boldsymbol{\xi})+k_{m-1}(\boldsymbol{A}^{m-1}\boldsymbol{\xi})+\cdots+k_1(\boldsymbol{A\xi})+k_0(\boldsymbol{E\xi})\\&=k_m\lambda^m\boldsymbol{\xi}+k_{m-1}\lambda^{m-1}\boldsymbol{\xi}+\cdots+k_1\lambda\boldsymbol{\xi}+k_0\boldsymbol{\xi}\\&=(k_m\lambda^m+k_{m-1}\lambda^{m-1}+\cdots+k_1\lambda+k_0)\boldsymbol{\xi}.\end{aligned}$$

由定义知，$k_m\lambda^m+k_{m-1}\lambda^{m-1}+\cdots+k_1\lambda+k_0$ 是 $k_m\boldsymbol{A}^m+k_{m-1}\boldsymbol{A}^{m-1}+\cdots+k_1\boldsymbol{A}+k_0\boldsymbol{E}$ 的一个特征值，且 $\boldsymbol{\xi}$ 是对应于它的特征向量.

实际上，(3)即为：若 $f(x)$ 是一个 m 次多项式

$$f(x)=k_mx^m+k_{m-1}x^{m-1}+\cdots+k_1x+k_0,$$

则 $f(\lambda)$ 是 $f(\boldsymbol{A})$ 的特征值.

例 5.1.5 (1) 设三阶方阵 $\boldsymbol{A}$ 的三个特征值为 $\lambda_1=1$，$\lambda_2=0$，$\lambda_3=-1$，求矩阵 $\boldsymbol{B}=\boldsymbol{A}^2+3\boldsymbol{A}+2\boldsymbol{E}$ 的特征值.

(2) 设三阶方阵 $\boldsymbol{A}$ 满足 $\boldsymbol{A}^2+3\boldsymbol{A}+2\boldsymbol{E}=\boldsymbol{O}$，求 $\boldsymbol{A}$ 的特征值.

解 (1) 因为 $\boldsymbol{A}$ 的三个特征值为 $\lambda_i(i=1,2,3)$，则 $\boldsymbol{B}=g(\boldsymbol{A})=\boldsymbol{A}^2+3\boldsymbol{A}+2\boldsymbol{E}$ 的特征值为

$$\tau_i=g(\lambda_i)=\lambda_i^{\ 2}+3\lambda_i+2,\quad (i=1,2,3).$$

对应于 $\boldsymbol{A}$ 的每一个特征值，$\boldsymbol{B}$ 的三个特征值依次为：

$$\tau_1=\lambda_1^2+3\lambda_1+2=1^2+3\cdot1+2=6.$$

$$\tau_2=\lambda_2^2+3\lambda_2+2=0^2+3\cdot0+2=2.$$

$$\tau_3=\lambda_3^2+3\lambda_3+2=(-1)^2+3\cdot(-1)+2=0.$$

(2) 设 $\boldsymbol{A}$ 的特征值为 λ，由于 $\boldsymbol{A}^2+3\boldsymbol{A}+2\boldsymbol{E}=\boldsymbol{O}$，则 $\lambda^2+3\lambda+2=0$，故 $\boldsymbol{A}$ 有特征值 $\lambda_1=-1$，$\lambda_2=-2$.

例 5.1.6 设 n 阶方阵 $\boldsymbol{A}$ 满足等式 $\boldsymbol{A}^2=\boldsymbol{A}$，证明 $\boldsymbol{A}$ 的特征值为 1 或 0.

证 因为 $\boldsymbol{A}^2=\boldsymbol{A}$，所以 $\boldsymbol{A}^2-\boldsymbol{A}=\boldsymbol{O}$. 设 $\boldsymbol{A}$ 的特征值为 λ，由性质可得

$$\lambda^2-\lambda=0$$

解得，$\lambda=1$ 或 0.

例 5.1.7 若 $\boldsymbol{A}$ 为可逆矩阵，则：

(1) $\boldsymbol{A}$ 的特征值不等于零.

(2) 设 $\boldsymbol{A}$ 的特征值为 λ，则 $\boldsymbol{A}^{-1}$ 的特征值为 $\dfrac{1}{\lambda}$.

(3) 设 $\boldsymbol{A}$ 的特征值为 λ，则 $\boldsymbol{A}^*$ 的特征值为 $\dfrac{1}{\lambda}|\boldsymbol{A}|$.

证 (1) 因为 $|\boldsymbol{A}|=\lambda_1\cdot\lambda_2\cdots\lambda_n$，所以由 $\boldsymbol{A}$ 可逆，$|\boldsymbol{A}|\neq 0$，知 $\lambda_i\neq 0$，$i=1,2,\cdots,n$.

(2) 由题意，设 $\boldsymbol{\xi}$ 是对应于特征值 λ 的特征向量，有 $\boldsymbol{A\xi}=\lambda\boldsymbol{\xi}$，$\boldsymbol{\xi}\neq\boldsymbol{o}$.

用 $\boldsymbol{A}^{-1}$ 左乘以 $\boldsymbol{A\xi}=\lambda\boldsymbol{\xi}$ 两端，有 $\boldsymbol{\xi}=\lambda\boldsymbol{A}^{-1}\boldsymbol{\xi}$，又因为 $\lambda\neq 0$，即 $\dfrac{1}{\lambda}\boldsymbol{\xi}=\boldsymbol{A}^{-1}\boldsymbol{\xi}$，因此由定义知 $\dfrac{1}{\lambda}$ 为矩阵 $\boldsymbol{A}^{-1}$ 的特征值.

(3) 因为 $\boldsymbol{A}^*=|\boldsymbol{A}|\boldsymbol{A}^{-1}$，由性质 3 和(2)，$\dfrac{1}{\lambda}|\boldsymbol{A}|$ 为矩阵 $\boldsymbol{A}^*$ 的特征值.

作为一种特殊的向量，矩阵的特征向量有以下重要性质：

性质 4　矩阵 $\boldsymbol{A}$ 关于同一个特征值 λ_i 的任意两个特征向量 $\boldsymbol{\xi}_{i1}$，$\boldsymbol{\xi}_{i2}$ 的非零线性组合 $k_1\boldsymbol{\xi}_{i1}+k_2\boldsymbol{\xi}_{i2}$ 也是 $\boldsymbol{A}$ 对应于特征值 λ_i 的特征向量.

证 因为 $\boldsymbol{A\xi}_{i1}=\lambda_i\boldsymbol{\xi}_{i1}$，$\boldsymbol{A\xi}_{i2}=\lambda_i\boldsymbol{\xi}_{i2}$，则对于任意两个不全为零的数 k_1，k_2 有

$$\boldsymbol{A}(k_1\boldsymbol{\xi}_{i1}+k_2\boldsymbol{\xi}_{i2})=k_1\boldsymbol{A\xi}_{i1}+k_2\boldsymbol{A\xi}_{i2}=k_1\lambda_i\boldsymbol{\xi}_{i1}+k_2\lambda_i\boldsymbol{\xi}_{i2}=\lambda_i(k_1\boldsymbol{\xi}_{i1}+k_2\boldsymbol{\xi}_{i2}),$$

故 $k_1\boldsymbol{\xi}_{i1}+k_2\boldsymbol{\xi}_{i2}$($k_1$，$k_2$ 不全为零) 是 $\boldsymbol{A}$ 对应于特征值 λ_i 的特征向量.

推论　矩阵 $\boldsymbol{A}$ 关于同一个特征值 λ_i 的任意 m 个特征向量 $\boldsymbol{\xi}_{i1}$，$\boldsymbol{\xi}_{i2}$，$\cdots$，$\boldsymbol{\xi}_{im}$ 的非零线性组合 $k_1\boldsymbol{\xi}_{i1}+k_2\boldsymbol{\xi}_{i2}+\cdots+k_m\boldsymbol{\xi}_{im}$ 也是 $\boldsymbol{A}$ 对应于特征值 λ_i 的特征向量.

性质 5　矩阵 $\boldsymbol{A}$ 的不同的特征值所对应的特征向量是线性无关的.

证 设矩阵 $\boldsymbol{A}$ 的 r 个不同的特征值 λ_i 所对应的特征向量为 $\boldsymbol{\xi}_i(i=1,2,\cdots,r)$.

当 $r=2$ 时，设 $\boldsymbol{\xi}_1$，$\boldsymbol{\xi}_2$ 分别为 $\boldsymbol{A}$ 对应于特征值 λ_1，λ_2 的特征向量，则 $\boldsymbol{A\xi}_1=\lambda_1\boldsymbol{\xi}_1$，$\boldsymbol{A\xi}_2=\lambda_2\boldsymbol{\xi}_2$，令

$$k_1\boldsymbol{\xi}_1+k_2\boldsymbol{\xi}_2=\boldsymbol{o},\tag{5.1.3}$$

有

$$A(k_1\xi_1+k_2\xi_2)=k_1A\xi_1+k_2A\xi_2=k_1\lambda_1\xi_1+k_2\lambda_2\xi_2=o. \quad (5.1.4)$$

式(5.1.3)乘以 λ_1 与式(5.1.4)相减，得

$$k_2(\lambda_1-\lambda_2)\xi_2=o.$$

因为 $\xi_2\neq o$，$\lambda_1-\lambda_2\neq 0$，所以 $k_2=0$. 同理 $k_1=0$. 即定理关于 $r=2$ 成立.

假设 $r-1$ 时定理成立，即若 ξ_1，ξ_2，…，ξ_{r-1} 分别为 A 的不同的特征值 λ_1，λ_2，…，λ_{r-1} 对应的特征向量，ξ_1，ξ_2，…，ξ_{r-1} 线性无关. 设 A 的 r 个不同的特征值 λ_1，λ_2，…，λ_{r-1}，λ_r 对应的特征向量分别为 ξ_1，ξ_2，…，ξ_{r-1}，ξ_r，令

$$k_1\xi_1+k_2\xi_2+\cdots+k_{r-1}\xi_{r-1}+k_r\xi_r=o, \quad (5.1.5)$$

用 A 左乘以式(5.1.5)，得

$$\begin{aligned}A(k_1\xi_1+k_2\xi_2+\cdots+k_{r-1}\xi_{r-1}+k_r\xi_r)&=k_1\lambda_1\xi_1+k_2\lambda_2\xi_2+\cdots\\&\quad+k_{r-1}\lambda_{r-1}\xi_{r-1}+k_r\lambda_r\xi_r=o,\end{aligned} \quad (5.1.6)$$

式(5.1.5)乘以 λ_r 与式(5.1.6)相减，得

$$k_1(\lambda_r-\lambda_1)\xi_1+k_2(\lambda_r-\lambda_2)\xi_2+\cdots+k_{r-1}(\lambda_r-\lambda_{r-1})\xi_{r-1}=o.$$

由假设，ξ_1，ξ_2，…，ξ_{r-1} 线性无关，因此

$$k_i(\lambda_r-\lambda_i)=0,\ i=1,\ 2,\ \cdots,\ r-1.$$

因为 $\lambda_r-\lambda_i\neq 0$，所以 $k_i=0$，$i=1$，2，…，$r-1$，代入式(5.1.5)，得 $k_r=0$. 定理得证.

例如，例 5.1.2 中，$\lambda_1=4$ 对应的特征向量 $\xi_1=(1,\ 1)^T$ 与 $\lambda_1=-2$ 对应的特征向量 $\xi_2=(1,\ -5)^T$ 是线性无关的.

具体求解矩阵 A 的特征值 λ_i 所对应的特征向量时，首先求得的是 λ_i 对应的齐次线性方程组 $(\lambda_iE-A)X=o$ 的基础解系. 基础解系是特征值 λ_i 所对应的全部特征向量的一个极大线性无关组，称之为 λ_i **所对应的一个线性无关的特征向量组**.

性质 5 说明，矩阵 A 的不同的特征值所对应的特征向量是线性无关的. 我们自然要问，将 A 的所有不同的特征值 λ_1，λ_2，…，λ_r 各自对应的线性无关的特征向量组并在一起组成的向量组是否仍然是线性无关的？答案是肯定的.

性质 6　矩阵 A 的 r 个不同的特征值所对应的 r 组线性无关的特征向量组并在一起仍然是线性无关的.

证　设矩阵 A 的 r 个不同的特征值为 λ_1，λ_2，…，λ_r，特征值 λ_i 所对应的线性无关的特征向量组为 ξ_{i1}，ξ_{i2}，…，ξ_{im_i}，$i=1$，2，…，r，即要证明向量组

$$\xi_{11},\ \xi_{12},\ \cdots,\ \xi_{1m_1},\ \xi_{21},\ \xi_{22},\ \cdots,\ \xi_{2m_2},\ \cdots,\ \xi_{r1},\ \xi_{r2},\ \cdots,\ \xi_{rm_r}$$

线性无关.

设有常数 c_{i1}，c_{i2}，…，c_{im_i} $(i=1,\ 2,\ \cdots,\ r)$ 满足

$$\sum_{j=1}^{m_1}c_{1j}\xi_{1j}+\sum_{j=1}^{m_2}c_{2j}\xi_{2j}+\cdots+\sum_{j=1}^{m_r}c_{rj}\xi_{rj}=o. \quad (5.1.7)$$

令 $\boldsymbol{\tau}_i=\sum_{j=1}^{m_i}c_{ij}\boldsymbol{\xi}_{ij}$，$i=1,2,\cdots,r$. 若 $\boldsymbol{\tau}_i\neq\boldsymbol{o}$，则 $\boldsymbol{\tau}_i$ 是 λ_i 对应的特征向量，而式(5.1.7)为

$$\boldsymbol{\tau}_1+\boldsymbol{\tau}_2+\cdots+\boldsymbol{\tau}_r=\boldsymbol{o},$$

即 $\boldsymbol{\tau}_1,\boldsymbol{\tau}_2,\cdots,\boldsymbol{\tau}_r$ 线性相关，这与性质5矛盾. 所以 $\boldsymbol{\tau}_i=\boldsymbol{o}$，$i=1,2,\cdots,r$.

由于 $\boldsymbol{\tau}_i=\boldsymbol{o}$，即 $\sum_{j=1}^{m_i}c_{ij}\boldsymbol{\xi}_{ij}=\boldsymbol{o}$，而 $\boldsymbol{\xi}_{i1},\boldsymbol{\xi}_{i2},\cdots,\boldsymbol{\xi}_{im_i}$ 线性无关，所以 $c_{i1}=c_{i2}=\cdots=c_{im_i}=0(i=1,2,\cdots,r)$，故向量组

$$\boldsymbol{\xi}_{11},\boldsymbol{\xi}_{12},\cdots,\boldsymbol{\xi}_{1m_1},\boldsymbol{\xi}_{21},\boldsymbol{\xi}_{22},\cdots,\boldsymbol{\xi}_{2m_2},\cdots,\boldsymbol{\xi}_{r1},\boldsymbol{\xi}_{r2},\cdots,\boldsymbol{\xi}_{rm_r}$$

线性无关.

关于一个特征值所对应的特征向量集合中线性无关向量的个数，有如下性质：

性质7　设 λ_0 是 n 阶方阵 $\boldsymbol{A}$ 的一个 t 重特征值，则 λ_0 对应的特征向量集合中线性无关的向量个数不超过 t.（证明略）

即，若 n 阶方阵 $\boldsymbol{A}$ 有 n 个互不相同的特征值，则每一个特征值仅对应一个线性无关的特征向量，从而 $\boldsymbol{A}$ 共有 n 个线性无关的特征向量；

若 n 阶方阵 $\boldsymbol{A}$ 互不相同的特征值只有 s 个：$\lambda_1,\lambda_2,\cdots,\lambda_s$，$s<n$，而特征值 λ_i 的重数为 t_i，$i=1,2,\cdots,r$，$t_1+t_2+\cdots+t_s=n$. 而 λ_i 对应的线性无关的特征向量的个数为 μ_i，则 $\mu_i\leqslant t_i$，即 $\sum_{i=1}^{s}\mu_i\leqslant\sum_{i=1}^{s}t_i=n$，此时，$n$ 阶方阵 $\boldsymbol{A}$ 至多有 n 个线性无关的特征向量.

例如，在例5.1.2中，2阶方阵 $\boldsymbol{A}$ 有两个不同的特征值，对应着两个线性无关的特征向量；例5.1.4中，3阶方阵 $\boldsymbol{A}$ 的两个不同的特征值，对应着3个线性无关的特征向量. 而例5.1.3中的3阶方阵 $\boldsymbol{A}$ 的两个不同的特征值，只对应着两个线性无关的特征向量，小于矩阵的阶数.

下一节将要证明，n 阶方阵 $\boldsymbol{A}$ 的相似对角化，需要 n 个线性无关的特征向量，如果 n 阶方阵 $\boldsymbol{A}$ 对应的特征向量的个数小于 n，则 $\boldsymbol{A}$ 不能化为对角矩阵.

习题5-1

1. 判断下列命题是否正确并说明理由.

(1) 一个特征值必至少对应一个线性无关的特征向量.

(2) 一个特征向量只能对应于一个特征值.

(3) 特征向量可以为零.

(4) 在复数域内，n 阶方阵 $\boldsymbol{A}$ 的特征值有且仅有 n 个.

(5) 若 n 阶方阵 $\boldsymbol{A}$ 不可逆，则必有零特征值.

(6) 设 λ_0 是方阵 $\boldsymbol{A}$ 的一个特征值，$r(\boldsymbol{A})=r$，则 $(\lambda_0\boldsymbol{E}-\boldsymbol{A})\boldsymbol{X}=\boldsymbol{o}$ 有 r 个线性

无关的解向量作为$\boldsymbol{A}$对应于特征值λ_0得特征向量.

(7) 设λ_0是方阵$\boldsymbol{A}$的一个特征值，则$k+\lambda_0$是矩阵$k\boldsymbol{E}+\boldsymbol{A}$的特征值($k$是常数).

(8) 设向量$\boldsymbol{\xi}$是矩阵$\boldsymbol{A}$的特征向量，则$\boldsymbol{\xi}$也是$\boldsymbol{A}^3+2\boldsymbol{A}^2+4\boldsymbol{E}$的特征向量.

2. 求下列矩阵的特征值与特征向量.

(1) $\begin{pmatrix}1 & 2\\ 3 & 2\end{pmatrix}$；　　(2) $\begin{pmatrix}1 & -3 & 3\\ 3 & -5 & 3\\ 6 & -6 & 4\end{pmatrix}$；

(3) $\begin{pmatrix}-3 & 1 & -1\\ -7 & 5 & -1\\ -6 & 6 & -2\end{pmatrix}$；　　(4) $\begin{pmatrix}0 & 1 & 1 & -1\\ 1 & 0 & -1 & 1\\ 1 & -1 & 0 & 1\\ -1 & 1 & 1 & 0\end{pmatrix}$.

3. 设n阶方阵$\boldsymbol{A}$满足等式$\boldsymbol{A}^2=\boldsymbol{E}$，求$\boldsymbol{A}$的特征值.

4. 已知三阶方阵$\boldsymbol{A}$的三个特征值为$\lambda_1=1$，$\lambda_2=2$，$\lambda_3=3$，分别求矩阵$\boldsymbol{A}^3$，$(2\boldsymbol{A})^{-1}$及$\boldsymbol{A}^*$的特征值.

5. 已知三阶方阵$\boldsymbol{A}$的三个特征值为$\lambda_1=1$，$\lambda_2=-1$，$\lambda_3=2$，求：

(1) $\boldsymbol{B}=\boldsymbol{A}^2+3\boldsymbol{A}+2\boldsymbol{E}$的特征值.

(2) $\boldsymbol{B}=\boldsymbol{A}^2+3\boldsymbol{A}+2\boldsymbol{E}$的行列式的值.

6. 已知矩阵$\boldsymbol{A}=\begin{pmatrix}1 & 2 & y\\ 2 & 1 & 2\\ 2 & 2 & x\end{pmatrix}$的特征值为$\lambda_1=\lambda_2=-1$，$\lambda_3=5$，求$x$，$y$.

5.2 方阵的相似对角化

如果方阵$\boldsymbol{A}$能与另一个较简单的方阵$\boldsymbol{B}$建立某种关系，同时又有很多共同的性质，那么我们就可以通过研究这个较简单方阵$\boldsymbol{B}$的性质，获得方阵$\boldsymbol{A}$的相应性质.

一、相似矩阵

定义 5.2.1　设$\boldsymbol{A}$和$\boldsymbol{B}$为两个n阶方阵，若存在可逆矩阵$\boldsymbol{P}$，使得

$$\boldsymbol{P}^{-1}\boldsymbol{A}\boldsymbol{P}=\boldsymbol{B},$$

则称$\boldsymbol{A}$和$\boldsymbol{B}$相似，或$\boldsymbol{A}$相似于$\boldsymbol{B}$，记为$\boldsymbol{A}\sim\boldsymbol{B}$. 可逆矩阵$\boldsymbol{P}$称为相似变换矩阵.

相似是方阵之间的一种关系，这种关系具有下列性质：

(1) 自反性，即$\boldsymbol{A}\sim\boldsymbol{A}$.

(2) 对称性，即$\boldsymbol{A}\sim\boldsymbol{B}$，则$\boldsymbol{B}\sim\boldsymbol{A}$.

(3) 传递性，即$\boldsymbol{A}\sim\boldsymbol{B}$，$\boldsymbol{B}\sim\boldsymbol{C}$，则$\boldsymbol{A}\sim\boldsymbol{C}$.

矩阵的相似是矩阵的一种特殊关系，彼此相似的矩阵所具有的一些共性，称为相似不变性，这就是

定理 5.2.1 设 n 阶方阵 $\boldsymbol{A}=(a_{ij})$ 和 $\boldsymbol{B}=(b_{ij})$ 相似，则有：

(1) $r(\boldsymbol{A})=r(\boldsymbol{B})$，即相似矩阵有相同的秩.

(2) $|\boldsymbol{A}|=|\boldsymbol{B}|$，即相似矩阵有相同的行列式.

(3) $|\lambda\boldsymbol{E}-\boldsymbol{A}|=|\lambda\boldsymbol{E}-\boldsymbol{B}|$，即相似矩阵有相同的特征多项式，因而有相同的特征值.

(4) $\sum_{i=1}^{n}a_{ii}=\sum_{i=1}^{n}\lambda_i=\sum_{i=1}^{n}b_{ii}$，即矩阵 $\boldsymbol{A}$ 和 $\boldsymbol{B}$ 有相同的迹.

证(1)、(2)显然，只证明(3)和(4).

(3) 因为 $\boldsymbol{A}\sim\boldsymbol{B}$，故存在可逆矩阵 $\boldsymbol{P}$，使 $\boldsymbol{P}^{-1}\boldsymbol{A}\boldsymbol{P}=\boldsymbol{B}$，于是

$$\begin{aligned}|\lambda\boldsymbol{E}-\boldsymbol{B}|&=|\lambda\boldsymbol{E}-\boldsymbol{P}^{-1}\boldsymbol{A}\boldsymbol{P}|=|\boldsymbol{P}^{-1}\lambda\boldsymbol{E}\boldsymbol{P}-\boldsymbol{P}^{-1}\boldsymbol{A}\boldsymbol{P}|=|\boldsymbol{P}^{-1}(\lambda\boldsymbol{E}-\boldsymbol{A})\boldsymbol{P}|\\&=|\boldsymbol{P}^{-1}||\lambda\boldsymbol{E}-\boldsymbol{A}||\boldsymbol{P}|=|\lambda\boldsymbol{E}-\boldsymbol{A}|.\end{aligned}$$

(4) 由于 $\boldsymbol{A}\sim\boldsymbol{B}$，由(3)，$\boldsymbol{A}$ 和 $\boldsymbol{B}$ 有相同的特征值，记为 λ_1，λ_2，…，λ_n. 根据式(5.1.1)有

$$\sum_{i=1}^{n}a_{ii}=\sum_{i=1}^{n}\lambda_i \text{ 且 } \sum_{i=1}^{n}b_{ii}=\sum_{i=1}^{n}\lambda_i,$$

即 $\sum_{i=1}^{n}a_{ii}=\sum_{i=1}^{n}\lambda_i=\sum_{i=1}^{n}b_{ii}$.

注意：上述定理各部分的逆命题均不成立，如有相同特征多项式的方阵不一定相似等. 例如下列两个方阵

$$\boldsymbol{A}=\begin{pmatrix}1&1\\0&1\end{pmatrix},\ \boldsymbol{E}=\begin{pmatrix}1&0\\0&1\end{pmatrix}$$

有相同的特征多项式$(\lambda-1)^2$，但 $\boldsymbol{A}$ 与 $\boldsymbol{E}$ 不相似. 因为若有 $\boldsymbol{P}^{-1}\boldsymbol{A}\boldsymbol{P}=\boldsymbol{E}$，则有矛盾的结论 $\boldsymbol{A}=\boldsymbol{P}\boldsymbol{E}\boldsymbol{P}^{-1}=\boldsymbol{E}$，即单位矩阵只能与它自身相似.

例 5.2.1 设 3 阶方阵 $\boldsymbol{A}=\begin{pmatrix}2&-b&0\\2&a&0\\0&0&3\end{pmatrix}$ 相似于矩阵 $\boldsymbol{D}=\begin{pmatrix}1&-1&0\\2&2&0\\0&0&3\end{pmatrix}$. 求 $|\boldsymbol{A}|$ 及常数 a，b.

解 由定理 5.2.1 的(4)知，矩阵 $\boldsymbol{A}$ 与矩阵 $\boldsymbol{D}$ 有相同的迹，所以有 $2+a+3=1+2+3$，故得 $a=1$.

计算可得 $|\boldsymbol{D}|=12$，由定理 5.2.1 的(2)可知 $|\boldsymbol{A}|=3(2a+2b)=|\boldsymbol{D}|=12$，由此得 $b=1$.

二、方阵相似于对角矩阵的条件

由定理 5.2.1 知，相似矩阵有许多共同的性质. 因此，一个方阵 $\boldsymbol{A}$ 如果能与一个较简单的矩阵 $\boldsymbol{B}$ 相似，则可以通过研究简单矩阵 $\boldsymbol{B}$ 的性质，获得 $\boldsymbol{A}$ 的若干

性质. 最简单的矩阵是对角矩阵，下面讨论 n 阶方阵 $\boldsymbol{A}$ 如何通过相似变换化为对角矩阵的问题.

定义 5.2.2 **对于 n 阶方阵 $\boldsymbol{A}$，若存在可逆矩阵 $\boldsymbol{P}$，使得**

$$\boldsymbol{P}^{-1}\boldsymbol{A}\boldsymbol{P}=\boldsymbol{\Lambda}=\begin{pmatrix}\lambda_1 & & & \\ & \lambda_2 & & \\ & & \ddots & \\ & & & \lambda_n\end{pmatrix},$$

则称 $\boldsymbol{A}$ 相似于对角矩阵，或 $\boldsymbol{A}$ 可相似对角化.

注意，并非任何一个方阵都可以对角化(例如矩阵 $\boldsymbol{A}=\begin{pmatrix}1 & 1\\ 0 & 1\end{pmatrix}$ 不能对角化，请读者给出原因)，因此，需要先讨论方阵可对角化的条件.

定理 5.2.2 **n 阶方阵 $\boldsymbol{A}$ 可相似对角化的充分必要条件是 $\boldsymbol{A}$ 有 n 个线性无关的特征向量.**

证 若 n 阶方阵 $\boldsymbol{A}$ 可相似对角化，则存在可逆矩阵 $\boldsymbol{P}$，使 $\boldsymbol{P}^{-1}\boldsymbol{A}\boldsymbol{P}=\boldsymbol{\Lambda}$，即

$$\boldsymbol{A}\boldsymbol{P}=\boldsymbol{P}\boldsymbol{\Lambda}. \tag{5.2.1}$$

记矩阵 $\boldsymbol{P}$ 的 n 个列向量为 $\boldsymbol{\xi}_1$，$\boldsymbol{\xi}_2$，…，$\boldsymbol{\xi}_n$，即 $\boldsymbol{P}=(\boldsymbol{\xi}_1, \boldsymbol{\xi}_2, \cdots, \boldsymbol{\xi}_n)$，于是式(5.2.1)为

$$\boldsymbol{A}(\boldsymbol{\xi}_1, \boldsymbol{\xi}_2, \cdots, \boldsymbol{\xi}_n)=(\boldsymbol{\xi}_1, \boldsymbol{\xi}_2, \cdots, \boldsymbol{\xi}_n)\begin{pmatrix}\lambda_1 & & & \\ & \lambda_2 & & \\ & & \ddots & \\ & & & \lambda_n\end{pmatrix},$$

即

$$\boldsymbol{A}\boldsymbol{\xi}_i=\lambda_i\boldsymbol{\xi}_i, (i=1, 2, \cdots, n). \tag{5.2.2}$$

式(5.2.2)表明，向量 $\boldsymbol{\xi}_i$ 是矩阵 $\boldsymbol{A}$ 对应于 λ_i 的特征向量. 由于 $\boldsymbol{P}$ 可逆，所以 $\boldsymbol{\xi}_1$，$\boldsymbol{\xi}_2$，…，$\boldsymbol{\xi}_n$ 线性无关.

反之，若 $\boldsymbol{A}$ 有 n 个线性无关的特征向量，由上述过程逆推，可得到 $\boldsymbol{A}$ 相似于对角矩阵的结论.

根据上述定理，n 阶方阵 $\boldsymbol{A}$ 是否相似于对角矩阵，取决于 $\boldsymbol{A}$ 是否有 n 个线性无关的特征向量. 当 $\boldsymbol{A}$ 有 n 个线性无关的特征向量时，$\boldsymbol{A}$ 必可对角化，这时，以这 n 个线性无关的特征向量为列向量可得可逆矩阵 $\boldsymbol{P}$，且有

$$\boldsymbol{P}^{-1}\boldsymbol{A}\boldsymbol{P}=\mathrm{diag}(\lambda_1, \lambda_2, \cdots, \lambda_n),$$

其中 λ_1，λ_2，…，λ_n 是 $\boldsymbol{A}$ 的全部特征值(重根按重数计算). 应该注意，$\boldsymbol{P}$ 的第 j 列 $\boldsymbol{\xi}_j$ 为 $\boldsymbol{A}$ 的对应于特征值 λ_j 对应的特征向量($j=1, 2, \cdots, n$)，所以 $\boldsymbol{P}$ 的列向量 $\boldsymbol{\xi}_1$，$\boldsymbol{\xi}_2$，…，$\boldsymbol{\xi}_n$ 的排列次序，决定了对角矩阵主对角线上元素 λ_1，λ_2，…，λ_n 的排列次序. 当 λ_1，λ_2，…，λ_n 的排列次序改变时，$\boldsymbol{P}$ 中 $\boldsymbol{\xi}_1$，$\boldsymbol{\xi}_2$，…，$\boldsymbol{\xi}_n$ 的排列次序也要跟着变，反过来也一样.

将一个矩阵化为对角阵时，并不需要知道各个特征值的全部特征向量，只要知道它们的极大线性无关组，即方程组 $(\lambda_i \boldsymbol{E}-\boldsymbol{A})\boldsymbol{X}=\boldsymbol{o}$ 的一个基础解系就够了.

现在来看例 5.1.3、例 5.1.4 中方阵的对角化问题.

对于例 5.1.3，由于矩阵 $\boldsymbol{A}$ 的 2 重特征值 $\lambda_2=\lambda_3=1$ 只对应一个线性无关的特征向量，即 3 阶方阵 $\boldsymbol{A}$ 总共只有 2 个线性无关的特征向量，所以矩阵 $\boldsymbol{A}$ 不能对角化.

例 5.1.4 中的三阶方阵 $\boldsymbol{A}$ 有 3 个线性无关的特征向量，即

$$\boldsymbol{\xi}_1=\begin{pmatrix}1\\0\\1\end{pmatrix},\ \boldsymbol{\xi}_2=\begin{pmatrix}\frac{1}{4}\\1\\0\end{pmatrix},\ \boldsymbol{\xi}_3=\begin{pmatrix}\frac{1}{4}\\0\\1\end{pmatrix},$$

(它们分别对应于特征值−1，2，2)所以 $\boldsymbol{A}$ 可以对角化.

令

$$\boldsymbol{P}=(\boldsymbol{\xi}_1,\ \boldsymbol{\xi}_2,\ \boldsymbol{\xi}_3)=\begin{pmatrix}1 & \frac{1}{4} & \frac{1}{4}\\0 & 1 & 0\\1 & 0 & 1\end{pmatrix},$$

则 $\boldsymbol{P}$ 可逆，且有

$$\boldsymbol{P}^{-1}\boldsymbol{A}\boldsymbol{P}=\begin{pmatrix}-1 & & \\ & 2 & \\ & & 2\end{pmatrix}.$$

但若令 $\boldsymbol{P}=(\boldsymbol{\xi}_2,\ \boldsymbol{\xi}_1,\ \boldsymbol{\xi}_3)$，则对应的对角矩阵为 $\boldsymbol{P}^{-1}\boldsymbol{A}\boldsymbol{P}=\mathrm{diag}(2,\ -1,\ 2)$.

我们已经知道，如果 n 阶方阵 $\boldsymbol{A}$ 有 n 个互不相同的特征值，则 $\boldsymbol{A}$ 必有 n 个线性无关的特征向量. 于是有：

推论 1　若 n 阶方阵 $\boldsymbol{A}$ 有 n 个互不相同的特征值，则 $\boldsymbol{A}$ 必能够相似于对角矩阵.

如果 n 阶方阵 $\boldsymbol{A}$ 有重特征值，且每一个重特征值所对应的线性无关的特征向量的个数等于该特征值的重数，则 $\boldsymbol{A}$ 的线性无关的特征向量的个数等于 n. 在这种情况下，$\boldsymbol{A}$ 可对角化.

推论 2　n 阶方阵 $\boldsymbol{A}$ 相似于对角矩阵的充要条件是，$\boldsymbol{A}$ 的每一个 t_i 重特征值 λ_i 对应 t_i 个线性无关的特征向量.

再次来看例 5.1.2、例 5.1.3、例 5.1.4 中方阵的对角化问题.

对于例 5.1.2，由于矩阵 $\boldsymbol{A}$ 的有两个不同的特征值，所以 $\boldsymbol{A}$ 可以对角化.

对于例 5.1.3，由于矩阵 $\boldsymbol{A}$ 的 2 重特征值 $\lambda_2=\lambda_3=1$ 只对应一个线性无关的特征向量，所以矩阵 $\boldsymbol{A}$ 不能对角化.

例 5.1.4 中的三阶方阵 $\boldsymbol{A}$ 的 2 重特征值 $\lambda_2=\lambda_3=2$ 对应了两个线性无关的特

征向量 $\xi_2=\begin{pmatrix}\frac{1}{4}\\1\\0\end{pmatrix}$，$\xi_3=\begin{pmatrix}\frac{1}{4}\\0\\1\end{pmatrix}$，所以 $\boldsymbol{A}$ 可以对角化.

习题 5－2

1. 判断下列命题是否正确并说明理由.

(1) 矩阵 $\boldsymbol{A}=\begin{pmatrix}1&&\\&1&\\&&2\end{pmatrix}$ 与 $\boldsymbol{B}=\begin{pmatrix}1&&\\&2&\\&&1\end{pmatrix}$ 相似.

(2) 矩阵 $\boldsymbol{A}=\begin{pmatrix}1&&\\&1&\\&&2\end{pmatrix}$ 与 $\boldsymbol{B}=\begin{pmatrix}1&2&0\\0&1&0\\0&0&2\end{pmatrix}$ 相似.

(3) 若 $\boldsymbol{A}\sim\boldsymbol{B}$，则 $|\boldsymbol{A}|=|\boldsymbol{B}|$.

(4) n 阶方阵 $\boldsymbol{A}$，$\boldsymbol{B}$ 有相同的特征值，则 $\boldsymbol{A}$，$\boldsymbol{B}$ 相似.

(5) n 阶方阵 $\boldsymbol{A}$，$\boldsymbol{B}$ 有相同的特征值，且都可以对角化，则 $\boldsymbol{A}$，$\boldsymbol{B}$ 相似.

(6) n 阶方阵 $\boldsymbol{A}$，$\boldsymbol{B}$ 相似，则 $k\boldsymbol{E}+\boldsymbol{A}$ 与 $k\boldsymbol{E}+\boldsymbol{B}$ 相似.

2. 习题 5－1 第 2 题中的矩阵哪些可以相似于对角矩阵？若能相似于对角矩阵，将该矩阵相似对角化.

3. 已知矩阵 $\boldsymbol{A}=\begin{pmatrix}4&a\\2&b\end{pmatrix}$，$\boldsymbol{B}=\begin{pmatrix}2&0\\0&-1\end{pmatrix}$ 且 $\boldsymbol{A}\sim\boldsymbol{B}$，求 a，b 的值及 $\boldsymbol{A}$，$\boldsymbol{B}$ 的特征值.

4. 矩阵 $\boldsymbol{A}=\begin{pmatrix}2&0&0\\0&0&1\\0&1&x\end{pmatrix}$ 与 $\boldsymbol{B}=\begin{pmatrix}2&0&0\\0&y&0\\0&0&-1\end{pmatrix}$ 相似，求 x，y 的值.

5. 已知 $\boldsymbol{A}\sim\boldsymbol{B}$，其中 $\boldsymbol{A}=\begin{pmatrix}1&4\\2&3\end{pmatrix}$，$\boldsymbol{B}=\begin{pmatrix}6&a\\-1&b\end{pmatrix}$，求 a，b 的值及矩阵 $\boldsymbol{P}$，使 $\boldsymbol{P}^{-1}\boldsymbol{AP}=\boldsymbol{B}$.

5.3　实对称矩阵的相似对角化

在上一节的讨论中，我们看到，并非任何一个方阵都可以对角化. 但是，有一类矩阵却是一定可以对角化的，这就是实对称矩阵.

定理 5.3.1　实对称矩阵的特征值是实数.（证明略）

例 5.3.1　求矩阵 $\boldsymbol{A}=\begin{pmatrix}0&1\\1&0\end{pmatrix}$，$\boldsymbol{B}=\begin{pmatrix}0&-1\\1&0\end{pmatrix}$ 的特征值.

解 $|\lambda E-A|=\begin{vmatrix}\lambda & -1\\ -1 & \lambda\end{vmatrix}=\lambda^2-1=0$，得 A 的特征值为 $\lambda_1=1$，$\lambda_2=-1$.

$|\lambda E-B|=\begin{vmatrix}\lambda & 1\\ -1 & \lambda\end{vmatrix}=\lambda^2+1=0$，得 B 的特征值为 $\lambda_1=i$，$\lambda_2=-i$

对于 n 阶实对称矩阵 A，我们知道 A 必有 n 个特征值，再由定理 5.3.1，实对称矩阵的特征值都是实数，因此 n 阶实对称矩阵 A 必有 n 个实特征值.

定理 5.3.2　实对称矩阵的不同特征值所对应的特征向量是正交的.

证　设 λ_1，λ_2 是实对称矩阵 A 的两个特征值且 $\lambda_1\neq\lambda_2$，ξ_1，ξ_2 分别是对应于 λ_1，λ_2 的特征向量，则 $A\xi_1=\lambda_1\xi_1$，$A\xi_2=\lambda_2\xi_2$. 根据内积的性质，有

$$(A\xi_1,\ \xi_2)=(\lambda_1\xi_1,\ \xi_2)=\lambda_1(\xi_1,\ \xi_2),$$

$$(A\xi_1,\ \xi_2)=(A\xi_1)^T\xi_2=\xi_1^TA^T\xi_2=\xi_1^TA\xi_2=\xi_1^T\lambda_2\xi_2=\lambda_2(\xi_1,\ \xi_2),$$

两式相减，得

$$(\lambda_1-\lambda_2)(\xi_1,\ \xi_2)=0,$$

因 $\lambda_1\neq\lambda_2$，故 $(\xi_1,\ \xi_2)=0$，即 ξ_1 与 ξ_2 正交.

例 5.3.2　求矩阵 $A=\begin{pmatrix}0 & 1\\ 1 & 0\end{pmatrix}$ 的特征值与特征向量.

解 $|\lambda E-A|=\begin{vmatrix}\lambda & -1\\ -1 & \lambda\end{vmatrix}=\lambda^2-1=0$，所以，$A$ 的特征值为 $\lambda_1=1$，$\lambda_2=-1$.

当 $\lambda_1=1$ 时，解方程组 $(1E-A)X=o$，即

$$\begin{pmatrix}1 & -1\\ -1 & 1\end{pmatrix}\begin{pmatrix}x_1\\ x_2\end{pmatrix}=\begin{pmatrix}0\\ 0\end{pmatrix},$$

解得基础解系为 $\xi_1=(1,\ 1)^T$.

当 $\lambda_2=-1$ 时，解方程组 $(-1E-A)X=o$，即

$$\begin{pmatrix}-1 & -1\\ -1 & -1\end{pmatrix}\begin{pmatrix}x_1\\ x_2\end{pmatrix}=\begin{pmatrix}0\\ 0\end{pmatrix},$$

解得基础解系为 $\xi_2=(1,\ -1)^T$.

显然，对应于不同特征值的特征向量 ξ_1，ξ_2 正交.

若 λ_i 是 n 阶实对称矩阵 A 的 r_i 重特征值，可以证明，特征矩阵 (λ_iE-A) 的秩为 $n-r_i$，因此齐次线性方程组 $(\lambda_iE-A)X=o$ 的基础解系含有 $n-(n-r_i)=r_i$ 个线性无关的解向量，即对应于 n 阶实对称矩阵 A 的 r_i 重特征值，有 r_i 个线性无关的特征向量.

由于 n 阶实对称矩阵 A 有 n 个实特征值，设 n 阶实对称矩阵 A 的互不相等的特征值为 λ_1，λ_2，…，λ_s，它们的重数依次是 r_1，r_2，…，$r_s(r_1+r_2+\cdots+r_s=n)$，则对应于 A 的互不相等的特征值 λ_1，λ_2，…，λ_s，分别有 r_1，r_2，…，r_s 个线性无关的特征向量，即 n 阶实对称矩阵 A 必有 n 个线性无关的特征向量. 所以，**n 阶实对称矩阵 A 一定可以对角化.**

更进一步，将 n 阶实对称矩阵 $\boldsymbol{A}$ 的 r_i 重特征值对应的 r_i 个线性无关的特征向量标准正交化，$i=1, 2, \cdots, s$. 由于特征向量的线性组合仍然是特征向量，则得到 $\boldsymbol{A}$ 的 r_i 重特征值对应的 r_i 个单位特征向量. 由 $r_1+r_2+\cdots+r_s=n$，则 n 阶实对称矩阵 $\boldsymbol{A}$ 共有 n 个这样的特征向量.

由定理 5.3.2，对应于不同特征值的特征向量正交，所以这 n 个单位特征向量构成了一个标准正交向量组，即 n 阶实对称矩阵 $\boldsymbol{A}$ 的 n 个特征值对应着 n 个标准正交的特征向量.

综上所述，有：

定理 5.3.3 设 $\boldsymbol{A}$ 为 n 阶实对称矩阵，则必有正交矩阵 $\boldsymbol{C}$，使 $\boldsymbol{C}^{-1}\boldsymbol{AC}=\boldsymbol{\Lambda}$，即

$$\boldsymbol{C}^{-1}\boldsymbol{AC}=\boldsymbol{\Lambda}=\begin{pmatrix}\lambda_1 & & & \\ & \lambda_2 & & \\ & & \ddots & \\ & & & \lambda_n\end{pmatrix},$$

其中 $\lambda_1, \lambda_2, \cdots, \lambda_n$ 是 $\boldsymbol{A}$ 的 n 个特征值，正交矩阵 $\boldsymbol{C}$ 的 n 个列向量是矩阵 $\boldsymbol{A}$ 对应于这 n 个特征值的标准正交的特征向量.

证明略.

下面给出对于实对称矩阵 $\boldsymbol{A}$，求正交矩阵 $\boldsymbol{C}$ 的步骤(使 $\boldsymbol{C}^{-1}\boldsymbol{AC}=\boldsymbol{\Lambda}$)：

(1) 由 $|\lambda\boldsymbol{E}-\boldsymbol{A}|=0$，求 $\boldsymbol{A}$ 的 n 个特征值 $\lambda_1, \lambda_2, \cdots, \lambda_n$.

(2) 对于每一个特征值 λ_i，构造 $(\lambda_i\boldsymbol{E}-\boldsymbol{A})X=o$，求其基础解系(即特征值 λ_i 对应的线性无关的特征向量).

(3) 对 $t\,(t>1)$ 重特征值对应的 t 个线性无关的特征向量，用施密特(Schimidt)正交化方法，将 t 个线性无关的特征向量正交化.

(4) 将 $\boldsymbol{A}$ 的 n 个正交的特征向量标准化，并以它们为列向量构成正交矩阵 $\boldsymbol{C}$，即为所求正交矩阵.

例 5.3.3 求正交矩阵 $\boldsymbol{C}$，将矩阵

$$\boldsymbol{A}=\begin{pmatrix}0 & 1 & -1\\ 1 & 0 & 1\\ -1 & 1 & 0\end{pmatrix}$$

相似对角化.

解 矩阵 $\boldsymbol{A}$ 的特征值方程为

$$|\lambda\boldsymbol{E}-\boldsymbol{A}|=\begin{vmatrix}\lambda & -1 & 1\\ -1 & \lambda & -1\\ 1 & -1 & \lambda\end{vmatrix}=(\lambda-1)^2(\lambda+2)=0,$$

所以 $\boldsymbol{A}$ 的特征值为 $\lambda_1=\lambda_2=1$，$\lambda_3=-2$.

对于 $\lambda_1=\lambda_2=1$，解齐次线性方程组 $(1\boldsymbol{E}-\boldsymbol{A})\boldsymbol{X}=\boldsymbol{o}$，得基础解系

$$\boldsymbol{\xi}_1=\begin{pmatrix}1\\1\\0\end{pmatrix},\quad \boldsymbol{\xi}_2=\begin{pmatrix}-1\\0\\1\end{pmatrix}.$$

将 $\boldsymbol{\xi}_1$，$\boldsymbol{\xi}_2$ 正交化，得

$$\boldsymbol{\eta}_1=\begin{pmatrix}1\\1\\0\end{pmatrix},\ \boldsymbol{\eta}_2=\begin{pmatrix}-\frac{1}{2}\\\frac{1}{2}\\1\end{pmatrix}.$$

对于 $\lambda_3=-2$，解齐次线性方程组 $(-2\boldsymbol{E}-\boldsymbol{A})\boldsymbol{X}=\boldsymbol{o}$，得基础解系

$$\boldsymbol{\xi}_3=\begin{pmatrix}1\\-1\\1\end{pmatrix}.$$

将 $\boldsymbol{\eta}_1$，$\boldsymbol{\eta}_2$，$\boldsymbol{\xi}_3$ 单位化，得

$$\boldsymbol{\gamma}_1=\begin{pmatrix}\frac{1}{\sqrt{2}}\\\frac{1}{\sqrt{2}}\\0\end{pmatrix},\ \boldsymbol{\gamma}_2=\begin{pmatrix}-\frac{1}{\sqrt{6}}\\\frac{1}{\sqrt{6}}\\\frac{2}{\sqrt{6}}\end{pmatrix},\ \boldsymbol{\gamma}_3=\begin{pmatrix}\frac{1}{\sqrt{3}}\\-\frac{1}{\sqrt{3}}\\\frac{1}{\sqrt{3}}\end{pmatrix},$$

于是得正交矩阵

$$\boldsymbol{C}=(\boldsymbol{\gamma}_1,\ \boldsymbol{\gamma}_2,\ \boldsymbol{\gamma}_3)=\begin{pmatrix}\frac{1}{\sqrt{2}}&-\frac{1}{\sqrt{6}}&\frac{1}{\sqrt{3}}\\\frac{1}{\sqrt{2}}&\frac{1}{\sqrt{6}}&-\frac{1}{\sqrt{3}}\\0&\frac{2}{\sqrt{6}}&\frac{1}{\sqrt{3}}\end{pmatrix},$$

使得

$$\boldsymbol{C}^{-1}\boldsymbol{A}\boldsymbol{C}=\begin{pmatrix}1&&\\&1&\\&&-2\end{pmatrix}$$

习题 5-3

1. 判断下列命题是否正确并说明理由.

(1) n 阶实对称矩阵 $\boldsymbol{A}$ 有 n 个实特征值.

(2) 任一 n 阶方阵的不同的特征值所对应的特征向量线性无关，而 n 阶实对称矩阵的不同的特征值所对应的特征向量线性无关且正交.

(3) n 阶实对称矩阵 $\boldsymbol{A}$ 的 k_i 重特征值对应 k_i 个线性无关的特征向量.

(4) n 阶实对称矩阵 $\boldsymbol{A}$ 线性无关的特征向量的个数可能小于 n.

(5) n 阶实对称矩阵 $\boldsymbol{A}$ 一定可以相似对角化.

2. $\boldsymbol{\alpha}_1=(1, 1, 3)^{\mathrm{T}}$, $\boldsymbol{\alpha}_2=(4, 5, a)^{\mathrm{T}}$ 分别是对应于实对称矩阵 $\boldsymbol{A}$ 不同特征值 λ_1 与 λ_2 的特征向量，则 $a=$________.

3. 将下列实对称矩阵相似对角化.

(1) $\begin{pmatrix} 1 & 3 \\ 3 & 1 \end{pmatrix}$；　(2) $\begin{pmatrix} 1 & 1 & 2 \\ 1 & 2 & 1 \\ 2 & 1 & 1 \end{pmatrix}$；　(3) $\begin{pmatrix} 1 & 1 & 1 \\ 1 & 3 & 1 \\ 1 & 1 & 1 \end{pmatrix}$；　(4) $\begin{pmatrix} 2 & 2 & 2 \\ 2 & 2 & 2 \\ 2 & 2 & 2 \end{pmatrix}$.

本章小结

本章主要讨论的问题是 n 阶方阵之间的一种重要关系——相似. 由于相似矩阵有许多共同性质，因此希望一个 n 阶方阵 $\boldsymbol{A}$ 能与方阵中最简单的矩阵——对角矩阵相似. 围绕这个主题，主要涉及以下知识：

一、方阵的特征值与特征向量

(1) 定义：设 $\boldsymbol{A}$ 为 n 阶方阵，λ 是一个数，$\boldsymbol{\xi}$ 是非零列向量，若满足 $\boldsymbol{A\xi}=\lambda\boldsymbol{\xi}$，则称数 λ 为方阵 $\boldsymbol{A}$ 的特征值，称非零向量 $\boldsymbol{\xi}$ 为矩阵 $\boldsymbol{A}$ 的对应于特征值 λ 的特征向量.

(2) 求法：解特征方程 $|\lambda\boldsymbol{E}-\boldsymbol{A}|=0$，求出矩阵 $\boldsymbol{A}$ 的全部不同特征值 λ_1，λ_2，…，λ_t；对于每一个特征值 λ_i，齐次线性方程组 $(\lambda_i\boldsymbol{E}-\boldsymbol{A})X=o$ 的基础解系的非零线性组合就是 $\boldsymbol{A}$ 的对应于特征值 λ_i 的全部特征向量($i=1, 2, \cdots, t$).

(3) 性质：(略).

二、相似矩阵

对 $\boldsymbol{A}$ 和 $\boldsymbol{B}$ 两个 n 阶方阵，若存在可逆矩阵 $\boldsymbol{P}$，使得 $\boldsymbol{P}^{-1}\boldsymbol{AP}=\boldsymbol{B}$，则称 $\boldsymbol{A}$ 和 $\boldsymbol{B}$ 相似，记为 $\boldsymbol{A}\sim\boldsymbol{B}$.

三、方阵 A 与对角矩阵相似的条件

充分必要条件：$\boldsymbol{A}$ 有 n 个线性无关的特征向量.

充分条件：$\boldsymbol{A}$ 有 n 个互不相同的特征值.

四、实对称矩阵 A 的相似对角化

实对称矩阵是一种特殊的矩阵. n 阶实对称矩阵必能相似于 n 阶对角矩阵，并且进一步可求得一个正交矩阵 $\boldsymbol{C}$，使 $\boldsymbol{C}^{-1}\boldsymbol{AC}=\boldsymbol{C}^{\mathrm{T}}\boldsymbol{AC}=\boldsymbol{\Lambda}$.

实例介绍

动力系统和斑点猫头鹰

1990年，对于是否使用太平洋西北岸茂密森林中的木材，人们展开了广泛的争论，争论的焦点就是北方斑点猫头鹰.

环保主义者认为，如果继续砍伐那片适宜猫头鹰生活的原始森林，猫头鹰将面临灭绝的威胁；木材产业者预计，如果政府限制伐木，将会有30000～100000人失业；数学生态学者们身处两派的争论中，这更激发了他们了解斑点猫头鹰种群动态的热情.

一只斑点猫头鹰的生命周期可以自然地分为三个阶段：幼鸟期(1岁以下)、成长期(1到2岁)和成熟期(2岁以上). 猫头鹰在生长期和成熟期交配，从成熟期开始繁殖，最长可以活到20岁. 每对猫头鹰大约需要1000公顷作为它们自己的领地. 生命周期中很重要的一个时期就是幼鸟离开巢穴的时候，为了生存，它必须成功找到一个对应于自己的新领地(通常还有一个配偶).

研究猫头鹰种群动态的第一步是以年为时间间隔建模，记时间为$k=0, 1, 2, \cdots$，通常假设在各个生命阶段雌雄猫头鹰的数量比为1∶1，于是可以只计算雌猫头鹰的数量. 用向量$x_k=(j_k, s_k, a_k)$表示在第k年雌猫头鹰的数量，其中j_k，s_k，a_k分别表示处于幼鸟期、成长期和成熟期的数量.

根据统计学研究中的实际野外数据，R. Lamberson和他的同事们建立了如下的状态－矩阵模型

$$\begin{pmatrix} j_{k+1} \\ s_{k+1} \\ a_{k+1} \end{pmatrix} = \begin{pmatrix} 0 & 0 & 0.33 \\ 0.18 & 0 & 0 \\ 0 & 0.71 & 0.94 \end{pmatrix} \begin{pmatrix} j_k \\ s_k \\ a_k \end{pmatrix}.$$

从中可以看出，基于每一对猫头鹰的平均生育率，新的幼年雌猫头鹰在$k+1$年中的数量是成熟期雌猫头鹰在k年里数量的0.33倍；有18%的幼鸟能够存活下来进入成长期；有71%的处于成长期的猫头鹰和94%的成年猫头鹰能够存活下来并被计入第$k+1$年成熟期的猫头鹰之列.

上述状态－矩阵模型是一个形如$x_{k+1}=\boldsymbol{A}x_k$的差分方程，它描述了系统随时间的变化，通常被称为动力系统(或离散线性动力系统). 利用方阵的特征值和特征向量的概念，可得差分方程$x_{k+1}=\boldsymbol{A}x_k$的解.

Lamberson状态矩阵的各个元素中，幼鸟18%的存活率主要是受现存原始森林数量的影响，而过度砍伐使原始森林变得支离破碎，当猫头鹰离开森林树冠的保护穿越砍伐区时，被捕食者攻击的危险急剧增加. 实际上，该模型的计算结果预示了猫头鹰最终必将灭绝.

综合练习题五

1. 填空题.

(1) 设 $\boldsymbol{A}$ 是3阶矩阵，$\boldsymbol{A}^{-1}$ 的特征值是1，2，3，则 $\boldsymbol{A}^*$ 的特征值是________.

(2) 设 $\boldsymbol{A}$ 为 n 阶矩阵，$r(\boldsymbol{A})<n$，则 $\boldsymbol{A}$ 必有特征值________，且该特征值的重数至少是________.

(3) 设 $\boldsymbol{A}$ 为 n 阶可逆矩阵，λ 是 $\boldsymbol{A}$ 的特征值，则 $(\boldsymbol{A}^*)^2+\boldsymbol{E}$ 必有特征值________.

(4) 已知 -2 是 $\boldsymbol{A}=\begin{pmatrix}0 & -2 & -2\\ 2 & x & -2\\ -2 & 2 & 6\end{pmatrix}$ 的特征值，则 $x=$________.

(5) 设 $\boldsymbol{A}$ 是3阶矩阵，且各行元素之和都是5，则 $\boldsymbol{A}$ 必有特征向量________.

(6) 已知4阶矩阵 $\boldsymbol{A}$ 与 $\boldsymbol{B}$ 相似，$\boldsymbol{A}$ 的特征值为 $\frac{1}{2}$，$\frac{1}{3}$，$\frac{1}{4}$，$\frac{1}{5}$，则 $|\boldsymbol{B}^{-1}-\boldsymbol{E}|=$________.

(7) 设 $\boldsymbol{A}$ 为 n 阶矩阵，$|\boldsymbol{A}|=5$，则 $\boldsymbol{B}=\boldsymbol{A}\boldsymbol{A}^*$ 的特征值是________，特征向量是________.

(8) 已知 $\boldsymbol{A}=\begin{pmatrix}-1 & 1 & 0\\ -4 & 3 & 0\\ 1 & 0 & 2\end{pmatrix}$，$\boldsymbol{B}=\begin{pmatrix}-1 & -4 & 1\\ 1 & 3 & 0\\ 0 & 0 & 2\end{pmatrix}$，且 $\boldsymbol{A}$ 的特征值为2和1(二重)，则 $\boldsymbol{B}$ 的特征值为________.

(9) 设 $\boldsymbol{A}$，$\boldsymbol{B}$ 为 n 阶矩阵，且 $|\boldsymbol{A}|\neq 0$，则 $\boldsymbol{AB}$ 与 $\boldsymbol{BA}$ 相似. 这是因为存在可逆矩阵 $\boldsymbol{P}=$________，使得 $\boldsymbol{P}^{-1}\boldsymbol{ABP}=\boldsymbol{BA}$.

(10) 设 n 阶方阵 $\boldsymbol{A}=(a_{ij})$ 且 $r(\boldsymbol{A})=1$，则 $\boldsymbol{A}$ 的特征值为________.

2. 选择题.

(1) 若 n 阶矩阵 $\boldsymbol{A}$ 的任意一行 n 个元素的和都是 a，则 $\boldsymbol{A}$ 的一个特征值为________.

(A) a；　(B) $-a$；　(C) 0；　(D) a^{-1}.

(2) 设 $\boldsymbol{A}$ 为 n 阶方阵，$\boldsymbol{\xi}_1$，$\boldsymbol{\xi}_2$ 分别为 $\boldsymbol{A}$ 对应于特征值 λ_1，λ_2 的特征向量，则________.

(A) 当 $\lambda_1=\lambda_2$ 时，$\boldsymbol{\xi}_1$，$\boldsymbol{\xi}_2$ 一定成比例；

(B) 当 $\lambda_1=\lambda_2$ 时，$\boldsymbol{\xi}_1$，$\boldsymbol{\xi}_2$ 一定不成比例；

(C) 当 $\lambda_1\neq\lambda_2$ 时，$\boldsymbol{\xi}_1$，$\boldsymbol{\xi}_2$ 一定成比例；

(D) 当 $\lambda_1\neq\lambda_2$ 时，$\boldsymbol{\xi}_1$，$\boldsymbol{\xi}_2$ 一定不成比例.

(3) 设 $\boldsymbol{A}$ 为3阶不可逆方阵，$\boldsymbol{\alpha}_1$，$\boldsymbol{\alpha}_2$ 是 $\boldsymbol{AX}=\boldsymbol{o}$ 的基础解系，$\boldsymbol{\alpha}_3$ 是对应于特

征值$\lambda=1$的特征向量，下列向量中，不是$\boldsymbol{A}$的特征向量的是________.

(A) $\boldsymbol{\alpha}_1+3\boldsymbol{\alpha}_2$；　(B) $\boldsymbol{\alpha}_1-\boldsymbol{\alpha}_2$；　(C) $\boldsymbol{\alpha}_1+\boldsymbol{\alpha}_3$；　(D) $2\boldsymbol{\alpha}_3$.

(4) $\boldsymbol{\xi}_0$是$\boldsymbol{A}$对应于特征值λ_0的特征向量，则$\boldsymbol{\xi}_0$不是________的特征向量.

(A) $(\boldsymbol{A}+\boldsymbol{E})^2$；　(B) $-2\boldsymbol{A}$；　(C) $\boldsymbol{A}^{\mathrm{T}}$；　(D) $\boldsymbol{A}^*$.

(5) 下列矩阵中，不能相似对角化的是________.

(A) $\begin{pmatrix}1&2&-1\\2&4&3\\-1&3&5\end{pmatrix}$；　(B) $\begin{pmatrix}0&0&0\\0&0&0\\1&2&3\end{pmatrix}$；

(C) $\begin{pmatrix}0&0&0\\0&1&0\\0&2&3\end{pmatrix}$；　(D) $\begin{pmatrix}0&0&0\\1&0&0\\0&2&1\end{pmatrix}$.

(6) 设$\boldsymbol{A}$为n阶非零方阵，$\boldsymbol{A}^m=\boldsymbol{O}$，下列命题中不正确的是________.

(A) $\boldsymbol{A}$的特征值只有零；

(B) $\boldsymbol{A}$不能对角化；

(C) $\boldsymbol{E}+\boldsymbol{A}+\boldsymbol{A}^2+\cdots+\boldsymbol{A}^{m-1}$必可逆；

(D) $\boldsymbol{A}$只有一个线性无关的特征向量.

(7) 若$\boldsymbol{A}\sim\boldsymbol{B}$，则________.

(A) $\lambda\boldsymbol{E}-\boldsymbol{A}=\lambda\boldsymbol{E}-\boldsymbol{B}$；

(B) $\boldsymbol{A}$，$\boldsymbol{B}$均与同一个对角矩阵相似；

(C) $|\boldsymbol{A}|=|\boldsymbol{B}|$；

(D) 对于相同的特征值，两个矩阵有相同的特征向量.

(8) 设3阶方阵$\boldsymbol{A}$有特征值$\lambda_1=1$，$\lambda_2=-1$，$\lambda_3=-2$，其对应的特征向量分别为$\boldsymbol{\xi}_1$，$\boldsymbol{\xi}_2$，$\boldsymbol{\xi}_3$，记$\boldsymbol{P}=(2\boldsymbol{\xi}_2，-3\boldsymbol{\xi}_3，4\boldsymbol{\xi}_1)$，则$\boldsymbol{P}^{-1}\boldsymbol{A}\boldsymbol{P}=$________.

(A) $\begin{pmatrix}-1&&\\&-2&\\&&1\end{pmatrix}$；　(B) $\begin{pmatrix}2&&\\&1&\\&&-1\end{pmatrix}$；

(C) $\begin{pmatrix}1&&\\&-1&\\&&2\end{pmatrix}$；　(D) $\begin{pmatrix}-1&&\\&1&\\&&2\end{pmatrix}$.

3. 已知$\boldsymbol{A}\boldsymbol{\xi}_i=i\boldsymbol{\xi}_i(i=1，2，3)$，其中，$\boldsymbol{\xi}_1=(1，2，2)^{\mathrm{T}}$，$\boldsymbol{\xi}_2=(2，-2，1)^{\mathrm{T}}$，$\boldsymbol{\xi}_3=(-2，-1，2)^{\mathrm{T}}$，求矩阵$\boldsymbol{A}$.

4. 已知3阶矩阵$\boldsymbol{A}$的第一行元素全是1，且$(1，1，1)^{\mathrm{T}}$，$(1，0，-1)^{\mathrm{T}}$，$(1，-1，0)^{\mathrm{T}}$是$\boldsymbol{A}$的3个特征向量，求$\boldsymbol{A}$.

5. 设矩阵$\boldsymbol{A}=\begin{pmatrix}a&-1&c\\5&b&3\\1-c&0&-a\end{pmatrix}$，行列式$|\boldsymbol{A}|=-1$，又$\boldsymbol{A}^*$有一个特征值

λ_0，属于 λ_0 的一个特征向量为 $\alpha=(-1, -1, 1)^T$，求 a，b，c 及 λ_0 的值.

6. 已知 $\lambda=0$ 是 $\boldsymbol{A}=\begin{pmatrix} 3 & 2 & -2 \\ -k & 1 & k \\ 4 & k & -3 \end{pmatrix}$ 的特征值，判断 $\boldsymbol{A}$ 能否对角化.

7. 已知 2 阶方阵 $\boldsymbol{A}$ 的特征值为 1，2，它们对应的特征向量分别为 $(1, 2)^T$ 和 $(1, 3)^T$，求 $\boldsymbol{A}$ 及 $\boldsymbol{A}^k$.

8. 设 $\boldsymbol{A}=\begin{pmatrix} -3 & 2 \\ -2 & 2 \end{pmatrix}$，求 $\boldsymbol{A}^k$.

9. 3 阶矩阵 $\boldsymbol{A}$ 有特征值 ± 1 和 2，证明 $\boldsymbol{B}=(\boldsymbol{E}+\boldsymbol{A}^*)^2$ 能够对角化，并求 $\boldsymbol{B}$ 的相似对角矩阵.

10. λ_1，λ_2，λ_3 是 $\boldsymbol{A}$ 是的特征值，$\boldsymbol{\xi}_1$，$\boldsymbol{\xi}_2$，$\boldsymbol{\xi}_3$ 是相应的特征向量，若 $\boldsymbol{\xi}_1+\boldsymbol{\xi}_2+\boldsymbol{\xi}_3$ 仍是 $\boldsymbol{A}$ 的特征向量，证明：$\lambda_1=\lambda_2=\lambda_3$.

第 6 章　二次型

将线性代数应用于工程（在设计标准及优化方面）和信号处理（输出噪声功率）时，常常出现称为**二次型**的这类和式，它们在物理（势能和动能）、微分几何（曲面的法曲率）、经济学（效用函数）和统计学（置信椭圆）中也都会出现．本章就来研究这些实际问题的数学背景．

6.1　二次型的概念

二次型理论起源于解析几何中的二次曲线和二次曲面方程的化简问题．我们知道，平面上中心在原点的二次曲线方程

$$3x^2-2xy+3y^2=1, \tag{*}$$

图像如图 6－1 所示．

可以用适当的坐标变换

$$\begin{cases}x=x'\cos\theta-y'\sin\theta,\\ y=x'\sin\theta+y'\cos\theta.\end{cases}$$

其中 $\theta=\frac{\pi}{4}$，即可化成只含有平方项的形式

$$2x'^2+4y'^2=1. \tag{**}$$

其图像如图 6－2 所示，即标准位置上的椭圆．

由（＊＊）可以方便地确定二次曲线（＊）的形状．

对于空间上的二次曲面也可以类似地这样做．

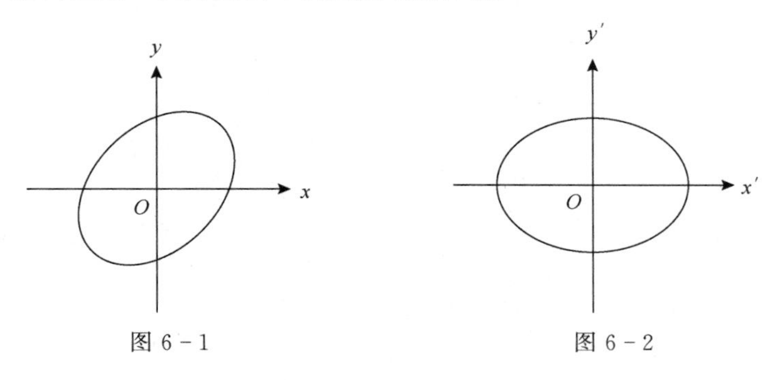

图 6－1　　　　图 6－2

一、二次型与二次型的标准形

定义 6.1.1　称 n 个变量 x_1，x_2，…，x_n 的二次齐次多项式

$$
\begin{aligned}
f(x_1, x_2, \cdots, x_n) = & a_{11}x_1^2 + 2a_{12}x_1x_2 + 2a_{13}x_1x_3 + \cdots + 2a_{1n}x_1x_n \\
& + a_{22}x_2^2 + 2a_{23}x_2x_3 + \cdots + 2a_{1n}x_1x_n \\
& + \cdots \\
& + a_{nn}x_n^2
\end{aligned} \tag{6.1.1}
$$

为 n 元二次型. 当系数 $a_{ij}(i, j=1, 2, \cdots, n)$ 为实数时，称为 n 元实二次型(以下只讨论实二次型).

特别地，只含有平方项的 n 元二次型

$$
f(x_1, x_2, \cdots, x_n) = d_1x_1^2 + d_2x_2^2 + \cdots + d_nx_n^2, \tag{6.1.2}
$$

称为 n 元二次型的标准形.

为研究方便，常把二次型写成矩阵形式. 在二次型表达式(6.1.1)中，令 $2a_{ij} = a_{ij} + a_{ji}$，即 $a_{ij} = a_{ji}(i, j=1, 2, \cdots, n; i \neq j)$，则二次型可写成

$$
\begin{aligned}
f(x_1, x_2, \cdots, x_n) = & a_{11}x_1^2 + a_{12}x_1x_2 + \cdots + a_{1n}x_1x_n \\
& + a_{21}x_2x_1 + a_{22}x_2^2 + \cdots + a_{2n}x_2x_n \\
& + \quad \cdots \quad \cdots \quad \cdots \\
& + a_{n1}x_nx_1 + a_{n2}x_nx_2 + \cdots + a_{nn}x_n^2, \\
= & \sum_{i, j=1}^{n} a_{ij}x_ix_j.
\end{aligned} \tag{6.1.3}
$$

由式(6.1.3)，利用矩阵，二次型可表示为

$$
\begin{aligned}
f(x_1, x_2, \cdots, x_n) = & x_1(a_{11}x_1 + a_{12}x_2 + \cdots + a_{1n}x_n) \\
& + x_2(a_{21}x_1 + a_{22}x_2 + \cdots + a_{2n}x_n) \\
& + \quad \cdots \quad \cdots \quad \cdots \\
& + x_n(a_{n1}x_1 + a_{n2}x_2 + \cdots + a_{nn}x_n) \\
= & (x_1, x_2, \cdots, x_n)\begin{pmatrix} a_{11}x_1 + a_{12}x_2 + \cdots + a_{1n}x_n \\ a_{21}x_1 + a_{22}x_2 + \cdots + a_{2n}x_n \\ \vdots \\ a_{n1}x_1 + a_{n2}x_2 + \cdots + a_{nn}x_n \end{pmatrix} \\
= & (x_1, x_2, \cdots, x_n)\begin{pmatrix} a_{11} & a_{12} & \cdots & a_{1n} \\ a_{21} & a_{22} & \cdots & a_{2n} \\ \vdots & \vdots & \ddots & \vdots \\ a_{n1} & a_{n2} & \cdots & a_{nn} \end{pmatrix}\begin{pmatrix} x_1 \\ x_2 \\ \vdots \\ x_n \end{pmatrix}.
\end{aligned}
$$

令

$$
\boldsymbol{A} = \begin{pmatrix} a_{11} & a_{12} & \cdots & a_{1n} \\ a_{21} & a_{22} & \cdots & a_{2n} \\ \cdots & \cdots & \cdots & \cdots \\ a_{n1} & a_{n2} & \cdots & a_{nn} \end{pmatrix}, \quad \boldsymbol{X} = (x_1, x_2, \cdots, x_n)^{\mathrm{T}},
$$

则由式(6.1.1)定义的二次型 $f(x_1, x_2, \cdots, x_n)$ 可以表示为矩阵形式

$$f(x_1, x_2, \cdots, x_n) = \boldsymbol{X}^{\mathrm{T}}\boldsymbol{A}\boldsymbol{X}.$$

对称矩阵 $\boldsymbol{A}$ 称为二次型(6.1.1)的**系数矩阵**，矩阵 $\boldsymbol{A}$ 的秩称为**二次型的秩**.

显然式(6.1.2)所表示的标准形系数矩阵是对角矩阵

$$\boldsymbol{\Lambda} = \mathrm{diag}(d_1, d_2, \cdots, d_n),$$

其矩阵形式为

$$f(x_1, x_2, \cdots, x_n) = \boldsymbol{X}^{\mathrm{T}}\boldsymbol{\Lambda}\boldsymbol{X}.$$

由定义可知，实二次型与实对称矩阵之间建立了一一对应关系.

例 6.1.1 写出二次型 $f(x_1, x_2, x_3) = x_1^2 + 2x_2^2 + 5x_3^2 + 2x_1x_2 + 6x_2x_3 + 2x_1x_3$ 的矩阵形式，并求该二次型的秩.

解 令 $a_{ij} = a_{ji}$，于是

$$f(x_1, x_2, x_3) = x_1^2 + x_1x_2 + x_1x_3 + x_2x_1 + 2x_2^2 + 3x_2x_3 + x_3x_1 + 3x_3x_2 + 5x_3^2,$$

所以二次型的矩阵为

$$\boldsymbol{A} = \begin{pmatrix} 1 & 1 & 1 \\ 1 & 2 & 3 \\ 1 & 3 & 5 \end{pmatrix},$$

故二次型的矩阵形式为

$$f(x_1, x_2, x_3) = \boldsymbol{X}^{\mathrm{T}}\boldsymbol{A}\boldsymbol{X} = (x_1, x_2, x_3)\begin{pmatrix} 1 & 1 & 1 \\ 1 & 2 & 3 \\ 1 & 3 & 5 \end{pmatrix}\begin{pmatrix} x_1 \\ x_2 \\ x_3 \end{pmatrix}.$$

而 $r(\boldsymbol{A}) = 2$，所以该二次型的秩等于 2.

二、化二次型为标准形

将一个复杂的二次型，通过满秩的线性变换化为标准形，进而通过讨论简单的标准形的性质，可以达到研究原二次型某些重要性质的目的. 我们讨论的主要问题是：寻求一个**可逆(满秩)线性变换**

$$\begin{cases} x_1 = p_{11}y_1 + p_{12}y_2 + \cdots + p_{1n}y_n, \\ x_2 = p_{21}y_1 + p_{22}y_2 + \cdots + p_{2n}y_n, \\ \cdots\cdots \\ x_n = p_{n1}y_1 + p_{n2}y_2 + \cdots + p_{nn}y_n. \end{cases}$$

即 $\boldsymbol{X} = \boldsymbol{P}\boldsymbol{Y}$(其中 $|\boldsymbol{P}| \neq 0$)，把二次型化为标准形，即

$$f(x_1, x_2, \cdots, x_n) = \boldsymbol{X}^{\mathrm{T}}\boldsymbol{A}\boldsymbol{X} \xlongequal{\boldsymbol{X}=\boldsymbol{P}\boldsymbol{Y}} (\boldsymbol{P}\boldsymbol{Y})^{\mathrm{T}}\boldsymbol{A}(\boldsymbol{P}\boldsymbol{Y}) = \boldsymbol{Y}^{\mathrm{T}}(\boldsymbol{P}^{\mathrm{T}}\boldsymbol{A}\boldsymbol{P})\boldsymbol{Y} = \boldsymbol{Y}^{\mathrm{T}}\boldsymbol{\Lambda}\boldsymbol{Y}.$$

$$= (y_1, y_2, \cdots, y_n)\begin{pmatrix} d_1 & & & \\ & d_2 & & \\ & & \ddots & \\ & & & d_n \end{pmatrix}\begin{pmatrix} y_1 \\ y_2 \\ \vdots \\ y_n \end{pmatrix}$$

$$= d_1y_1{}^2 + d_2y_2{}^2 + \cdots + d_ny_n{}^2.$$

根据二次型与其矩阵的对应关系，该问题也就是：对一个实对称矩阵 $\boldsymbol{A}$，寻求一个可逆矩阵 $\boldsymbol{P}$，使 $\boldsymbol{P}^{\mathrm{T}}\boldsymbol{A}\boldsymbol{P}=\boldsymbol{\Lambda}$，此变换称为**合同变换**.

三、矩阵的合同变换

定义 6.1.2　设 $\boldsymbol{A}$，$\boldsymbol{B}$ 为 n 阶方阵，若存在 n 阶可逆矩阵 $\boldsymbol{P}$，使

$$\boldsymbol{P}^{\mathrm{T}}\boldsymbol{A}\boldsymbol{P}=\boldsymbol{B},$$

则称 $\boldsymbol{A}$ 与 $\boldsymbol{B}$ 合同，也称矩阵 $\boldsymbol{A}$ 经合同变换化为 $\boldsymbol{B}$，记作 $\boldsymbol{A}\simeq\boldsymbol{B}$. 可逆矩阵 $\boldsymbol{P}$ 称为合同变换矩阵.

显然，矩阵的合同关系有下列性质：

(1) 自反性：$\boldsymbol{A}\simeq\boldsymbol{A}$.

(2) 对称性：若 $\boldsymbol{A}\simeq\boldsymbol{B}$，则 $\boldsymbol{B}\simeq\boldsymbol{A}$.

(3) 传递性：若 $\boldsymbol{A}\simeq\boldsymbol{B}$，$\boldsymbol{B}\simeq\boldsymbol{C}$，则 $\boldsymbol{A}\simeq\boldsymbol{C}$.

(4) 合同变换不改变矩阵的秩.

(5) 对称矩阵经合同变换仍为对称矩阵.

根据矩阵合同的定义，将二次型化为标准形的问题即是：对于实对称矩阵 $\boldsymbol{A}$，求一个可逆矩阵 $\boldsymbol{P}$，使 $\boldsymbol{A}$ 合同于对角矩阵 $\boldsymbol{\Lambda}$，即

$$\boldsymbol{P}^{\mathrm{T}}\boldsymbol{A}\boldsymbol{P}=\boldsymbol{\Lambda}=\begin{pmatrix} d_1 & & & \\ & d_2 & & \\ & & \ddots & \\ & & & d_n \end{pmatrix}.$$

可以证明：

定理 6.1.1　任何一个实对称矩阵 $\boldsymbol{A}$ 都合同于对角矩阵. 即对于一个 n 阶实对称矩阵 $\boldsymbol{A}$，总存在可逆矩阵 $\boldsymbol{P}$，使得

$$\boldsymbol{P}^{\mathrm{T}}\boldsymbol{A}\boldsymbol{P}=\Lambda=\begin{pmatrix} d_1 & & & & & & \\ & d_2 & & & & & \\ & & \ddots & & & & \\ & & & d_r & & & \\ & & & & 0 & & \\ & & & & & \ddots & \\ & & & & & & 0 \end{pmatrix},$$

其中 r 是矩阵 $\boldsymbol{A}$ 的秩. 当 $r>0$ 时，d_1，d_2，…，$d_r\neq0$.

定理 6.1.1 说明，对于秩为 r 的 n 元二次型 $f=\boldsymbol{X}^{\mathrm{T}}\boldsymbol{A}\boldsymbol{X}$，总存在可逆线性变换 $\boldsymbol{X}=\boldsymbol{P}\boldsymbol{Y}$，使其化为标准形

$$f=d_1y_1^2+d_2y_2^2+\cdots+d_ry_r^2,\ r\leqslant n.$$

其中标准形的项数 r 等于 $\boldsymbol{A}$ 的秩，即等于原二次型的秩.

常用的化二次型为标准形的方法有：

(1) 拉格朗日(Lagrange)配方法.

(2) 合同变换法.

(3) 正交变换法.

习题 6-1

1. 判断下列函数是否为二次型.

(1) $f=x_1^2+3x_2^2+2x_3^2+2x_1x_2+2x_1x_3+2x_2$.

(2) $f=x_1^2+x_2^2+x_3^2-3x_1{}^2x_2-4x_2x_3$.

(3) $f=x_1^2+2x_2^2+3x_1x_2+4x_1+5x_2$.

(4) $f=2x_1^2+x_2^2-6x_1x_2-4x_2x_3$.

2. 判断下列命题是否正确并说明理由.

(1) $\boldsymbol{A}$ 是 3 阶实对称矩阵,$\boldsymbol{X}=(x_1, x_2, x_3)^{\mathrm{T}}$,则 $\boldsymbol{X}^{\mathrm{T}}\boldsymbol{AX}$ 是二次型.

(2) 等价的矩阵有相同的秩,但合同的矩阵未必有相同的秩.

(3) 合同的矩阵必等价.

(4) 合同变换把实对称矩阵仍变为实对称矩阵.

(5) n 阶方阵经相似变换未必能化为对角矩阵,而 n 阶实对称矩阵必能通过相似变换化为对角矩阵.

(6) 任一实对称矩阵必合同于对角矩阵,即任一二次型都可以通过可逆线性变换化为标准形.

3. 写出下列二次型的矩阵形式,并求该二次型的秩.

(1) $f=x_1^2+2x_2^2-2x_3^2-4x_1x_2-4x_2x_3$.

(2) $f=x_1^2+2x_2^2+x_3^2+3x_4^2+4x_1x_2+6x_2x_3+2x_3x_4$.

6.2 配方法化二次型为标准形

利用代数公式将二次型通过配方化成标准形的方法称为拉格朗日(Lagrange)配方法. 此处分别以实例阐述不同形式的二次型如何进行配方.

一、含平方项二次型的配方法

例 6.2.1 用配方法化二次型 $f=x_1^2+2x_2^2+5x_3^2+2x_1x_2+2x_1x_3+6x_2x_3$ 为标准形.

解 由于 f 中含有变量 x_1 的平方项 x_1^2,故先把含 x_1 的项合并在一起,配成含 x_1 的一次式的完全平方,即

$$
\begin{aligned}
f&=(x_1^2+2x_1x_2+2x_1x_3)+2x_2^2+6x_2x_3+5x_3^2\\
&=(x_1+x_2+x_3)^2+x_2^2+4x_2x_3+4x_3^2.
\end{aligned}
$$

再将剩余项中含 x_2 的项合并在一起继续配方,得

$$f=(x_1+x_2+x_3)^2+(x_2+2x_3)^2.$$

上式中，令 $\begin{cases}y_1=x_1+x_2+x_3,\\ y_2=x_2+2x_3,\\ y_3=x_3.\end{cases}$ 即有可逆变换

$$\begin{cases}x_1=y_1-y_2+y_3,\\ x_2=y_2-2y_3,\\ x_3=y_3.\end{cases}$$

通过该变换，f 化成了标准形

$$f=y_1^2+y_2^2,$$

所用的变换矩阵是

$$\boldsymbol{P}=\begin{pmatrix}1&-1&1\\0&1&-2\\0&0&1\end{pmatrix}.$$

二、不含平方项二次型的配方法

例 6.2.2 用配方法化二次型 $f=x_1x_2+4x_1x_3+x_2x_3$ 为标准形.

解 本题中，二次型 f 不含变量的平方项，因 f 中含有 x_1x_2，所以令

$$\begin{cases}x_1=y_1+y_2,\\ x_2=y_1-y_2,\\ x_3=y_3.\end{cases}\tag{6.2.1}$$

再将式(6.2.1)代入二次型 $f=x_1x_2+4x_1x_3+x_2x_3$ 得到含变量平方项的二次型

$$f=y_1^2-y_2^2+5y_1y_3+3y_2y_3,$$

对其按例 6.2.1 的方法配方，得

$$f=\left(y_1+\frac{5}{2}y_3\right)^2-\left(y_2-\frac{3}{2}y_3\right)^2-(2y_3)^2.$$

令

$$\begin{cases}z_1=y_1+\dfrac{5}{2}y_3,\\ z_2=y_2-\dfrac{3}{2}y_3,\\ z_3=2y_3.\end{cases}\tag{6.2.2}$$

即有二次型的标准形 $f=z_1^2-z_2^2-z_3^2.$

由式(6.2.2)得

$$\begin{cases}y_1=z_1-\dfrac{5}{4}z_3,\\ y_2=z_2+\dfrac{3}{4}z_3,\\ y_3=\dfrac{1}{2}z_3.\end{cases}\tag{6.2.3}$$

将式(6.2.3)代入(6.2.1)得到

$$\begin{cases} x_1 = z_1 + z_2 - \dfrac{1}{2}z_3, \\ x_2 = z_1 - z_2 - 2z_3, \\ x_3 = \dfrac{1}{2}z_3. \end{cases} \tag{6.2.4}$$

即通过可逆线性变换

$$\boldsymbol{X} = \begin{pmatrix} 1 & 1 & -\dfrac{1}{2} \\ 1 & -1 & -2 \\ 0 & 0 & \dfrac{1}{2} \end{pmatrix} \boldsymbol{Z},$$

将 $f = x_1x_2 + 4x_1x_3 + x_2x_3$ 化成了标准形 $f = z_1^2 - z_2^2 - z_3^2$.

一般地，任一二次型都可以通过上述配方法求得可逆变换，把二次型化为标准形.

习题 6－2

用配方法化二次型为标准形.

(1) $f = x_1^2 + 3x_2^2 + 4x_3^2 + 2x_1x_2 + 2x_1x_3 + 4x_2x_3$.

(2) $f = x_1x_2 - x_2x_3$.

6.3 合同变换法化二次型为标准形

由定理 6.1.1，秩为 r 的 n 元二次型 $f = \boldsymbol{X}^{\mathrm{T}}\boldsymbol{A}\boldsymbol{X}$，可以通过可逆线性变换 $\boldsymbol{X} = \boldsymbol{P}\boldsymbol{Y}$，化为标准形 $f = \boldsymbol{Y}^{\mathrm{T}}\boldsymbol{\Lambda}\boldsymbol{Y}$. 而这个过程等价于对二次型的矩阵 $\boldsymbol{A}$ 施行合同变换，使得 $\boldsymbol{A}$ 合同于对角矩阵 $\boldsymbol{\Lambda}$，即 $\boldsymbol{P}^{\mathrm{T}}\boldsymbol{A}\boldsymbol{P} = \boldsymbol{\Lambda}$.

在合同变换中，由于矩阵 $\boldsymbol{P}$ 是可逆的，则 $\boldsymbol{P}$ 可以表示为有限个初等矩阵的乘积，设

$$\boldsymbol{P} = \boldsymbol{F}_1\boldsymbol{F}_2\cdots\boldsymbol{F}_s, \tag{6.3.1}$$

其中 $\boldsymbol{F}_i (i = 1, 2, \cdots, s)$ 为初等矩阵. 则 $\boldsymbol{P}^{\mathrm{T}}\boldsymbol{A}\boldsymbol{P} = \boldsymbol{\Lambda}$ 可表示为

$$\boldsymbol{F}_s^{\mathrm{T}}\cdots\boldsymbol{F}_2^{\mathrm{T}}\boldsymbol{F}_1^{\mathrm{T}}\boldsymbol{A}\boldsymbol{F}_1\boldsymbol{F}_2\cdots\boldsymbol{F}_s = \boldsymbol{\Lambda}, \tag{6.3.2}$$

而式(6.3.1)即为

$$\boldsymbol{E}\boldsymbol{F}_1\boldsymbol{F}_2\cdots\boldsymbol{F}_s = \boldsymbol{P}, \tag{6.3.3}$$

比较式(6.3.2)、式(6.3.3)可以看出，对 $\boldsymbol{A}$ 做一系列初等行变换和相应的列变换把 $\boldsymbol{A}$ 化为对角矩阵 $\boldsymbol{\Lambda}$ 的同时，其中的列变换将单位矩阵 $\boldsymbol{E}$ 化为合同变换矩

阵 $\boldsymbol{P}$. 即

$$\begin{pmatrix} \boldsymbol{A} \\ \cdots\cdots \\ \boldsymbol{E} \end{pmatrix} \xrightarrow[\boldsymbol{F}_1\boldsymbol{F}_2\cdots\boldsymbol{F}_s]{\boldsymbol{F}_1^{\mathrm{T}}\boldsymbol{F}_2^{\mathrm{T}}\cdots\boldsymbol{F}_s^{\mathrm{T}}} \xrightarrow[\boldsymbol{F}_1\boldsymbol{F}_2\cdots\boldsymbol{F}_s]{} \begin{pmatrix} \boldsymbol{\Lambda} \\ \cdots\cdots \\ \boldsymbol{P} \end{pmatrix} \tag{6.3.4}$$

例 6.3.1 用合同变换化二次型 $f=x_1^2+2x_2^2+5x_3^2+2x_1x_2+6x_2x_3+2x_1x_3$ 为标准形.

解 二次型的矩阵为 $\boldsymbol{A}=\begin{pmatrix}1&1&1\\1&2&3\\1&3&5\end{pmatrix}$，由式(6.3.4)，有

$$\begin{pmatrix}1&1&1\\1&2&3\\1&3&5\\\cdots&\cdots&\cdots\\1&0&0\\0&1&0\\0&0&1\end{pmatrix}\xrightarrow[c_2-c_1]{r_2-r_1}\begin{pmatrix}1&0&1\\0&1&2\\1&2&5\\\cdots&\cdots&\cdots\\1&-1&0\\0&1&0\\0&0&1\end{pmatrix}\xrightarrow[c_3-c_1]{r_3-r_1}\begin{pmatrix}1&0&0\\0&1&2\\0&2&4\\\cdots&\cdots&\cdots\\1&-1&-1\\0&1&0\\0&0&1\end{pmatrix}$$

$$\xrightarrow[c_3-2c_2]{r_3-2r_2}\begin{pmatrix}1&0&0\\0&1&0\\0&0&0\\\cdots&\cdots&\cdots\\1&-1&1\\0&1&-2\\0&0&1\end{pmatrix}$$

所以

$$\boldsymbol{P}=\begin{pmatrix}1&-1&1\\0&1&-2\\0&0&1\end{pmatrix},\ \boldsymbol{\Lambda}=\begin{pmatrix}1&0&0\\0&1&0\\0&0&0\end{pmatrix},$$

于是

$$f(x_1,\ x_2,\ x_3)\xlongequal{\boldsymbol{X}=\boldsymbol{PY}}y_1^2+y_2^2.$$

例 6.3.2 用合同变换化二次型 $f=x_1x_2+4x_1x_3+x_2x_3$ 为标准形.

解 二次型的矩阵为 $\boldsymbol{A}=\begin{pmatrix}0&1/2&2\\1/2&0&1/2\\2&1/2&0\end{pmatrix}$，由式(6.3.4)，有

$$\begin{pmatrix} 0 & 1/2 & 2 \\ 1/2 & 0 & 1/2 \\ 2 & 1/2 & 0 \\ \cdots & \cdots & \cdots \\ 1 & 0 & 0 \\ 0 & 1 & 0 \\ 0 & 0 & 1 \end{pmatrix} \xrightarrow[c_1+c_2]{r_1+r_2} \begin{pmatrix} 1 & 1/2 & 5/2 \\ 1/2 & 0 & 1/2 \\ 5/2 & 1/2 & 0 \\ \cdots & \cdots & \cdots \\ 1 & 0 & 0 \\ 1 & 1 & 0 \\ 0 & 0 & 1 \end{pmatrix} \xrightarrow[c_2-\frac{1}{2}c_1]{r_2-\frac{1}{2}r_1} \begin{pmatrix} 1 & 0 & 5/2 \\ 0 & -1/4 & -3/4 \\ 5/2 & -3/4 & 0 \\ \cdots & \cdots & \cdots \\ 1 & -1/2 & 0 \\ 1 & 1/2 & 0 \\ 0 & 0 & 1 \end{pmatrix}$$

$$\xrightarrow[c_3-\frac{5}{2}c_1]{r_3-\frac{5}{2}r_1} \begin{pmatrix} 1 & 0 & 0 \\ 0 & -1/4 & -3/4 \\ 0 & -3/4 & -25/4 \\ \cdots & \cdots & \cdots \\ 1 & -1/2 & -5/2 \\ 0 & 1/2 & -5/2 \\ 0 & 0 & 1 \end{pmatrix} \xrightarrow[c_3-3c_2]{r_3-3r_2} \begin{pmatrix} 1 & 0 & 0 \\ 0 & -1/4 & 0 \\ 0 & 0 & -4 \\ \cdots & \cdots & \cdots \\ 1 & -1/2 & -1 \\ 1 & 1/2 & -4 \\ 0 & 0 & 1 \end{pmatrix}.$$

所以

$$\boldsymbol{P}=\begin{pmatrix} 1 & -1/2 & -1 \\ 0 & 1/2 & -4 \\ 0 & 0 & 1 \end{pmatrix},\ \boldsymbol{\Lambda}=\begin{pmatrix} 1 & 0 & 0 \\ 0 & -1/4 & 0 \\ 0 & 0 & -4 \end{pmatrix}.$$

于是

$$f(x_1,\ x_2,\ x_3)\xlongequal{\boldsymbol{X}=\boldsymbol{PY}}y_1^2-\frac{1}{4}y_2^2-4y_3^2.$$

需要指出，二次型的标准形一般不唯一，它与所用的可逆线性变换有关. 由例 6.2.2、例 6.3.2 可见，二次型 $f=x_1x_2+4x_1x_3+x_2x_3$ 通过线性变换

$$\boldsymbol{X}=\begin{pmatrix} 1 & 1 & -1/2 \\ 1 & -1 & -2 \\ 0 & 0 & 1/2 \end{pmatrix}\boldsymbol{Y},$$

可化为标准形

$$f=y_1^2-y_2^2-y_3^2,$$

而通过线性变换

$$\boldsymbol{X}=\begin{pmatrix} 1 & -1/2 & -1 \\ 0 & 1/2 & -4 \\ 0 & 0 & 1 \end{pmatrix}\boldsymbol{Y},$$

则化为标准形

$$f=y_1^2-\frac{1}{4}y_2^2-4y_3^2.$$

习题 6-3

用合同变换化二次型为标准形，并写出相应的合同变换矩阵.

(1) $f=x_1^2+2x_2^2+5x_3^2+2x_1x_2+2x_1x_3+6x_2x_3$.

(2) $f=x_1^2+2x_2^2+4x_3^2+2x_1x_2+4x_2x_3$.

(3) $f=-4x_1x_2+2x_1x_3+2x_2x_3$

6.4 正交变换化二次型为标准形

一、正交变换

定义 6.4.1 **设 $\boldsymbol{C}$ 为 n 阶正交矩阵，$\boldsymbol{X}$，$\boldsymbol{Y}$ 是 R^n 中的 n 维向量，称线性变换 $\boldsymbol{X}=\boldsymbol{CY}$ 是 R^n 上的正交变换.**

例如，平面上的坐标旋转变换

$$\begin{pmatrix}x\\y\end{pmatrix}=\begin{pmatrix}\cos\theta & -\sin\theta\\ \sin\theta & \cos\theta\end{pmatrix}\begin{pmatrix}x'\\y'\end{pmatrix}$$

的系数矩阵是正交矩阵，故它是正交变换.

正交变换显然是可逆线性变换，除此之外，还有以下基本性质：

定理 6.4.1 **R^n 上的线性变换 $\boldsymbol{X}=\boldsymbol{CY}$ 是正交变换的充分必要条件是：在线性变换 $\boldsymbol{X}=\boldsymbol{CY}$ 下，向量的内积不变，即对于 R^n 中的任意向量 $\boldsymbol{Y}_1$，$\boldsymbol{Y}_2$，在 $\boldsymbol{X}=\boldsymbol{CY}$ 下，若 $\boldsymbol{X}_1=\boldsymbol{CY}_1$，$\boldsymbol{X}_2=\boldsymbol{CY}_2$，则 $(\boldsymbol{X}_1,\boldsymbol{X}_2)=(\boldsymbol{Y}_1,\boldsymbol{Y}_2)$.**

证 (必要性)因 $\boldsymbol{X}=\boldsymbol{CY}$ 是正交变换，则 $\boldsymbol{C}$ 为正交矩阵，故当 $\boldsymbol{X}_1=\boldsymbol{CY}_1$，$\boldsymbol{X}_2=\boldsymbol{CY}_2$ 时，

$$\begin{aligned}(\boldsymbol{X}_1,\boldsymbol{X}_2)&=\boldsymbol{X}_1^{\mathrm{T}}\boldsymbol{X}_2=(\boldsymbol{CY}_1)^{\mathrm{T}}\boldsymbol{CY}_2=\boldsymbol{Y}_1^{\mathrm{T}}(\boldsymbol{C}^{\mathrm{T}}\boldsymbol{C})\boldsymbol{Y}_2\\&=\boldsymbol{Y}_1^{\mathrm{T}}\boldsymbol{EY}_2=\boldsymbol{Y}_1^{\mathrm{T}}\boldsymbol{Y}_2=(\boldsymbol{Y}_1,\boldsymbol{Y}_2).\end{aligned}$$

(充分性)因为对于 R^n 中的任意向量 $\boldsymbol{Y}_1$，$\boldsymbol{Y}_2$，在 $\boldsymbol{X}=\boldsymbol{CY}$ 下，当 $\boldsymbol{X}_1=\boldsymbol{CY}_1$，$\boldsymbol{X}_2=\boldsymbol{CY}_2$ 时，有$(\boldsymbol{X}_1,\boldsymbol{X}_2)=(\boldsymbol{Y}_1,\boldsymbol{Y}_2)$，且由于$(\boldsymbol{X}_1,\boldsymbol{X}_2)=\boldsymbol{X}_1^{\mathrm{T}}\boldsymbol{X}_2=(\boldsymbol{CY}_1)^{\mathrm{T}}\boldsymbol{CY}_2=\boldsymbol{Y}_1^{\mathrm{T}}(\boldsymbol{C}^{\mathrm{T}}\boldsymbol{C})\boldsymbol{Y}_2$，$(\boldsymbol{Y}_1,\boldsymbol{Y}_2)=\boldsymbol{Y}_1^{\mathrm{T}}\boldsymbol{Y}_2=\boldsymbol{Y}_1^{\mathrm{T}}\boldsymbol{EY}_2$，比较两式，由 $\boldsymbol{Y}_1$，$\boldsymbol{Y}_2$ 的任意性，必有 $\boldsymbol{C}^{\mathrm{T}}\boldsymbol{C}=\boldsymbol{E}$，即 $\boldsymbol{C}$ 为正交矩阵，$\boldsymbol{X}=\boldsymbol{CY}$ 是正交变换.

定理 6.4.1 说明，正交变换不改变向量的内积，因此也就不改变向量的长度和夹角. 故用正交变换化二次型为标准形时，将不会改变曲线或曲面的形状.

二、用正交变换化二次型为标准形

在第五章第三节的讨论中，我们知道对于任意一个 n 阶实对称矩阵 $\boldsymbol{A}$，一定存在正交矩阵 $\boldsymbol{C}$，使得

$$C^{-1}AC=C^{\mathrm{T}}AC=\Lambda=\begin{pmatrix}\lambda_1 & & & \\ & \lambda_2 & & \\ & & \ddots & \\ & & & \lambda_n\end{pmatrix}.$$

其中 λ_1，λ_2，…，λ_n 是 $\boldsymbol{A}$ 的 n 个特征值. 用于二次型即有，对于任意实二次型 $f=\boldsymbol{X}^{\mathrm{T}}\boldsymbol{AX}$ 一定存在正交变换 $\boldsymbol{X}=\boldsymbol{CY}$，使得

$$\boldsymbol{X}^{\mathrm{T}}\boldsymbol{AX}=\boldsymbol{Y}^{\mathrm{T}}(\boldsymbol{C}^{\mathrm{T}}\boldsymbol{AC})\boldsymbol{Y}=\lambda_1y_1^2+\lambda_2y_2^2+\cdots+\lambda_ny_n^2=\boldsymbol{Y}^{\mathrm{T}}\boldsymbol{\Lambda Y}.$$

由此可见，用正交变换 $\boldsymbol{X}=\boldsymbol{CY}$ 化二次型 $f=\boldsymbol{X}^{\mathrm{T}}\boldsymbol{AX}$ 为标准形的步骤为：

(1) 由 $|\lambda\boldsymbol{E}-\boldsymbol{A}|=0$，求 $\boldsymbol{A}$ 的 n 个特征值 λ_1，λ_2，…，λ_n.

(2) 对于每一个特征值 λ_i，构造 $(\lambda_i\boldsymbol{E}-\boldsymbol{A})\boldsymbol{X}=\boldsymbol{o}$，求其基础解系(即特征值 λ_i 对应的线性无关的特征向量).

(3) 对 $t(t>1)$ 重特征值对应的 t 个线性无关的特征向量，用施密特(Schimidt)正交化方法，将 t 个线性无关的特征向量正交化.

(4) 将 $\boldsymbol{A}$ 的 n 个正交的特征向量标准化，并以它们为列向量构成正交矩阵 $\boldsymbol{C}$.

(5) 写出二次型的标准形 $f=\lambda_1y_1^2+\lambda_2y_2^2+\cdots+\lambda_ry_r^2=\boldsymbol{Y}^{\mathrm{T}}\boldsymbol{\Lambda Y}$ 以及相应的正交变换 $\boldsymbol{X}=\boldsymbol{CY}$.

例 6.4.1 用正交变换化二次型 $f(x_1, x_2, x_3)=3x_1^2+6x_2^2+3x_3^2-4x_1x_2-8x_1x_3-4x_2x_3$ 为标准形.

解 二次型 $f(x_1, x_2, x_3)$的系数矩阵为

$$\boldsymbol{A}=\begin{pmatrix}3 & -2 & -4\\ -2 & 6 & -2\\ -4 & -2 & 3\end{pmatrix},$$

矩阵的特征方程为

$$|\lambda\boldsymbol{E}-\boldsymbol{A}|=\begin{vmatrix}\lambda-3 & 2 & 4\\ 2 & \lambda-6 & 2\\ 4 & 2 & \lambda-3\end{vmatrix}=(\lambda+2)(\lambda-7)^2=0,$$

故 $\boldsymbol{A}$ 的特征值为 $\lambda_1=-2$，$\lambda_2=\lambda_3=7$.

下面对每一个特征值求出它的一个线性无关的特征向量组.

对于 $\lambda_1=-2$，解方程组

$$(-2\boldsymbol{E}-\boldsymbol{A})\begin{pmatrix}x_1\\ x_2\\ x_3\end{pmatrix}=\boldsymbol{o},$$

即

$$\begin{pmatrix}-5 & 2 & 4\\ 2 & -8 & 2\\ 4 & 2 & -5\end{pmatrix}\begin{pmatrix}x_1\\ x_2\\ x_3\end{pmatrix}=\begin{pmatrix}0\\ 0\\ 0\end{pmatrix},$$

得基础解系

$$\boldsymbol{\xi}_1=(2,1,2)^{\mathrm{T}},$$

即是属于特征值 $\lambda_1=-2$ 的一个特征向量.

对于 $\lambda_2=\lambda_3=7$，解方程组

$$(7\boldsymbol{E}-\boldsymbol{A})\begin{pmatrix}x_1\\x_2\\x_3\end{pmatrix}=\boldsymbol{o},$$

即

$$\begin{pmatrix}4&2&4\\2&1&2\\4&2&4\end{pmatrix}\begin{pmatrix}x_1\\x_2\\x_3\end{pmatrix}=\begin{pmatrix}0\\0\\0\end{pmatrix},$$

得基础解系

$$\boldsymbol{\xi}_2=(1,0,-1)^{\mathrm{T}},\ \boldsymbol{\xi}_3=(1,-2,0)^{\mathrm{T}},$$

即是属于特征值 $\lambda_2=\lambda_3=7$ 的两个线性无关的特征向量.

将 $\boldsymbol{\xi}_2$，$\boldsymbol{\xi}_3$ 正交化，得

$$\boldsymbol{\zeta}_2=(1,0,-1)^{\mathrm{T}},\ \boldsymbol{\zeta}_3=\left(\frac{1}{2},-2,\frac{1}{2}\right)^{\mathrm{T}}.$$

将 $\boldsymbol{\xi}_1$，$\boldsymbol{\zeta}_2$，$\boldsymbol{\zeta}_3$ 标准化，得

$$\boldsymbol{\eta}_1=\left(\frac{2}{3},\frac{1}{3},\frac{2}{3}\right)^{\mathrm{T}},\ \boldsymbol{\eta}_2=\left(\frac{\sqrt{2}}{2},0,-\frac{\sqrt{2}}{2}\right)^{\mathrm{T}},\ \boldsymbol{\eta}_3=\left(\frac{\sqrt{2}}{6},-\frac{2\sqrt{2}}{3},\frac{\sqrt{2}}{6}\right)^{\mathrm{T}}.$$

于是得正交矩阵

$$\boldsymbol{C}=(\boldsymbol{\eta}_1,\boldsymbol{\eta}_2,\boldsymbol{\eta}_3)=\begin{pmatrix}\frac{2}{3}&\frac{\sqrt{2}}{2}&\frac{\sqrt{2}}{6}\\\frac{1}{3}&0&-\frac{2\sqrt{2}}{3}\\\frac{2}{3}&-\frac{\sqrt{2}}{2}&\frac{\sqrt{2}}{6}\end{pmatrix}.$$

则通过正交变换

$$\begin{pmatrix}x_1\\x_2\\x_3\end{pmatrix}=\begin{pmatrix}\frac{2}{3}&\frac{\sqrt{2}}{2}&\frac{\sqrt{2}}{6}\\\frac{1}{3}&0&-\frac{2\sqrt{2}}{3}\\\frac{2}{3}&-\frac{\sqrt{2}}{2}&\frac{\sqrt{2}}{6}\end{pmatrix}\begin{pmatrix}y_1\\y_2\\y_3\end{pmatrix},$$

即可将二次型 $f(x_1,x_2,x_3)$ 化为标准形(注意 $\boldsymbol{\eta}_1$，$\boldsymbol{\eta}_2$，$\boldsymbol{\eta}_3$ 与 λ_1，λ_2，λ_3 的次序相对应)

$$f=-2y_1^2+7y_2^2+7y_3^2.$$

应该指出，因为同一特征值的特征向量可以有不同的选择，所以化二次型为标准形的正交变换矩阵不是唯一的.

例 6.4.2 （1）已知二次型 $f=ax_1^2+3x_2^2+3x_3^2+4x_2x_3$ 通过正交变换 $\boldsymbol{X}=\boldsymbol{CY}$ 化为标准形 $f=y_1^2+2y_2^2+5y_3^2$，求参数 a 及正交变换矩阵 $\boldsymbol{C}$.

（2）已知二次型 $f=x_1^2+x_2^2+x_3^2+2ax_1x_2+2bx_2x_3+2x_1x_3$ 通过正交变换 $\boldsymbol{X}=\boldsymbol{CY}$ 化为标准形 $f=y_2^2+2y_3^2$，求参数 a，b.

解 （1）依题意，二次型与其标准形的矩阵分别为

$$\boldsymbol{A}=\begin{pmatrix}a&0&0\\0&3&2\\0&2&3\end{pmatrix},\ \boldsymbol{\Lambda}=\begin{pmatrix}1&&\\&2&\\&&5\end{pmatrix}.$$

且 $\boldsymbol{C}^{-1}\boldsymbol{AC}=\boldsymbol{\Lambda}$，即矩阵 $\boldsymbol{A}$ 与矩阵 $\boldsymbol{\Lambda}$ 相似，则 $\boldsymbol{A}$ 与 $\boldsymbol{\Lambda}$ 有相同的特征值，所以 $\boldsymbol{A}$ 的特征值为 1，2，5，从而 $Tr(\boldsymbol{A})=a+3+3=1+2+5$，得 $a=2$.

对 $\lambda_1=1$，$\lambda_2=2$，$\lambda_3=5$ 分别求得特征向量

$$\boldsymbol{\xi}_1=\begin{pmatrix}0\\1\\-1\end{pmatrix},\ \boldsymbol{\xi}_2=\begin{pmatrix}1\\0\\0\end{pmatrix},\ \boldsymbol{\xi}_3=\begin{pmatrix}0\\1\\1\end{pmatrix}.$$

由于特征值互不相同，则 $\boldsymbol{\xi}_1$，$\boldsymbol{\xi}_2$，$\boldsymbol{\xi}_3$ 为正交向量组，将它们单位化，得正交矩阵

$$\boldsymbol{C}=\begin{pmatrix}0&1&0\\\frac{1}{\sqrt{2}}&0&\frac{1}{\sqrt{2}}\\-\frac{1}{\sqrt{2}}&0&\frac{1}{\sqrt{2}}\end{pmatrix}.$$

注：本题中参数 a 还可以这样求得：因 $\boldsymbol{A}\sim\boldsymbol{\Lambda}$，则 $|\boldsymbol{A}|=|\boldsymbol{\Lambda}|$，即 $5a=10$，故 $a=2$.

（2）依题意，二次型与其标准形的矩阵分别为

$$\boldsymbol{A}=\begin{pmatrix}1&a&1\\a&1&b\\1&b&1\end{pmatrix},\ \boldsymbol{\Lambda}=\begin{pmatrix}0&&\\&1&\\&&2\end{pmatrix}.$$

由于 $\boldsymbol{C}^{-1}\boldsymbol{AC}=\boldsymbol{\Lambda}$，即 $\boldsymbol{A}\sim\boldsymbol{\Lambda}$，所以 $\boldsymbol{A}$ 的特征值为 0，1，2，故

$$|0\boldsymbol{E}-\boldsymbol{A}|=-(a-b)^2=0,\ |1\boldsymbol{E}-\boldsymbol{A}|=-2ab=0.$$

得 $a=b=0$.

由于正交变换不改变图形的形状，故常把二次型用正交变换化为标准形以确定二次曲面的类型和形状.

例 6.4.3 设二次曲面 S 在直角坐标系下的方程为

$$2x_1^2+5x_2^2+5x_3^2+4x_1x_2-4x_1x_3-8x_2x_3=1,$$

试确定曲面的类型以及对称轴(主轴)的方向.

解 曲面 S 的方程左端是一个三元实二次型

$$f=2x_1^2+5x_2^2+5x_3^2+4x_1x_2-4x_1x_3-8x_2x_3,$$

为确定曲面的类型，将二次型用正交变换化为标准形.

二次型的矩阵为

$$\boldsymbol{A}=\begin{pmatrix}2 & 2 & -2\\ 2 & 5 & -4\\ -2 & -4 & 5\end{pmatrix},$$

由矩阵 $\boldsymbol{A}$ 的特征值方程 $|\lambda\boldsymbol{E}-\boldsymbol{A}|=-(\lambda-10)(\lambda-1)^2=0$，得特征值为 $\lambda_1=10$，$\lambda_2=\lambda_3=1$.

对于 $\lambda_1=10$，解 $(10\boldsymbol{E}-\boldsymbol{A})\boldsymbol{X}=\boldsymbol{o}$，得基础解系 $\boldsymbol{\xi}_1=(1,\ 2,\ -2)^{\mathrm{T}}$.

对于 $\lambda_2=\lambda_3=1$，解 $(\boldsymbol{E}-\boldsymbol{A})\boldsymbol{X}=\boldsymbol{o}$，得基础解系 $\boldsymbol{\xi}_2=(0,\ 1,\ 1)^{\mathrm{T}}$，$\boldsymbol{\xi}_3=(2,\ 0,\ 1)^{\mathrm{T}}$.

将 $\boldsymbol{\xi}_2$，$\boldsymbol{\xi}_3$ 正交化，得

$$\boldsymbol{\eta}_2=\begin{pmatrix}0\\1\\1\end{pmatrix},\ \boldsymbol{\eta}_3=\begin{pmatrix}2\\-\frac{1}{2}\\\frac{1}{2}\end{pmatrix}.$$

将 $\boldsymbol{\xi}_1$，$\boldsymbol{\eta}_2$，$\boldsymbol{\eta}_3$ 单位化，得

$$\boldsymbol{\gamma}_1=\begin{pmatrix}\frac{1}{3}\\\frac{2}{3}\\-\frac{2}{3}\end{pmatrix},\ \boldsymbol{\gamma}_2=\begin{pmatrix}0\\\frac{1}{\sqrt{2}}\\\frac{1}{\sqrt{2}}\end{pmatrix},\ \boldsymbol{\gamma}_3=\begin{pmatrix}\frac{2\sqrt{2}}{3}\\-\frac{1}{3\sqrt{2}}\\\frac{1}{3\sqrt{2}}\end{pmatrix}.$$

于是得正交矩阵

$$\boldsymbol{C}=(\boldsymbol{\gamma}_1,\ \boldsymbol{\gamma}_2,\ \boldsymbol{\gamma}_3)=\begin{pmatrix}\frac{1}{3} & 0 & \frac{2\sqrt{2}}{3}\\\frac{2}{3} & \frac{1}{\sqrt{2}} & -\frac{1}{3\sqrt{2}}\\-\frac{2}{3} & \frac{1}{\sqrt{2}} & \frac{1}{3\sqrt{2}}\end{pmatrix},$$

则正交变换 $\boldsymbol{X}=\boldsymbol{C}\boldsymbol{Y}$ 将二次曲面 S 变为

$$\frac{y_1^2}{(\sqrt{1/10})^2}+\frac{y_2^2}{1^2}+\frac{y_3^2}{1^2}=1.$$

可见二次曲面 S 是一个椭球面，3 个半轴长分别为 $\frac{1}{\sqrt{\lambda_i}}(i=1,2,3)$，且在原坐标系 $Ox_1x_2x_3$ 下，曲面的 3 个对称轴(主轴)的方向分别是特征向量 $\boldsymbol{\gamma}_1$，$\boldsymbol{\gamma}_2$，$\boldsymbol{\gamma}_3$ 的方向.

正交变换在几何上表示对坐标轴作旋转变换. 在直角坐标系 $Ox_1x_2x_3$ 中，若二次曲面 $f=\boldsymbol{X}^{\mathrm{T}}\boldsymbol{AX}$ 的 3 个对称轴与坐标轴 x_1，x_2，x_3 不重合，则对坐标轴 x_1，x_2，x_3 作正交变换 $\boldsymbol{X}=\boldsymbol{CY}$，使坐标系 $Ox_1x_2x_3$ 变换为 $Oy_1y_2y_3$，在新的坐标系 $Oy_1y_2y_3$ 下，坐标轴 y_1，y_2，y_3 与曲面的对称轴重合，从而使曲面方程为标准方程.

习题 6-4

1. 判断下列命题是否正确.

(1) 正交变换不改变向量的内积.

(2) 正交变换不改变向量的长度但会改变向量间的夹角.

(3) 对于任一实对称矩阵 $\boldsymbol{A}$，必存在正交矩阵 $\boldsymbol{P}$，使 $\boldsymbol{P}^{\mathrm{T}}\boldsymbol{AP}=\boldsymbol{P}^{-1}\boldsymbol{AP}=\boldsymbol{\Lambda}$，即实对称矩阵 $\boldsymbol{A}$ 既合同又相似于对角矩阵.

2. 求正交矩阵，将下列实对称矩阵化为对角矩阵.

(1) $\begin{pmatrix}2&0&0\\0&3&2\\0&2&3\end{pmatrix}$；　　(2) $\begin{pmatrix}1&-2&2\\-2&-2&4\\2&4&-2\end{pmatrix}$.

3. 用正交变换化下列二次型为标准形.

(1) $f=2x_1^2+2x_2^2-2x_1x_2$.

(2) $f=x_1^2+x_2^2+x_3^2-4x_1x_2-4x_1x_3-4x_2x_3$.

(3) $f=3x_1^2+3x_2^2+2x_3^2-2x_1x_2$.

(4) $f=2x_1^2+x_2^2-4x_1x_2-4x_2x_3$.

4. (1) 已知二次型 $f=4x_1^2+3x_2^2+3x_3^2+2ax_2x_3(a>0)$ 通过正交变换 $\boldsymbol{X}=\boldsymbol{CY}$ 化为标准形 $f=2y_1^2+4y_2^2+4y_3^2$，求参数 a 及正交变换矩阵 $\boldsymbol{C}$.

(2) 已知二次型 $f==x_1^2+ax_2^2+x_3^2+2bx_1x_2+2x_1x_3+2x_2x_3$ 通过正交变换 $\boldsymbol{X}=\boldsymbol{CY}$ 化为标准形 $f=y_2^2+4y_3^2$，求参数 a，b 及正交变换矩阵 $\boldsymbol{C}$.

6.5 惯性定律与正定二次型

一、惯性定律

前面已经介绍，经过可逆线性变换，如配方法、合同变换法、正交变换法等，可以将二次型化为标准形. 同一个二次型经过不同的可逆线性变换得到的标准形可能不同，一般不唯一，但这些标准形具有如下共同的特征：

定理 6.5.1（惯性定律） **一个二次型经过可逆线性变换化为标准形，其标准形正、负项的个数是唯一确定的，它们的和等于该二次型的秩.**

标准形中的正项个数 p、负项个数 q 分别称为二次型的**正、负惯性指标**，$p-q$ 称为二次型的**符号差**，用 s 表示.

显然 $p+q=r$（二次型的秩），而且 $s=p-q=p-(r-p)=2p-r$.

秩为 r，正惯性指标为 p 的 n 元二次型的标准形可写成如下形式（可以调整变量的次序）：

$$f=d_1y_1^2+d_2y_2^2+\cdots+d_py_p^2-d_{p+1}y_{p+1}^2-\cdots-d_ry_r^2,$$

其中 $d_i>0$，　$i=1, 2, \cdots, r$.

如果对其施行可逆线性变换

$$\begin{cases} y_i=\dfrac{1}{\sqrt{d_i}}z_i(i=1, 2, \cdots, r), \\ y_i=z_i(i=r+1, r+2, \cdots, n). \end{cases}$$

f 可化为标准形

$$f=z_1^2+z_2^2+\cdots+z_p^2-z_{p+1}^2-\cdots-z_r^2. \tag{6.5.1}$$

式(6.5.1)称为二次型的**规范形**.

因此，惯性定律又可叙述为：**一个二次型经过不同的可逆线性变换化成的规范形是唯一的.**

二、正定二次型

有一类特殊的二次型，在代数理论和数值计算等许多应用领域都有重要意义，这就是正定二次型.

定义 6.5.1 **若二次型 $f=\boldsymbol{X}^{\mathrm{T}}\boldsymbol{A}\boldsymbol{X}$ 对于任意非零的 n 维向量 $\boldsymbol{X}$，恒有 $f=\boldsymbol{X}^{\mathrm{T}}\boldsymbol{A}\boldsymbol{X}>0$，则称 $f=\boldsymbol{X}^{\mathrm{T}}\boldsymbol{A}\boldsymbol{X}$ 为正定二次型，并称 $\boldsymbol{A}$ 为正定矩阵.**

例 6.5.1 判断下列二次型的正定性.

(1) $f_1(x_1, x_2, x_3)=x_1^2+2x_2^2+7x_3^2$.

(2) $f_2(x_1, x_2, x_3)=2x_1^2+5x_3^2$.

(3) $f_3(x_1, x_2, x_3)=2x_1^2-3x_2^2+5x_3^2$.

解 (1) 因为对于任意非零的三维向量 $\boldsymbol{X}=(x_1, x_2, x_3)^{\mathrm{T}}$，至少有一个分量 $x_i\neq0$，从而 $f_1(x_1, x_2, x_3)\geqslant k_ix_i^2>0$，$k_i>0$. 即 f_1 为正定二次型.

(2) 由于 $f_2(x_1, x_2, x_3)$ 不含 x_2，则对于非零向量 $\boldsymbol{X}_0=(0, 1, 0)^{\mathrm{T}}$，使 $f_2(0, 1, 0)=0$，因此 f_2 非正定.

(3) 由于 $f_3(x_1, x_2, x_3)$ 中平方项的系数不全为正值，则取两个非零向量 $\boldsymbol{X}_1=(0, 1, 0)^{\mathrm{T}}$，$\boldsymbol{X}_2=(1, 0, 0)^{\mathrm{T}}$，有 $f_3(0, 1, 0)<0$，$f_3(1, 0, 0)>0$，所以 f_3 非正定.

从例 6.5.1 可见，判断二次型的标准形的正定性是很方便的. 对于一个 n 元二次型的标准形，只要其 n 个变量平方项的系数都大于零，则该标准形必正定.

对于一般的 n 元实二次型来说，由定理 6.1.1，任一实二次型 $f(x_1, x_2, \cdots x_n)=\boldsymbol{X}^{\mathrm{T}}\boldsymbol{AX}$ 总可以通过可逆线性变换化为标准形. 设 $f(x_1, x_2, \cdots x_n)=\boldsymbol{X}^{\mathrm{T}}\boldsymbol{AX}$ 通过可逆线性变换 $\boldsymbol{X}=\boldsymbol{PY}$ 化为标准形 $\boldsymbol{Y}^{\mathrm{T}}\boldsymbol{\Lambda Y}$，即

$$f(x_1, x_2, \cdots x_n)\xlongequal{\boldsymbol{X}=\boldsymbol{PY}}d_1y_1^2+d_2y_2^2+\cdots+d_ny_n^2.$$

因 $\boldsymbol{P}$ 可逆，则对于任意给定的 $\boldsymbol{X}\neq\boldsymbol{o}$，$\boldsymbol{Y}=\boldsymbol{P}^{-1}\boldsymbol{X}\neq\boldsymbol{o}$，即 $\boldsymbol{Y}$ 至少有一个分量不为零，从而

$$f(x_1, x_2, \cdots x_n)\xlongequal{\boldsymbol{X}=\boldsymbol{PY}}d_1y_1^2+d_2y_2^2+\cdots+d_ny_n^2>0\Leftrightarrow d_i>0,$$
$$i=1, 2, \cdots, n,$$

亦即 $f(x_1, x_2, \cdots x_n)=\boldsymbol{X}^{\mathrm{T}}\boldsymbol{AX}$ 正定的充要条件是其正惯性指标 p 等于 n. 于是有如下结论：

定理 6.5.2 **n 元实二次型正定的充要条件是其正惯性指标等于 n.**

由二次型的惯性定律，一个二次型经过不同的可逆线性变换化成的标准形的正、负惯性指标是唯一确定的. 若二次型 $f(x_1, x_2, \cdots x_n)=\boldsymbol{X}^{\mathrm{T}}\boldsymbol{AX}$ 通过正交变换 $\boldsymbol{X}=\boldsymbol{CY}$ 化为标准形 $\boldsymbol{Y}^{\mathrm{T}}\boldsymbol{\Lambda Y}$，即

$$f(x_1, x_2, \cdots x_n)\xlongequal{\boldsymbol{X}=\boldsymbol{CY}}\lambda_1y_1^2+\lambda_2y_2^2+\cdots+\lambda_ny_n^2,$$

则标准形中各变量平方项的系数 $\lambda_1, \lambda_2, \cdots, \lambda_n$ 是 $\boldsymbol{A}$ 的特征值. 由定理 6.5.2，则 n 元实二次型正定当且仅当其正惯性指标等于 n，即 $\boldsymbol{A}$ 的 n 个特征值都是正数.

定理 6.5.3 **n 元实二次型正定的充要条件是其矩阵的 n 个特征值都是正数.**

推论 **$\boldsymbol{A}$ 正定，则 $|\boldsymbol{A}|>0$.**

例 6.5.2 判断二次型 $f(x_1, x_2)=3x_1^2+2x_1x_2+3x_2^2$ 的正定性.

解 方法一：利用定理 6.5.3，求二次型的矩阵 $\boldsymbol{A}$ 的特征值.

由 $\boldsymbol{A}=\begin{pmatrix}3 & 1\\ 1 & 3\end{pmatrix}$，得 $|\lambda\boldsymbol{E}-\boldsymbol{A}|=(\lambda-2)(\lambda-4)$，即 $\boldsymbol{A}$ 的特征值是 $\lambda_1=2$，$\lambda_2=4$，都大于零，故 $\boldsymbol{A}$ 正定，即 $f(x_1, x_2)=3x_1^2+2x_1x_2+3x_2^2$ 正定.

方法二：用配方法化二次型为标准形.

$$\begin{aligned}f(x_1, x_2)&=3x_1^2+2x_1x_2+3x_2^2\\&=3\left(x_1^2+\frac{2}{3}x_1x_2+\frac{1}{9}x_2^2\right)-\frac{1}{3}x_2^2+3x_2^2\\&=3\left(x_1+\frac{1}{3}x_2\right)^2+\frac{8}{3}x_2^2,\end{aligned}$$

令 $y_1=x_1+\frac{1}{3}x_2$，$y_2=x_2$ 得

$$f=3y_1^2+\frac{8}{3}y_2^2,$$

f 的正惯性指标 $p=2=n$，故 f 正定.

例 6.5.3 判断下列二次型是否为正定二次型.

(1) $f(x_1, x_2, x_3)=x_1^2+5x_2^2+x_3^2+2x_1x_2+4x_2x_3$.

(2) $f(x_1, x_2, x_3)=x_1^2+x_2^2+2x_1x_3$.

解 (1) 二次型的矩阵为

$$\boldsymbol{A}=\begin{pmatrix}1&1&0\\1&5&2\\0&2&1\end{pmatrix},$$

而 $|\boldsymbol{A}|=0$，由定理 6.5.3 之推论 1，$\boldsymbol{A}$ 非正定，即该二次型不是正定二次型.

(2) 二次型的矩阵为

$$\boldsymbol{A}=\begin{pmatrix}1&0&1\\0&1&0\\1&0&0\end{pmatrix},$$

由于 $\boldsymbol{A}$ 的主对角线上的元素含有 0，由定理 6.5.3 之推论 2，$\boldsymbol{A}$ 非正定，即该二次型不是正定二次型.

我们看到，判断二次型的正定性，无论是利用惯性指标还是特征值都是比较麻烦的. 为此，下面给出矩阵的顺序主子式的定义，应用顺序主子式来判定二次型的正定性.

定义 6.5.2 **设 $\boldsymbol{A}=(a_{ij})$ 为 n 阶实对称矩阵，沿 $\boldsymbol{A}$ 的主对角线自左上到右下顺序地取 $\boldsymbol{A}$ 的前 k 行 k 列元素构成的行列式，称为 $\boldsymbol{A}$ 的 k 阶顺序主子式，记为 Δ_k，即**

$$\Delta_k=\begin{vmatrix}a_{11}&a_{12}&\cdots&a_{1k}\\a_{21}&a_{22}&\cdots&a_{2k}\\\vdots&\vdots&\ddots&\vdots\\a_{k1}&a_{k2}&\cdots&a_{kk}\end{vmatrix},\ k=1,2,\cdots,n.$$

定理 6.5.4 **n 阶实对称矩阵 $\boldsymbol{A}$ 正定的充要条件是 $\boldsymbol{A}$ 的各阶顺序主子式都大于零.**

例 6.5.4 判断二次型 $f(x_1, x_2, x_3)=x_1^2+2x_2^2+3x_3^2-2x_1x_2+2x_2x_3$ 的正定性.

解 二次型 f 的矩阵为

$$\boldsymbol{A}=\begin{pmatrix}1&-1&0\\-1&2&1\\0&1&3\end{pmatrix},$$

它的三个顺序主子式分别为

$$\Delta_1=|1|=1>0,\ \Delta_2=\begin{vmatrix}1&-1\\-1&2\end{vmatrix}=1>0,\ \Delta_3=|\boldsymbol{A}|=2>0,$$

故 $\boldsymbol{A}$ 正定，即 f 正定.

例 6.5.5 求 t 的取值范围，使二次型 $f(x_1,x_2,x_3)=x_1^2+x_2^2+5x_3^2+2tx_1x_2-2x_1x_3+4x_2x_3$ 为正定二次型.

解 二次型 f 的矩阵为

$$\boldsymbol{A}=\begin{pmatrix}1&t&-1\\t&1&2\\-1&2&5\end{pmatrix},$$

由定理 6.5.6，二次型 f 正定的充要条件是它的三个顺序主子式都大于零，即

$$\Delta_1=|1|=1>0,\ \Delta_2=\begin{vmatrix}1&t\\t&1\end{vmatrix}=1-t^2>0,\ \Delta_3=|A|=-5t^2-4t>0,$$

解联立不等式

$$\begin{cases}t^2-1<0,\\t(5t+4)<0.\end{cases}$$

得 $-\frac{4}{5}<t<0$，即当 $-\frac{4}{5}<t<0$ 时，f 正定.

上面给出的均是二次型正定的有关定理，对负定的二次型 $\boldsymbol{X}^{\mathrm{T}}\boldsymbol{A}\boldsymbol{X}$，由于 $\boldsymbol{X}^{\mathrm{T}}(-\boldsymbol{A})\boldsymbol{X}$ 为正定二次型，因此可得到二次型负定的有关结论.

习题 6-5

1. 判断下列命题是否正确并说明理由.

(1) 二次型通过不同的可逆线性变换化成的标准形是唯一的.

(2) n 元实二次型正定的充要条件是其负惯性指标等于 0.

(3) n 元实二次型正定的充要条件是其正惯性指标等于二次型的秩.

(4) n 阶实对称矩阵 $\boldsymbol{A}$ 正定的充要条件是其 n 个特征值非负.

(5) 若 $|\boldsymbol{A}|\leqslant 0$，则 $\boldsymbol{A}$ 必不正定.

(6) 若 $\boldsymbol{A}$ 主对角线上的元素不全为正，则 $\boldsymbol{A}$ 必不正定.

2. 求下列二次型的正惯性指标和符号差.

(1) $f=x_1^2-x_2^2+5x_3^2$.

(2) $f=x_1^2-6x_2^2-4x_3^2+2x_1x_2$.

(3) $f=x_1x_2+2x_2x_3$.

3. 判断下列二次型是否正定.

(1) $f=5x_1^2+x_2^2+5x_3^2+4x_1x_2-8x_1x_3-4x_2x_3$.

(2) $f=-2x_1^2-6x_3^2-4x_3^2+2x_1x_2+2x_1x_3$.

(3) $f=-5x_1^2-6x_2^2-4x_3^2+4x_1x_2+4x_1x_3$.

4. t 取什么值时，下列二次型为正定二次型.

(1) $f=t(x_1^2+x_2^2+x_3^2)+2x_1x_2+2x_1x_3-2x_2x_3$.

(2) $f=x_1^2+4x_2^2+2x_3^2+2tx_1x_2+2x_1x_3$.

本章小结

一、二次型及其矩阵表示

一个关于 n 个变量的二次齐次函数

$$f(x_1, x_2, \cdots, x_n)=\sum_{i,j=1}^{n} a_{ij}x_ix_j=\boldsymbol{X}^{\mathrm{T}}\boldsymbol{A}\boldsymbol{X},$$

称为 n 元二次型. 这里对称矩阵 $\boldsymbol{A}$ 与二次型是一一对应的，称为二次型 f 的系数矩阵.

二、化二次型为标准形

二次型的标准形所对应的矩阵是对角矩阵. 由于实二次型 f 与实对称矩阵 $\boldsymbol{A}$ 一一对应，而实二次型 f 化为标准形的问题实质上是讨论实对称矩阵 $\boldsymbol{A}$ 与对角矩阵合同的问题. 由第五章的知识可知，对于实对称矩阵 $\boldsymbol{A}$，一定可以求得一个正交矩阵 $\boldsymbol{C}$，使得 $\boldsymbol{C}^{\mathrm{T}}\boldsymbol{A}\boldsymbol{C}$ 为对角矩阵. 因此，我们得到用正交变换将二次型化为标准形的方法. 此外，我们还可以用配方法、合同变换法等将二次型化为标准形. 无论用哪种方法，二次型的秩不变，正(负)惯性指标不变.

三、正定二次型

实二次型 $f(x_1, x_2, \cdots, x_n)=\sum_{i,j=1}^{n} a_{ij}x_ix_j=\boldsymbol{X}^{\mathrm{T}}\boldsymbol{A}\boldsymbol{X}$ 是关于变量的二次齐次函数，根据函数值是否恒大于零，将二次型分为正定二次型及其他. 特别是正定二次型有着广泛的应用.

综合练习题六

1. 填空题.

(1) 二次型 $f=x_1^2+2x_1x_3+4x_2x_3+2x_3^2$ 的矩阵是________，二次型的秩为________.

(2) 若实对称矩阵 $\boldsymbol{A}$ 与 $\boldsymbol{B}=\begin{pmatrix}-1&0&0\\0&1&0\\0&0&2\end{pmatrix}$ 合同，则二次型 $f=\boldsymbol{X}^{\mathrm{T}}\boldsymbol{A}\boldsymbol{X}$ 的标准形

为________.

(3) 二次型 $f(x_1, x_2, x_3)=-x_1^2+4x_2^2-2x_3^2$ 的秩为________，正惯性指标为________，负惯性指标为________，符号差是________.

(4) 二次型 $f(x_1, x_2, x_3)=x_1^2+2x_2^2-x_3^2-2x_1x_2+2x_2x_3$ 的秩为________，正惯性指标为________，负惯性指标为________，符号差是________.

(5) 二次型 $f(x_1, x_2, x_3)=x_1^2+4x_2^2+2x_3^2+2tx_1x_2+2x_1x_3$ 为正定二次型，则 t 的取值范围是________.

(6) 矩阵 $\begin{pmatrix}1 & 1 & 0\\1 & t & 0\\0 & 0 & t^2\end{pmatrix}$ 正定，则 t 满足条件________.

(7) 设 n 阶实对称矩阵 $\boldsymbol{A}$ 的特征值分别为 1，2，…，n，则当 t ________时，$t\boldsymbol{E}-\boldsymbol{A}$ 为正定矩阵.

(8) 若二次曲面的方程为 $x_1^2+3x_2^2+x_3^2+2tx_1x_2+2x_1x_3+2x_2x_3=4$，经正交变换化为 $y_1^2+4y_2^2=4$，则 $t=$________.

2. 选择题.

(1) 与矩阵 $\boldsymbol{A}=\begin{pmatrix}-2 & 0 & 0\\0 & 1 & 0\\0 & 0 & 5\end{pmatrix}$ 合同的矩阵是________.

(A) $\begin{pmatrix}-2 & 0 & 0\\0 & -1 & 0\\0 & 0 & 5\end{pmatrix}$； (B) $\begin{pmatrix}1 & 0 & 0\\0 & -5 & 0\\0 & 0 & -2\end{pmatrix}$；

(C) $\begin{pmatrix}-2 & 0 & 0\\0 & 1 & 0\\0 & 0 & 1\end{pmatrix}$； (D) $\begin{pmatrix}2 & 0 & 0\\0 & 1 & 0\\0 & 0 & 5\end{pmatrix}$.

(2) n 阶实对称矩阵 $\boldsymbol{A}$ 正定的充要条件是________.

(A) 所有 k 阶子式为正值($k=1, 2, \cdots, n$)；

(B) $\boldsymbol{A}$ 的所有特征值非负；

(C) $\boldsymbol{A}^{-1}$ 为正定矩阵

(D) $\boldsymbol{A}$ 的秩等于 n.

(3) 二次型 $f=\boldsymbol{X}^{\mathrm{T}}\boldsymbol{A}\boldsymbol{X}$ 正定的充要条件是________.

(A) 负惯性指标为 0； (B) 存在可逆矩阵 $\boldsymbol{P}$，使 $\boldsymbol{P}^{-1}\boldsymbol{A}\boldsymbol{P}=\boldsymbol{E}$；

(C) $\boldsymbol{A}$ 的特征值全大于零； (D) 存在 n 阶矩阵 $\boldsymbol{C}$，使 $\boldsymbol{A}=\boldsymbol{C}^{\mathrm{T}}\boldsymbol{C}$.

(4) 下列矩阵中，正定的是________.

(A) $\begin{pmatrix}1 & 2 & -3\\2 & 7 & 5\\-3 & 5 & 0\end{pmatrix}$； (B) $\begin{pmatrix}1 & 2 & -3\\2 & 4 & 5\\-3 & 5 & 7\end{pmatrix}$；

(C) $\begin{pmatrix} 5 & 2 & 0 \\ 2 & 6 & -3 \\ 0 & -3 & -1 \end{pmatrix}$； (D) $\begin{pmatrix} 5 & -2 & 0 \\ -2 & 6 & -2 \\ 0 & -2 & 4 \end{pmatrix}$.

(5) 设 $\boldsymbol{A}$，$\boldsymbol{B}$ 都是 n 阶实对称矩阵且正定，则 $\boldsymbol{AB}$ 是________.

(A) 实对称矩阵； (B) 正定矩阵；

(C) 可逆矩阵； (D) 正交矩阵.

3. 设矩阵 $\boldsymbol{A}=\begin{pmatrix} 1 & 1 & 1 \\ 1 & 1 & 1 \\ 1 & 1 & 1 \end{pmatrix}$，求一个正交矩阵 $\boldsymbol{P}$，使 $\boldsymbol{P}^{\mathrm{T}}\boldsymbol{AP}$ 成为对角矩阵，并写出相应的对角矩阵.

4. 设矩阵 $\boldsymbol{A}=\begin{pmatrix} 1 & 1 & a \\ 1 & a & 1 \\ a & 1 & 1 \end{pmatrix}$，$\boldsymbol{\beta}=\begin{pmatrix} 1 \\ 1 \\ -2 \end{pmatrix}$，已知线性方程组 $\boldsymbol{AX}=\boldsymbol{\beta}$ 有解，但不唯一，试求：

(1) a 的值；(2) 正交矩阵 $\boldsymbol{Q}$，使 $\boldsymbol{Q}^{\mathrm{T}}\boldsymbol{AQ}$ 为对角阵.

5. 设二次型 $f(x_1, x_2, x_3)=ax_1^2+2x_2^2+2bx_1x_3-2x_3^2$，$(b>0)$，已知该二次型系数矩阵的特征值之和为 1，特征值之积为 -12.

(1) 求 a，b 的值；(2) 利用正交变换将二次型 f 化为标准形，并给出正交变换.

6. 设二次型 $f(\boldsymbol{X}_1, \boldsymbol{X}_2, \boldsymbol{X}_3)=\boldsymbol{X}^{\mathrm{T}}\boldsymbol{AX}$ 的秩为 1，$\boldsymbol{A}$ 中行元素之和为 3，求 f 在正交变换下 $\boldsymbol{X}=\boldsymbol{QY}$ 的标准形.

7. 已知二次型 $f(x_1, x_2, x_3)=5x_1^2+5x_2^2+cx_3^2-2x_1x_2+6x_1x_3-6x_2x_3$ 的秩为 2.

(1) 求参数 c；(2) 指出方程 $f(x_1, x_2, x_3)=1$ 表示何种二次曲面.

8. 设 $\boldsymbol{A}$，$\boldsymbol{B}$ 是 n 阶正定矩阵，证明 $\boldsymbol{A}+\boldsymbol{B}$ 也是正定矩阵.

9. 设 $\boldsymbol{A}$ 是 n 阶正定矩阵，证明 $\boldsymbol{A}^{-1}$ 也是正定矩阵.

10. 设 $\boldsymbol{A}$ 是 n 阶实对称矩阵，$\boldsymbol{A}^2-3\boldsymbol{A}+2\boldsymbol{E}=\boldsymbol{O}$，证明 $\boldsymbol{A}$ 正定.

11. 如果 $\boldsymbol{A}$ 是正定矩阵，则存在满秩矩阵 $\boldsymbol{P}$，使 $\boldsymbol{P}^{\mathrm{T}}\boldsymbol{AP}=\boldsymbol{E}$.

12. $\boldsymbol{A}$ 是正定矩阵的充要条件是存在满秩矩阵 $\boldsymbol{U}$，使 $\boldsymbol{A}=\boldsymbol{U}^{\mathrm{T}}\boldsymbol{U}$.

*第 7 章　线性空间与线性变换

线性空间是向量空间的推广，其内容是在更广泛的意义下讨论向量及其相关的性质. 在线性空间中，事物之间的联系表现为元素之间的对应关系，而线性变换就是反映线性空间的元素间最基本的线性联系. 线性空间的理论和方法，是线性代数几何理论的基础知识，它已渗透到自然科学和工程技术的各个领域，成为线性代数的核心内容之一.

本章主要是将第三章中的 n 维向量组和第五章中的线性变换等概念加以推广，使它们更一般化和理论化.

7.1　线性空间的定义与性质

一、线性空间的定义

数学学习的一个重要的特征是抽象化. 从直线、平面等具体的几何空间到向量空间，为了准确地描述线性空间的概念，需要引入数域的概念.

定义 7.1.1　设 F 是由一些复数构成的集合，其中包括 0 与 1. 如果 F 中任意两个数(这两个数也可以相同)的和、差、积、商(除数不为零)仍然是 F 中的数，那么 F 就称为一个数域.

显然，全体有理数组成的集合、全体实数组成的集合、全体复数组成的集合都是数域. 这 3 个数域我们分别用字母 Q，R，C 来表示. 全体整数组成的集合就不是数域，因为不是任意两个整数的商都是整数.

定义 7.1.2　设 V 是一个非空集合，$\boldsymbol{F}$ 为数域，在集合 $\mathbf{V}$ 的元素之间定义两种运算，一种称为加法，即任取 $\boldsymbol{\alpha}$，$\boldsymbol{\beta}\in\mathbf{V}$，有 $\boldsymbol{\alpha}+\boldsymbol{\beta}\in\mathbf{V}$；另一种称为数量乘法(简称数乘)，即对任意的数 $k\in\boldsymbol{F}$，任意的 $\boldsymbol{\alpha}\in\mathbf{V}$，有 $k\boldsymbol{\alpha}\in\mathbf{V}$. 并且这两种运算满足下面的八条运算规律($\boldsymbol{\alpha}$，$\boldsymbol{\beta}$，$\boldsymbol{\gamma}\in\mathbf{V}$，$k$，$l\in\boldsymbol{F}$).

加法满足下面四条运算规律：

(1) 交换律　$\boldsymbol{\alpha}+\boldsymbol{\beta}=\boldsymbol{\beta}+\boldsymbol{\alpha}$.

(2) 结合律　$(\boldsymbol{\alpha}+\boldsymbol{\beta})+\boldsymbol{\gamma}=\boldsymbol{\alpha}+(\boldsymbol{\beta}+\boldsymbol{\gamma})$.

(3) $\mathbf{V}$ 中存在零元素 $\mathbf{0}$，即对任意的 $\boldsymbol{\alpha}\in\mathbf{V}$，都有 $\boldsymbol{\alpha}+\mathbf{0}=\boldsymbol{\alpha}$.

(4) $\mathbf{V}$ 中每个元素都有负元素，即对任意的 $\boldsymbol{\alpha}\in\mathbf{V}$，存在 $\mathbf{V}$ 中的元素 $\boldsymbol{\beta}$，使 $\boldsymbol{\alpha}+\boldsymbol{\beta}=\mathbf{0}$；称 $\boldsymbol{\beta}$ 为 $\boldsymbol{\alpha}$ 的负元素，记为 $\boldsymbol{\beta}=-\boldsymbol{\alpha}$.

数乘满足下面两条规律：

(5) $1\boldsymbol{\alpha}=\boldsymbol{\alpha}$.

(6) $(kl)\boldsymbol{\alpha}=k(l\boldsymbol{\alpha})=l(k\boldsymbol{\alpha})$.

数乘与加法满足下面两条规律：

(7) $(k+l)\boldsymbol{\alpha}=k\boldsymbol{\alpha}+l\boldsymbol{\alpha}$.

(8) $k(\boldsymbol{\alpha}+\boldsymbol{\beta})=k\boldsymbol{\alpha}+k\boldsymbol{\beta}$.

则称集合 $\boldsymbol{V}$ 为数域 $\boldsymbol{F}$ 上的线性空间，$\boldsymbol{V}$ 中的元素称为向量(注意区分于通常意义上的向量). 若 $\boldsymbol{F}$ 为实数域 $\boldsymbol{R}$，则称 $\boldsymbol{V}$ 为实线性空间.

简言之，凡满足上述八条规律的加法和数乘运算，就称为**线性运算**. 凡定义了线性运算的集合，就称为线性空间.

除非特别说明，今后所指的线性空间都是实数域 $\boldsymbol{R}$ 上的线性空间. 线性空间是一个比较抽象的概念，为了对这个概念进行更深刻的理解，我们看下面的实例.

例 7.1.1 实数域 $\boldsymbol{R}$ 上所有 n 维向量的集合 $\boldsymbol{R}^n$ 构成一个线性空间.

特别地，当 $n=1$ 时，即实数作为向量，全体实数的集合 $\boldsymbol{R}^1$ 是一个线性空间；当 $n=2$ 时，平面上以坐标原点为起点的有向线段的全体构成线性空间 $\boldsymbol{R}^2$；$n=3$ 时，空间上以坐标原点为起点的有向线段的全体 $\boldsymbol{R}^3$ 是一个线性空间.

单独一个零向量构成的线性空间，称为**零空间**.

例 7.1.2 设 $\boldsymbol{\alpha}$，$\boldsymbol{\beta}$ 为两个已知的 n 维向量，集合 $\boldsymbol{V}=\{x=k\boldsymbol{\alpha}+l\boldsymbol{\beta}\mid k, l\in\boldsymbol{R}\}$是一个线性空间.

该线性空间称为由**向量 $\boldsymbol{\alpha}$，$\boldsymbol{\beta}$ 生成的线性空间**，记为 $L[\boldsymbol{\alpha}, \boldsymbol{\beta}]$.

一般地，由向量组 $\boldsymbol{\alpha}_1$，$\boldsymbol{\alpha}_2$，…，$\boldsymbol{\alpha}_m$ 所生成的线性空间为

$$L[\boldsymbol{\alpha}_1, \boldsymbol{\alpha}_2, \cdots, \boldsymbol{\alpha}_m]=\{x=k_1\boldsymbol{\alpha}_1+k_2\boldsymbol{\alpha}_2+\cdots+k_m\boldsymbol{\alpha}_m\mid k_1, k_2, \cdots, k_m\in\boldsymbol{R}\}.$$

从这个意义上说，齐次线性方程组的所有解的集合构成实数域 $\boldsymbol{R}$ 上的线性空间，我们称它为齐次线性方程组的**解空间**.

例 7.1.3 设 $\boldsymbol{R}^{m\times n}$ 表示实数域 $\boldsymbol{R}$ 上所有 $m\times n$ 矩阵所构成的集合，$\boldsymbol{R}^{m\times n}$ 关于矩阵的加法和数乘运算构成一线性空间，称为**实矩阵空间 $\boldsymbol{R}^{m\times n}$**，其中的零元素即为零矩阵，任一矩阵 $\boldsymbol{A}$ 的负元素为 $-\boldsymbol{A}$.

例 7.1.4 次数不超过 n 的多项式的全体，再添上零多项式构成的集合记作 $P[x]_n$，即

$$P[x]_n=\{a_nx^n+a_{n-1}x^{n-1}+\cdots+a_1x+a_0\mid a_0, a_1, \cdots, a_n\in\boldsymbol{R}\}.$$

对于通常的多项式的加法和数乘多项式运算构成的线性空间，称为**多项式线性空间** $P[x]_n$.

例 7.1.5 区间$[a, b]$上的全体实连续函数，对通常函数的加法和数与函数的乘法运算构成一线性空间，记作 $C_{[a,b]}$.

上述例子都可用定义直接验证.

从以上几个例子可以看出，线性空间的向量不一定是有序数组，它可能为矩阵、多项式、函数等.

例 7.1.6 集合$\boldsymbol{V}=\{\boldsymbol{x}=(1, x_1, x_2, \cdots, x_n)^{\mathrm{T}} \mid x_2, x_3, \cdots, x_n \in \boldsymbol{R}\}$不是线性空间.

因为$\forall \boldsymbol{\alpha}=(1, a_2, a_3, \cdots, a_n)^{\mathrm{T}} \in \boldsymbol{V}$，但$2\boldsymbol{\alpha}=(2, 2a_2, 2a_3, \cdots, 2a_n)^{\mathrm{T}} \notin \boldsymbol{V}$.

二、线性空间的基本性质

性质 1 线性空间$\boldsymbol{V}$中的零元素是唯一的.

证 设$\boldsymbol{o}_1$，$\boldsymbol{o}_2$是$\boldsymbol{V}$中的两个零元素，我们来证$\boldsymbol{o}_1=\boldsymbol{o}_2$.

由于$\boldsymbol{o}_2$是零元素，所以$\boldsymbol{o}_1+\boldsymbol{o}_2=\boldsymbol{o}_1$. 又由于$\boldsymbol{o}_1$也是零元素，所以$\boldsymbol{o}_2+\boldsymbol{o}_1=\boldsymbol{o}_2$，于是

$$\boldsymbol{o}_1=\boldsymbol{o}_1+\boldsymbol{o}_2=\boldsymbol{o}_2+\boldsymbol{o}_1=\boldsymbol{o}_2.$$

性质 2 线性空间$\boldsymbol{V}$中任一元素的负元素是唯一的.

证 对任意的$\boldsymbol{\alpha} \in \boldsymbol{V}$，设$\boldsymbol{\alpha}$有两个负元素$\boldsymbol{\beta}$，$\gamma$，即$\boldsymbol{\alpha}+\boldsymbol{\beta}=o$，$\boldsymbol{\alpha}+\gamma=\boldsymbol{o}$，于是

$$\boldsymbol{\beta}=\boldsymbol{\beta}+o=\boldsymbol{\beta}+(\boldsymbol{\alpha}+\gamma)=(\boldsymbol{\beta}+\boldsymbol{\alpha})+\gamma=o+\gamma=\gamma.$$

性质 3 设 0 是数零，$\boldsymbol{o}$是线性空间$\boldsymbol{V}$中的零元素，则：

(1)$0\boldsymbol{\alpha}=\boldsymbol{o}$.

(2)$(-1)\boldsymbol{\alpha}=-\boldsymbol{\alpha}$.

(3)$k\boldsymbol{o}=\boldsymbol{o}$，$k$**为实数.**

证 (1) 因为$\boldsymbol{\alpha}+0\boldsymbol{\alpha}=1\boldsymbol{\alpha}+0\boldsymbol{\alpha}=(1+0)\boldsymbol{\alpha}=1\boldsymbol{\alpha}=\boldsymbol{\alpha}$，所以$0\boldsymbol{\alpha}=\boldsymbol{o}$.

(2) 因为$\boldsymbol{\alpha}+(-1)\boldsymbol{\alpha}=1\boldsymbol{\alpha}+(-1)\boldsymbol{\alpha}=[1+(-1)]\boldsymbol{\alpha}=0\boldsymbol{\alpha}=o$，所以$(-1)\boldsymbol{\alpha}=-\boldsymbol{\alpha}$.

(3) 因为$ko=k[\boldsymbol{\alpha}+(-1)\boldsymbol{\alpha}]=k\boldsymbol{\alpha}+(-k)\boldsymbol{\alpha}=[k+(-k)]\boldsymbol{\alpha}=0\boldsymbol{\alpha}=\boldsymbol{o}$.

性质 4 如果$k\boldsymbol{\alpha}=\boldsymbol{o}$，则$k=0$或$\boldsymbol{\alpha}=\boldsymbol{o}$.

证 若$k \neq 0$，在$k\boldsymbol{\alpha}=\boldsymbol{o}$两边同乘以$\dfrac{1}{k}$得$\dfrac{1}{k}(k\boldsymbol{\alpha})=\dfrac{1}{k}\boldsymbol{o}=\boldsymbol{o}$，

而$\dfrac{1}{k}(k\boldsymbol{\alpha})=\left(\dfrac{1}{k}k\right)\boldsymbol{\alpha}=1\boldsymbol{\alpha}=\boldsymbol{\alpha}$，所以$\boldsymbol{\alpha}=\boldsymbol{o}$.

三、子空间

定义 7.1.3 设W是线性空间$\boldsymbol{V}$的一个非空子集，若W中的所有元素对$\boldsymbol{V}$中定义的加法和数乘运算也构成一个线性空间，则称W是$\boldsymbol{V}$的一个子空间.

任意的非零空间一定有两个**平凡子空间**，即零空间和它本身，另外的子空间(若存在的话)称为线性空间的**真子空间**.

例如，由n维向量组$\boldsymbol{\alpha}_1$，$\boldsymbol{\alpha}_2$，$\cdots$，$\boldsymbol{\alpha}_m$所生成的线性空间$L[\boldsymbol{\alpha}_1, \boldsymbol{\alpha}_2, \cdots, \boldsymbol{\alpha}_m]$为$\boldsymbol{R}^n$的子空间. 一般地，由$n$维向量所生成的任何线性空间$\boldsymbol{V}$，总是$\boldsymbol{R}^n$的子空间.

例 7.1.7 证明两个等价的向量组生成的子空间相等.

证 设向量组 $\boldsymbol{\alpha}_1$，$\boldsymbol{\alpha}_2$，…，$\boldsymbol{\alpha}_r$ 和 $\boldsymbol{\beta}_1$，$\boldsymbol{\beta}_2$，…，$\boldsymbol{\beta}_s$ 等价，且生成的线性空间分别为 $\boldsymbol{V}_1$ 和 $\boldsymbol{V}_2$.

$\forall \boldsymbol{\alpha}\in \boldsymbol{V}_1$，即 $\boldsymbol{\alpha}$ 可以由 $\boldsymbol{\alpha}_1$，$\boldsymbol{\alpha}_2$，…，$\boldsymbol{\alpha}_r$ 线性表示，由向量组等价性，$\boldsymbol{\alpha}_1$，$\boldsymbol{\alpha}_2$，…，$\boldsymbol{\alpha}_r$ 可由 $\boldsymbol{\beta}_1$，$\boldsymbol{\beta}_2$，…，$\boldsymbol{\beta}_s$ 线性表示，则 $\boldsymbol{\alpha}$ 也可以由 $\boldsymbol{\beta}_1$，$\boldsymbol{\beta}_2$，…，$\boldsymbol{\beta}_s$ 线性表示，即 $\boldsymbol{\alpha}\in \boldsymbol{V}_2$，因而 $\boldsymbol{V}_1\subseteq \boldsymbol{V}_2$.

同理可证，$\boldsymbol{V}_2\subseteq \boldsymbol{V}_1$，即有 $\boldsymbol{V}_1=\boldsymbol{V}_2$.

下面给出一个非空子集构成子空间的充分必要条件.

定理 7.1.1 设 W 是线性空间 $\boldsymbol{V}$ 的非空子集，则 W 是 $\boldsymbol{V}$ 的子空间的充分必要条件是：

(1) **若** $\boldsymbol{\alpha}$，$\boldsymbol{\beta}\in W$，**则** $\boldsymbol{\alpha}+\boldsymbol{\beta}\in W$.

(2) **若** $\boldsymbol{\alpha}\in W$，$k\in \boldsymbol{R}$，**则** $k\boldsymbol{\alpha}\in W$.

证 必要性是显然的，只证充分性.

设 W 满足(1)(2)，则只需验证定义中的八条运算规律在 W 中也成立. 因为 $k\boldsymbol{\alpha}\in W$，取 $k=0$，则 $0\boldsymbol{\alpha}=o\in W$，即 W 中存在零元素.

又取 $k=-1$，则 $-\boldsymbol{\alpha}=(-1)\boldsymbol{\alpha}\in W$，即 W 中存在负元素.

因为 $W\subset\boldsymbol{V}$，W 中元素的加法和数乘就是 $\boldsymbol{V}$ 中元素的加法和数乘，故定义 7.1.2 中其余六条运算规律在 W 中也成立，所以 W 是线性空间，从而是 $\boldsymbol{V}$ 的子空间.

例 7.1.8 在线性空间 $\boldsymbol{R}^{n\times n}$ 中取集合

(1) $W_1=\{\boldsymbol{A}\mid \boldsymbol{A}\in \boldsymbol{R}^{n\times n},\ \boldsymbol{A}^{\mathrm{T}}=\boldsymbol{A}\}$；

(2) $W_2=\{\boldsymbol{A}\mid \boldsymbol{A}\in \boldsymbol{R}^{n\times n},\ |\boldsymbol{A}|\neq 0\}$.

判断它们是否是 $\boldsymbol{R}^{n\times n}$ 的子空间.

解 (1)对任意的 $\boldsymbol{A}_1$，$\boldsymbol{A}_2\in W_1$，由于

$$(\boldsymbol{A}_1+\boldsymbol{A}_2)^{\mathrm{T}}=\boldsymbol{A}_1^{\mathrm{T}}+\boldsymbol{A}_2^{\mathrm{T}}=\boldsymbol{A}_1+\boldsymbol{A}_2,$$

所以

$$\boldsymbol{A}_1+\boldsymbol{A}_2\in W_1;$$

对任意的 $\boldsymbol{A}\in W_1$，$k\in \boldsymbol{R}$，由于

$$(k\boldsymbol{A}^{\mathrm{T}})=k\boldsymbol{A}^{\mathrm{T}},$$

所以

$$k\boldsymbol{A}\in W_1.$$

从而由定理 7.1.1 知 W_1 是 $\boldsymbol{R}^{n\times n}$ 的子空间.

(2) 对任意的 $\boldsymbol{A}\in W_2$，由于 $0\boldsymbol{A}=o\notin W_2$，所以 W_2 不是 $\boldsymbol{R}^{n\times n}$ 的子空间.

习题 7－1

1. 判断下列集合对指定的运算是否构成线性空间?

(1) $\boldsymbol{V}_1=\{f(x)\mid f(x)\geqslant 0\}$，对于通常的函数加法和数乘运算.

(2) $\boldsymbol{V}_2=\{\boldsymbol{A}\mid\boldsymbol{A}\in\boldsymbol{R}^{n\times n},\ \boldsymbol{A}^{\mathrm{T}}=-\boldsymbol{A}\}$，对于矩阵的加法和数乘运算．

(3) $\boldsymbol{V}_3=\boldsymbol{R}^{+}=\{x\mid x\in\boldsymbol{R},\ x\geqslant 0\}$，加法与数乘规定为普通实数的加法“+”与乘法“•”．

2. $\boldsymbol{R}^{2\times 3}$的下列子集是否构成子空间？为什么？

(1) $W_1=\left\{\begin{pmatrix}1 & b & 0\\ 0 & c & d\end{pmatrix}\middle| b,\ c,\ d\in\boldsymbol{R}\right\}$.

(2) $W_2=\left\{\begin{pmatrix}a & b & 0\\ 0 & 0 & c\end{pmatrix}\middle| a+b+c=0,\ a,\ b,\ c\in\boldsymbol{R}\right\}$.

3. 已知线性空间 $\boldsymbol{V}_1$ 和 $\boldsymbol{V}_2$ 是线性空间 $\boldsymbol{V}$ 的子空间.

(1) 证明 $k\boldsymbol{V}_1=\{k\boldsymbol{\alpha}\mid k\in\boldsymbol{R},\ \boldsymbol{\alpha}\in\boldsymbol{V}_1\}$ 是线性空间 $\boldsymbol{V}$ 的子空间.

(2) 证明 $\boldsymbol{V}_1+\boldsymbol{V}_2=\{\boldsymbol{\alpha}+\boldsymbol{\beta}\mid\boldsymbol{\alpha}\in\boldsymbol{V}_1,\ \boldsymbol{\beta}\in\boldsymbol{V}_2\}$ 是线性空间 $\boldsymbol{V}$ 的子空间．

7.2　线性空间的基、维数与坐标

除零空间外，一般线性空间都有无穷多个向量，如何用一个具体的方式把这无穷多个向量全部表达出来，即如何构造一个线性空间，这是本节要讨论的一个重要问题. 另外，线性空间的向量是广义的，如何使它与 R^n 中的向量联系起来，用比较具体的数学式来表达，以便能对它进行运算，这是本节要讨论的另一个主要问题.

在第三章中，我们用线性运算来讨论 n 维数组向量之间的关系，介绍了一些重要概念，如线性组合、线性相关与线性无关等. 这些概念以及有关的性质只涉及线性运算，因此，对于一般的线性空间中的元素仍然适用. 以后我们直接引用这些概念和性质.

一、线性空间的基和维数

在解析几何中，三维空间中的任意一个向量 $\boldsymbol{\alpha}$ 都可用向量 $\boldsymbol{i}=(1,\ 0,\ 0)$，$\boldsymbol{j}=(0,\ 1,\ 0)$，$\boldsymbol{k}=(0,\ 0,\ 1)$ 线性表示. 即

$$\boldsymbol{\alpha}=a_x\boldsymbol{i}+a_y\boldsymbol{j}+a_z\boldsymbol{k}\ \text{或}\ \boldsymbol{\alpha}=(a_x,\ a_y,\ a_z).$$

对于一般的线性空间是否也存在类似于 $\boldsymbol{i}$、$\boldsymbol{j}$、$\boldsymbol{k}$ 的元素，使得线性空间中的所有元素能用它们线性表示呢？关于这个问题，在第三章中讲向量组的极大线性无关组时已经讨论过，本节将把它推广到线性空间上来.

定义 7.2.1　**设 $\boldsymbol{V}$ 为线性空间，如果存在 n 个向量 $\boldsymbol{\alpha}_1,\ \boldsymbol{\alpha}_2,\ \cdots,\ \boldsymbol{\alpha}_n\in\boldsymbol{V}$，满足：**

(1) $\boldsymbol{\alpha}_1,\ \boldsymbol{\alpha}_2,\ \cdots,\ \boldsymbol{\alpha}_n$ 线性无关；

(2) $\boldsymbol{V}$ 中任一向量都可由 $\boldsymbol{\alpha}_1,\ \boldsymbol{\alpha}_2,\ \cdots,\ \boldsymbol{\alpha}_n$ 线性表示，

则向量组 $\boldsymbol{\alpha}_1,\ \boldsymbol{\alpha}_2,\ \cdots,\ \boldsymbol{\alpha}_n$ 称为线性空间 $\boldsymbol{V}$ 的一个基，n 称为线性空间 $\boldsymbol{V}$ 的维数，

记为 $\dim \boldsymbol{V}=n$，并称 $\boldsymbol{V}$ 为 n 维线性空间.

规定，零空间的维数为零.

显然，若把线性空间看作向量组，则 $\boldsymbol{V}$ 的基就是向量组的极大线性无关组；$\boldsymbol{V}$ 的维数就是向量组的秩.

例 7.2.1 在 $\boldsymbol{R}^n$ 中，n 维基本向量组 $\boldsymbol{e}_1=(1, 0, \cdots, 0)$，$\boldsymbol{e}_2=(0, 1, \cdots, 0)$，…，$\boldsymbol{e}_n=(0, 0, \cdots, 1)$ 是 $\boldsymbol{R}^n$ 的一个基. 因为对于任一 n 维向量 $\boldsymbol{\alpha}=(a_1, a_2, \cdots, a_n)$，有 $\boldsymbol{\alpha}=a_1\boldsymbol{e}_1+a_2\boldsymbol{e}_2+\cdots+a_n\boldsymbol{e}_n$. 故 $\dim \boldsymbol{R}^n=n$.

定理 7.2.1 **n 维线性空间 $\boldsymbol{V}$ 中的任意 n 个线性无关的向量都是 $\boldsymbol{V}$ 的一个基.**

证 设 $\boldsymbol{\alpha}_1, \boldsymbol{\alpha}_2, \cdots, \boldsymbol{\alpha}_n$ 是 $\boldsymbol{V}$ 中的任意 n 个线性无关的向量，$\forall \boldsymbol{\alpha} \in \boldsymbol{V}$，由第三章定理 3.2.2，向量组 $\boldsymbol{\alpha}_1, \boldsymbol{\alpha}_2, \cdots, \boldsymbol{\alpha}_n, \boldsymbol{\alpha}$ 线性相关，且向量 $\boldsymbol{\alpha}$ 可由 $\boldsymbol{\alpha}_1, \boldsymbol{\alpha}_2, \cdots, \boldsymbol{\alpha}_n$ 线性表示，由基的定义知，$\boldsymbol{\alpha}_1, \boldsymbol{\alpha}_2, \cdots, \boldsymbol{\alpha}_n$ 是线性空间 $\boldsymbol{V}$ 的一个基.

例 7.2.2 证明 $\boldsymbol{\alpha}_1=(1, 0, 2, 1)^{\mathrm{T}}$，$\boldsymbol{\alpha}_2=(0, 1, 0, 1)^{\mathrm{T}}$，$\boldsymbol{\alpha}_3=(-1, 2, 0, 1)^{\mathrm{T}}$，$\boldsymbol{\alpha}_4=(0, 0, 0, 1)^{\mathrm{T}}$ 是 $\boldsymbol{R}^4$ 的一个基.

解 由于矩阵 $\boldsymbol{A}=(\boldsymbol{\alpha}_1, \boldsymbol{\alpha}_2, \boldsymbol{\alpha}_3, \boldsymbol{\alpha}_4)$ 的行列式

$$|\boldsymbol{A}|=\begin{vmatrix} 1 & 0 & -1 & 0 \\ 0 & 1 & 2 & 0 \\ 2 & 0 & 0 & 0 \\ 1 & 1 & 1 & 1 \end{vmatrix}=2\neq 0,$$

所以，$\boldsymbol{\alpha}_1, \boldsymbol{\alpha}_2, \boldsymbol{\alpha}_3, \boldsymbol{\alpha}_4$ 线性无关，故 $\boldsymbol{\alpha}_1, \boldsymbol{\alpha}_2, \boldsymbol{\alpha}_3, \boldsymbol{\alpha}_4$ 是 $\boldsymbol{R}^4$ 的一个基.

例 7.2.3 设 $\boldsymbol{\alpha}_1=(1, 1, 2, 3)^{\mathrm{T}}$，$\boldsymbol{\alpha}_2=(-1, 1, -4, -5)^{\mathrm{T}}$，$\boldsymbol{\alpha}_3=(1, -3, 6, 7)^{\mathrm{T}}$，求 $L[\boldsymbol{\alpha}_1, \boldsymbol{\alpha}_2, \boldsymbol{\alpha}_3]$ 的一个基和维数.

解 令 $\boldsymbol{A}=(\boldsymbol{\alpha}_1, \boldsymbol{\alpha}_2, \boldsymbol{\alpha}_3)$，用行初等变换将 $\boldsymbol{A}$ 化为行阶梯形矩阵：

$$\boldsymbol{A}=(\boldsymbol{\alpha}_1, \boldsymbol{\alpha}_2, \boldsymbol{\alpha}_3)=\begin{pmatrix} 1 & -1 & 1 \\ 1 & 1 & -3 \\ 2 & -4 & 6 \\ 3 & -5 & 7 \end{pmatrix} \rightarrow \begin{pmatrix} 1 & -1 & 1 \\ 0 & 1 & -2 \\ 0 & 0 & 0 \\ 0 & 0 & 0 \end{pmatrix},$$

因 $r(\boldsymbol{A})=2$，则 $\boldsymbol{\alpha}_1, \boldsymbol{\alpha}_2, \boldsymbol{\alpha}_3$ 线性相关，而 $\boldsymbol{\alpha}_1, \boldsymbol{\alpha}_2$ 线性无关，故 $\boldsymbol{\alpha}_1, \boldsymbol{\alpha}_2$ 是 $L[\boldsymbol{\alpha}_1, \boldsymbol{\alpha}_2, \boldsymbol{\alpha}_3]$ 的一个基. 当然 $\boldsymbol{\alpha}_2, \boldsymbol{\alpha}_3$ 也是 $L[\boldsymbol{\alpha}_1, \boldsymbol{\alpha}_2, \boldsymbol{\alpha}_3]$ 的基，且 $\dim L[\boldsymbol{\alpha}_1, \boldsymbol{\alpha}_2, \boldsymbol{\alpha}_3]=2$.

例 7.2.4 线性空间

$$\boldsymbol{V}=\{x=(0, x_2, x_3, \cdots, x_n)^{\mathrm{T}} \mid x_2, x_3, \cdots x_n \in \boldsymbol{R}\}$$

的一个基可取为 $\boldsymbol{e}_2=(0, 1, 0, \cdots 0, 0)^{\mathrm{T}}$，…，$\boldsymbol{e}_n=(0, 0, 0 \cdots, 0, 1)^{\mathrm{T}}$，并由此可知它是 $n-1$ 维线性空间.

由向量组 $\boldsymbol{\alpha}_1, \boldsymbol{\alpha}_2, \cdots, \boldsymbol{\alpha}_m$ 生成的线性空间 $L[\boldsymbol{\alpha}_1, \boldsymbol{\alpha}_2, \cdots, \boldsymbol{\alpha}_m]$ 显然与向量组 $\boldsymbol{\alpha}_1, \boldsymbol{\alpha}_2, \cdots, \boldsymbol{\alpha}_m$ 等价，所以向量组 $\boldsymbol{\alpha}_1, \boldsymbol{\alpha}_2, \cdots, \boldsymbol{\alpha}_m$ 的极大线性无关组就是 $L[\boldsymbol{\alpha}_1, \boldsymbol{\alpha}_2, \cdots, \boldsymbol{\alpha}_m]$ 的一个基，向量组 $\boldsymbol{\alpha}_1, \boldsymbol{\alpha}_2, \cdots, \boldsymbol{\alpha}_m$ 的秩就是线性空间

$L[\boldsymbol{\alpha}_1, \boldsymbol{\alpha}_2, \cdots, \boldsymbol{\alpha}_m]$ 的维数.

例 7.2.5 齐次线性方程组 $\boldsymbol{Ax}=\boldsymbol{o}$ 的基础解系是其解空间的一个基.

若向量组 $\boldsymbol{\alpha}_1, \boldsymbol{\alpha}_2, \cdots, \boldsymbol{\alpha}_r$ 是线性空间 $\boldsymbol{V}$ 的一个基，则 $\boldsymbol{V}$ 可表示为

$$\boldsymbol{V}=\{x=k_1\boldsymbol{\alpha}_1+k_2\boldsymbol{\alpha}_2+\cdots+k_r\boldsymbol{\alpha}_r \mid k_1, k_2, \cdots, k_r\in\boldsymbol{R}\}.$$

由此，如果找到线性空间的一个基，线性空间的结构就比较清楚了.

二、线性空间的坐标

根据基的定义及第三章定理 3.2.2，我们有：

定义 7.2.2 设向量组 $\boldsymbol{\alpha}_1, \boldsymbol{\alpha}_2, \cdots, \boldsymbol{\alpha}_n$ 是线性空间 $\boldsymbol{V}$ 的一个基，线性空间 $\boldsymbol{V}$ 中的任一向量 $\boldsymbol{\alpha}$ 的唯一表示式

$$\boldsymbol{\alpha}=x_1\boldsymbol{\alpha}_1+x_2\boldsymbol{\alpha}_2+\cdots+x_n\boldsymbol{\alpha}_n$$

中 $\boldsymbol{\alpha}_1, \boldsymbol{\alpha}_2, \cdots, \boldsymbol{\alpha}_n$ 的系数构成的有序数组 $x_1, x_2, \cdots, x_n$ 称为向量 $\boldsymbol{\alpha}$ 关于基 $\boldsymbol{\alpha}_1, \boldsymbol{\alpha}_2, \cdots, \boldsymbol{\alpha}_n$ 的坐标，记为

$$\boldsymbol{X}=(x_1, x_2, \cdots, x_n)^{\mathrm{T}}.$$

例 7.2.6 设有 $\boldsymbol{R}^4$ 的一个基 $\boldsymbol{\alpha}_1=(1, 0, 2, 1)^{\mathrm{T}}$，$\boldsymbol{\alpha}_2=(0, 1, 0, 1)^{\mathrm{T}}$，$\boldsymbol{\alpha}_3=(-1, 2, 0, 1)^{\mathrm{T}}$，$\boldsymbol{\alpha}_4=(0, 0, 0, 1)^{\mathrm{T}}$，求出向量 $\boldsymbol{\alpha}=(1, -1, 4, 5)^{\mathrm{T}}$ 在此基下的坐标.

解 设 $\boldsymbol{\alpha}=x_1\boldsymbol{\alpha}_1+x_2\boldsymbol{\alpha}_2+x_3\boldsymbol{\alpha}_3+x_4\boldsymbol{\alpha}_4$，有非齐次线性方程组

$$\begin{pmatrix}1 & 0 & -1 & 0\\ 0 & 1 & 2 & 0\\ 2 & 0 & 0 & 0\\ 1 & 1 & 1 & 1\end{pmatrix}\begin{pmatrix}x_1\\ x_2\\ x_3\\ x_4\end{pmatrix}=\begin{pmatrix}1\\ -1\\ 4\\ 5\end{pmatrix}.$$

对方程组的增广矩阵作行初等变换，有

$$\left(\begin{array}{cccc:c}1 & 0 & -1 & 0 & 1\\ 0 & 1 & 2 & 0 & -1\\ 2 & 0 & 0 & 0 & 4\\ 1 & 1 & 1 & 1 & 5\end{array}\right)\longrightarrow\left(\begin{array}{cccc:c}1 & 0 & 0 & 0 & 2\\ 0 & 1 & 0 & 0 & -3\\ 0 & 0 & 1 & 0 & 1\\ 0 & 0 & 0 & 1 & 5\end{array}\right),$$

解得方程组的解 $(x_1, x_2, x_3, x_4)^{\mathrm{T}}=(2, -3, 1, 5)^{\mathrm{T}}$，此即 $\boldsymbol{\alpha}$ 关于基 $\boldsymbol{\alpha}_1, \boldsymbol{\alpha}_2, \boldsymbol{\alpha}_3, \boldsymbol{\alpha}_4$ 的坐标，且

$$\boldsymbol{\alpha}=2\boldsymbol{\alpha}_1-3\boldsymbol{\alpha}_2+\boldsymbol{\alpha}_3+5\boldsymbol{\alpha}_4.$$

三、基变换与坐标变换

在线性空间中，任一向量 $\boldsymbol{\alpha}$ 在取定基下的坐标是唯一的，但在不同基下的坐标一般是不同的. 例如，例 7.2.6 中的向量 $\boldsymbol{\alpha}=(1, -1, 4, 5)^{\mathrm{T}}$，在 $\boldsymbol{R}^4$ 的另一个基

$$e_1=(1,0,0,0)^T,\ e_2=(0,1,0,0)^T,\ e_3=(0,0,1,0)^T,$$
$$e_4=(0,0,0,1)^T$$

之下的坐标为$(1,-1,4,5)^T$，它与$\boldsymbol{\alpha}$在原基下的坐标是不同的.

下面研究同一向量在不同基下的坐标之间的关系. 首先介绍过渡矩阵的概念.

定义 7.2.3 **设向量组$\boldsymbol{\alpha}_1$，$\boldsymbol{\alpha}_2$，…，$\boldsymbol{\alpha}_n$和$\boldsymbol{\beta}_1$，$\boldsymbol{\beta}_2$，…，$\boldsymbol{\beta}_n$是n维线性空间V的两个基，若它们之间的关系可表示为**

$$\begin{cases}\boldsymbol{\beta}_1=c_{11}\boldsymbol{\alpha}_1+c_{21}\boldsymbol{\alpha}_2+\cdots+c_{n1}\boldsymbol{\alpha}_n,\\ \boldsymbol{\beta}_2=c_{12}\boldsymbol{\alpha}_1+c_{22}\boldsymbol{\alpha}_2+\cdots+c_{n2}\boldsymbol{\alpha}_n,\\ \cdots\cdots\cdots\cdots\cdots\\ \boldsymbol{\beta}_n=c_{1n}\boldsymbol{\alpha}_1+c_{2n}\boldsymbol{\alpha}_2+\cdots+c_{nn}\boldsymbol{\alpha}_n.\end{cases}\tag{7.2.1}$$

或写成矩阵表示式

$$(\boldsymbol{\beta}_1,\boldsymbol{\beta}_2,\cdots,\boldsymbol{\beta}_n)=(\boldsymbol{\alpha}_1,\boldsymbol{\alpha}_2,\cdots,\boldsymbol{\alpha}_n)\begin{pmatrix}c_{11}&c_{12}&\cdots&c_{1n}\\c_{21}&c_{22}&\cdots&c_{2n}\\\vdots&\vdots&\ddots&\vdots\\c_{n1}&c_{n2}&\cdots&c_{nn}\end{pmatrix}$$

$$=(\boldsymbol{\alpha}_1,\boldsymbol{\alpha}_2,\cdots,\boldsymbol{\alpha}_n)\boldsymbol{C},\tag{7.2.2}$$

则称矩阵$\boldsymbol{C}=(c_{ij})_{n\times n}$为从基$\boldsymbol{\alpha}_1$，$\boldsymbol{\alpha}_2$，…，$\boldsymbol{\alpha}_n$到基$\boldsymbol{\beta}_1$，$\boldsymbol{\beta}_2$，…，$\boldsymbol{\beta}_n$的过渡矩阵（或基变换矩阵）. 式(7.2.1)或式(7.2.2)为基变换公式.

n维线性空间$\boldsymbol{V}$的两个基通过其过渡矩阵相联系. 显然过渡矩阵$\boldsymbol{C}$具有如下性质：

(1) $\boldsymbol{C}$的第i列是向量$\boldsymbol{\beta}_i$在基$\boldsymbol{\alpha}_1$，$\boldsymbol{\alpha}_2$，…，$\boldsymbol{\alpha}_n$下的坐标，即

$$\boldsymbol{\beta}_i=c_{1i}\boldsymbol{\alpha}_1+c_{2i}\boldsymbol{\alpha}_2+\cdots+c_{ni}\boldsymbol{\alpha}_n=(\boldsymbol{\alpha}_1,\boldsymbol{\alpha}_2,\cdots,\boldsymbol{\alpha}_n)\begin{pmatrix}c_{1i}\\c_{2i}\\\vdots\\c_{ni}\end{pmatrix}.$$

(2) $\boldsymbol{C}$是可逆矩阵，且$\boldsymbol{C}^{-1}$是从基$\boldsymbol{\beta}_1$，$\boldsymbol{\beta}_2$，…，$\boldsymbol{\beta}_n$到基$\boldsymbol{\alpha}_1$，$\boldsymbol{\alpha}_2$，…，$\boldsymbol{\alpha}_n$的过渡矩阵，即

$$(\boldsymbol{\alpha}_1,\boldsymbol{\alpha}_2,\cdots,\boldsymbol{\alpha}_n)=(\boldsymbol{\beta}_1,\boldsymbol{\beta}_2,\cdots,\boldsymbol{\beta}_n)\boldsymbol{C}^{-1}.$$

例 7.2.7 设$\boldsymbol{R}^3$中的两个基$\boldsymbol{\alpha}_1$，$\boldsymbol{\alpha}_2$，$\boldsymbol{\alpha}_3$和$\boldsymbol{\beta}_1$，$\boldsymbol{\beta}_2$，$\boldsymbol{\beta}_3$的关系为

$$\boldsymbol{\beta}_1=\boldsymbol{\alpha}_1+\boldsymbol{\alpha}_2,\ \boldsymbol{\beta}_2=\boldsymbol{\alpha}_2+\boldsymbol{\alpha}_3,\ \boldsymbol{\beta}_3=\boldsymbol{\alpha}_3+\boldsymbol{\alpha}_1.$$

(1) 求$\boldsymbol{\alpha}_1$，$\boldsymbol{\alpha}_2$，$\boldsymbol{\alpha}_3$到$\boldsymbol{\beta}_1$，$\boldsymbol{\beta}_2$，$\boldsymbol{\beta}_3$的过渡矩阵.

(2) 求$\boldsymbol{\beta}_1$，$\boldsymbol{\beta}_2$，$\boldsymbol{\beta}_3$到$\boldsymbol{\alpha}_1$，$\boldsymbol{\alpha}_2$，$\boldsymbol{\alpha}_3$的过渡矩阵.

解 (1) 因为

$$\begin{cases}\boldsymbol{\beta}_1=\boldsymbol{\alpha}_1+\boldsymbol{\alpha}_2+0\boldsymbol{\alpha}_3,\\ \boldsymbol{\beta}_2=0\boldsymbol{\alpha}_1+\boldsymbol{\alpha}_2+\boldsymbol{\alpha}_3,\\ \boldsymbol{\beta}_3=\boldsymbol{\alpha}_1+0\boldsymbol{\alpha}_2+\boldsymbol{\alpha}_3.\end{cases}$$

即

$$(\boldsymbol{\beta}_1, \boldsymbol{\beta}_2, \boldsymbol{\beta}_3)=(\boldsymbol{\alpha}_1, \boldsymbol{\alpha}_2, \boldsymbol{\alpha}_3)\begin{pmatrix}1&0&1\\1&1&0\\0&1&1\end{pmatrix},$$

故 $\boldsymbol{\alpha}_1$，$\boldsymbol{\alpha}_2$，$\boldsymbol{\alpha}_3$ 到 $\boldsymbol{\beta}_1$，$\boldsymbol{\beta}_2$，$\boldsymbol{\beta}_3$ 的过渡矩阵为 $\boldsymbol{C}=\begin{pmatrix}1&0&1\\1&1&0\\0&1&1\end{pmatrix}$.

(2)$\boldsymbol{C}^{-1}=\begin{pmatrix}1&0&1\\1&1&0\\0&1&1\end{pmatrix}^{-1}=\dfrac{1}{2}\begin{pmatrix}1&1&-1\\-1&1&1\\1&-1&1\end{pmatrix}$，该矩阵为 $\boldsymbol{\beta}_1$，$\boldsymbol{\beta}_2$，$\boldsymbol{\beta}_3$ 到 $\boldsymbol{\alpha}_1$，$\boldsymbol{\alpha}_2$，$\boldsymbol{\alpha}_3$ 的过渡矩阵.

例 7.2.8 设 $\boldsymbol{R}^3$ 中的两个基为 $\boldsymbol{\alpha}_1=(1, 0, 1)^{\mathrm{T}}$，$\boldsymbol{\alpha}_2=(1, 1, 0)^{\mathrm{T}}$，$\boldsymbol{\alpha}_3=(0, 1, 1)^{\mathrm{T}}$ 和 $\boldsymbol{\beta}_1=(1, 1, 1)^{\mathrm{T}}$，$\boldsymbol{\beta}_2=(1, 1, 2)^{\mathrm{T}}$，$\boldsymbol{\beta}_3=(1, 2, 1)^{\mathrm{T}}$，求 $\boldsymbol{\alpha}_1$，$\boldsymbol{\alpha}_2$，$\boldsymbol{\alpha}_3$ 到 $\boldsymbol{\beta}_1$，$\boldsymbol{\beta}_2$，$\boldsymbol{\beta}_3$ 的过渡矩阵.

解 （方法一）由 $(\boldsymbol{\beta}_1, \boldsymbol{\beta}_2, \boldsymbol{\beta}_3)=(\boldsymbol{\alpha}_1, \boldsymbol{\alpha}_2, \boldsymbol{\alpha}_3)\boldsymbol{C}$ 得

$$\begin{pmatrix}1&1&1\\1&1&2\\1&2&1\end{pmatrix}=\begin{pmatrix}1&1&0\\0&1&1\\1&0&1\end{pmatrix}\boldsymbol{C}.$$

解得

$$\boldsymbol{C}=\begin{pmatrix}1&1&0\\0&1&1\\1&0&1\end{pmatrix}^{-1}\begin{pmatrix}1&1&1\\1&1&2\\1&2&1\end{pmatrix}=\frac{1}{2}\begin{pmatrix}1&-1&1\\1&1&-1\\-1&1&1\end{pmatrix}\begin{pmatrix}1&1&1\\1&1&2\\1&2&1\end{pmatrix}=\begin{pmatrix}1/2&1&0\\1/2&0&1\\1/2&1&1\end{pmatrix}.$$

（方法二）因为 $(\boldsymbol{\beta}_1, \boldsymbol{\beta}_2, \boldsymbol{\beta}_3)=(\boldsymbol{\alpha}_1, \boldsymbol{\alpha}_2, \boldsymbol{\alpha}_3)\boldsymbol{C}$，所以 $\boldsymbol{C}=(\boldsymbol{\alpha}_1, \boldsymbol{\alpha}_2, \boldsymbol{\alpha}_3)^{-1}(\boldsymbol{\beta}_1, \boldsymbol{\beta}_2, \boldsymbol{\beta}_3)$. 令 $\boldsymbol{A}=(\boldsymbol{\alpha}_1, \boldsymbol{\alpha}_2, \boldsymbol{\alpha}_3)$，$\boldsymbol{B}=(\boldsymbol{\beta}_1, \boldsymbol{\beta}_2, \boldsymbol{\beta}_3)$，则 $\boldsymbol{C}=\boldsymbol{A}^{-1}\boldsymbol{B}$. 由第二章例 2.5.3，$(\boldsymbol{A}\mid\boldsymbol{B})\xrightarrow{\text{行变换}}(\boldsymbol{E}\mid\boldsymbol{C})$，即

$$(\boldsymbol{A}\mid\boldsymbol{B})=\left(\begin{array}{ccc|ccc}1&1&0&1&1&1\\0&1&1&1&1&2\\1&0&1&1&2&1\end{array}\right)\rightarrow\left(\begin{array}{ccc|ccc}1&0&0&1/2&1&0\\0&1&0&1/2&0&1\\0&0&1&1/2&1&1\end{array}\right)=(\boldsymbol{E}\mid\boldsymbol{C}),$$

故

$$\boldsymbol{C}=\begin{pmatrix}1/2&1&0\\1/2&0&1\\1/2&1&1\end{pmatrix}.$$

对向量 $\boldsymbol{\gamma}\in V$，设 $\boldsymbol{\gamma}$ 在基 $\boldsymbol{\alpha}_1$，$\boldsymbol{\alpha}_2$，…，$\boldsymbol{\alpha}_n$ 和基 $\boldsymbol{\beta}_1$，$\boldsymbol{\beta}_2$，…，$\boldsymbol{\beta}_n$ 下的坐标分别为 $\boldsymbol{X}$，$\boldsymbol{Y}$，即

$$\boldsymbol{\gamma}=(\boldsymbol{\alpha}_1, \boldsymbol{\alpha}_2, \boldsymbol{\alpha}_3)\boldsymbol{X}, \tag{7.2.3}$$

$$\gamma=(\boldsymbol{\beta}_1, \boldsymbol{\beta}_2, \boldsymbol{\beta}_3)\boldsymbol{Y}. \tag{7.2.4}$$

则

$$\boldsymbol{\gamma}=(\boldsymbol{\beta}_1,\ \boldsymbol{\beta}_2,\ \boldsymbol{\beta}_3)\boldsymbol{Y}=(\boldsymbol{\alpha}_1,\ \boldsymbol{\alpha}_2,\ \boldsymbol{\alpha}_3)\boldsymbol{CY}. \tag{7.2.5}$$

比较式(7.2.3)和式(7.2.5)，有 $X=\boldsymbol{C}Y$. 因此有如下结论：

定理 7.2.2 设线性空间 V 的一组基 $\boldsymbol{\alpha}_1$，$\boldsymbol{\alpha}_2$，…，$\boldsymbol{\alpha}_n$ 到另一组基 $\boldsymbol{\beta}_1$，$\boldsymbol{\beta}_2$，…，$\boldsymbol{\beta}_n$ 的过渡矩阵为 $\boldsymbol{C}$，V 中一个向量在这两组基下的坐标分别为 $\boldsymbol{X}$，$\boldsymbol{Y}$，则

$$\boldsymbol{X}=\boldsymbol{CY}. \tag{7.2.6}$$

例 7.2.9 设 R^3 中的两个基为 $\boldsymbol{\alpha}_1=(1,\ 0,\ 1)^{\mathrm{T}}$，$\boldsymbol{\alpha}_2=(1,\ 1,\ 0)^{\mathrm{T}}$，$\boldsymbol{\alpha}_3=(0,\ 1,\ 1)^{\mathrm{T}}$ 和 $\boldsymbol{\beta}_1=(1,\ 1,\ 1)^{\mathrm{T}}$，$\boldsymbol{\beta}_2=(1,\ 1,\ 2)^{\mathrm{T}}$，$\boldsymbol{\beta}_3=(1,\ 2,\ 1)^{\mathrm{T}}$，求向量 $\boldsymbol{\alpha}=\boldsymbol{\alpha}_1+2\boldsymbol{\alpha}_2+3\boldsymbol{\alpha}_3$ 在基 $\boldsymbol{\beta}_1$，$\boldsymbol{\beta}_2$，$\boldsymbol{\beta}_3$ 下的坐标.

解 由例 7.2.8，$\boldsymbol{\alpha}_1$，$\boldsymbol{\alpha}_2$，$\boldsymbol{\alpha}_3$ 到 $\boldsymbol{\beta}_1$，$\boldsymbol{\beta}_2$，$\boldsymbol{\beta}_3$ 的过渡矩阵及其逆矩阵分别为

$$\boldsymbol{C}=\begin{pmatrix}1/2 & 1 & 0\\ 1/2 & 0 & 1\\ 1/2 & 1 & 1\end{pmatrix},\ \boldsymbol{C}^{-1}=\begin{pmatrix}2 & 2 & -2\\ 0 & -1 & 1\\ -1 & 0 & 1\end{pmatrix},$$

而 $\boldsymbol{\alpha}=\boldsymbol{\alpha}_1+2\boldsymbol{\alpha}_2+3\boldsymbol{\alpha}_3$ 在基 $\boldsymbol{\alpha}_1$，$\boldsymbol{\alpha}_2$，$\boldsymbol{\alpha}_3$ 下的坐标为 $\boldsymbol{X}=(1,\ 2,\ 3)^{\mathrm{T}}$，由定理 7.2.2，$\boldsymbol{\alpha}$ 在基 $\boldsymbol{\beta}_1$，$\boldsymbol{\beta}_2$，$\boldsymbol{\beta}_3$ 下的坐标为

$$\boldsymbol{Y}=\boldsymbol{C}^{-1}\boldsymbol{X}=\begin{pmatrix}2 & 2 & -2\\ 0 & -1 & 1\\ -1 & 0 & 1\end{pmatrix}\begin{pmatrix}1\\ 2\\ 3\end{pmatrix}=\begin{pmatrix}0\\ 1\\ 2\end{pmatrix}.$$

本题还可以这样求解：

因为 $\boldsymbol{\alpha}=\boldsymbol{\alpha}_1+2\boldsymbol{\alpha}_2+3\boldsymbol{\alpha}_3=(1,\ 0,\ 1)^{\mathrm{T}}+2(1,\ 1,\ 0)^{\mathrm{T}}+3(0,\ 1,\ 1)^{\mathrm{T}}=(3,\ 5,\ 4)^{\mathrm{T}}$，令

$$\boldsymbol{\alpha}=y_1\boldsymbol{\beta}_1+y_2\boldsymbol{\beta}_2+y_3\boldsymbol{\beta}_3,$$

求解线性方程组 $\begin{pmatrix}1 & 1 & 1\\ 1 & 1 & 2\\ 1 & 2 & 1\end{pmatrix}\begin{pmatrix}y_1\\ y_2\\ y_3\end{pmatrix}=\begin{pmatrix}3\\ 5\\ 4\end{pmatrix}$，

解得 $Y=(y_1,\ y_2,\ y_3)^{\mathrm{T}}=(0,\ 1,\ 2)^{\mathrm{T}}$.

习题 7－2

1. 在线性空间 R^3 中，求向量 $\boldsymbol{\alpha}=(3,\ 7,\ 1)^{\mathrm{T}}$ 在基

$$\boldsymbol{\alpha}_1=(1,\ 3,\ 5)^{\mathrm{T}},\ \boldsymbol{\alpha}_2=(6,\ 3,\ 2)^{\mathrm{T}},\ \boldsymbol{\alpha}_3=(3,\ 1,\ 0)^{\mathrm{T}}$$

下的坐标.

2. 设有向量 $\boldsymbol{\alpha}_1=(2,\ 2,\ -1)^{\mathrm{T}}$，$\boldsymbol{\alpha}_2=(2,\ -1,\ 2)^{\mathrm{T}}$，$\boldsymbol{\alpha}_3=(-1,\ 2,\ 2)^{\mathrm{T}}$ 和 $\boldsymbol{\beta}_1=(1,\ 0,\ -4)^{\mathrm{T}}$，$\boldsymbol{\beta}_2=(4,\ 3,\ 2)^{\mathrm{T}}$，证明向量 $\boldsymbol{\alpha}_1$，$\boldsymbol{\alpha}_2$，$\boldsymbol{\alpha}_3$ 是 R^3 的一个基，并求 $\boldsymbol{\beta}_1$，$\boldsymbol{\beta}_2$ 在这个基下的坐标.

3. 设 R^3 中的两个基为 $\boldsymbol{\alpha}_1=(1,\ 1,\ 1)^{\mathrm{T}}$，$\boldsymbol{\alpha}_2=(1,\ 0,\ -1)^{\mathrm{T}}$，$\boldsymbol{\alpha}_3=(1,\ 0,\ 1)^{\mathrm{T}}$ 和 $\boldsymbol{\beta}_1=(1,\ 2,\ 1)^{\mathrm{T}}$，$\boldsymbol{\beta}_2=(2,\ 3,\ 4)^{\mathrm{T}}$，$\boldsymbol{\beta}_3=(3,\ 4,\ 3)^{\mathrm{T}}$.

(1) 求由基 $\boldsymbol{\alpha}_1$，$\boldsymbol{\alpha}_2$，$\boldsymbol{\alpha}_3$ 到基 $\boldsymbol{\beta}_1$，$\boldsymbol{\beta}_2$，$\boldsymbol{\beta}_3$ 的过渡矩阵 $\boldsymbol{C}$.

(2) 求向量 $\boldsymbol{\alpha}=\boldsymbol{\alpha}_1-\boldsymbol{\alpha}_2+\boldsymbol{\alpha}_3$ 在基 $\boldsymbol{\beta}_1$，$\boldsymbol{\beta}_2$，$\boldsymbol{\beta}_3$ 下的坐标.

7.3 线性变换及其矩阵表示

线性空间 V 中元素之间的联系可以用 V 到自身的映射来表示. 线性空间 V 到自身的映射称为变换，而线性变换是线性空间当中最简单也是最基本的一种变换.

在第五章中的正交变换和本章中的坐标变换公式，实际上都是线性变换，本节将从集合之间的关系对线性变换给出一般的定义，并讨论它的基本性质及其矩阵表示.

一、线性变换的定义

定义 7.3.1 设 $\boldsymbol{V}$ 是一线性空间，若有对应关系 $\boldsymbol{T}$，使得对 $\boldsymbol{V}$ 中每一个向量 $\boldsymbol{\alpha}$，都有 $\boldsymbol{V}$ 中唯一确定的向量 $\boldsymbol{\alpha}'=\boldsymbol{T}(\boldsymbol{\alpha})$ 与之对应，称 $\boldsymbol{T}$ 为 $\boldsymbol{V}$ 上的一个变换，$\boldsymbol{T}(\boldsymbol{\alpha})$ 称为 $\boldsymbol{\alpha}$ 在变换 $\boldsymbol{T}$ 之下的像，$\boldsymbol{\alpha}$ 称为 $\boldsymbol{T}(\boldsymbol{\alpha})$ 的原像. 如果变换 $\boldsymbol{T}$ 又满足：

(1) 对任意的 $\boldsymbol{\alpha}$，$\boldsymbol{\beta}\in\boldsymbol{V}$，则 $\boldsymbol{T}(\boldsymbol{\alpha}+\boldsymbol{\beta})=\boldsymbol{T\alpha}+\boldsymbol{T\beta}$；

(2) 若任意的 $\boldsymbol{\alpha}\in\boldsymbol{V}$，$k\in\boldsymbol{R}$，则 $\boldsymbol{T}(k\boldsymbol{\alpha})=k\boldsymbol{T}(\boldsymbol{\alpha})$.

则称 T 为 V 上的一个线性变换.

如果对任意 $\boldsymbol{\alpha}\in\boldsymbol{V}$，有

$$\boldsymbol{T}_1(\boldsymbol{\alpha})=\boldsymbol{T}_2(\boldsymbol{\alpha}),$$

则称这两个线性变换相等.

定义中的两个条件(1)和(2)所表示的性质又可说成线性变换保持向量的加法和数乘，可写为一个条件，即对任意的实数 k_1，k_2 和 $\boldsymbol{V}$ 中的任意两个向量 $\boldsymbol{\alpha}$，$\boldsymbol{\beta}$，变换 $\boldsymbol{T}$ 满足

$$\boldsymbol{T}(k_1\boldsymbol{\alpha}+k_2\boldsymbol{\beta})=k_1\boldsymbol{T}(\boldsymbol{\alpha})+k_2\boldsymbol{T}(\boldsymbol{\beta}).$$

若 $\boldsymbol{T}$ 是 n 维线性空间 $\boldsymbol{V}$ 的线性变换，则有如下 3 种特殊的线性变换：

(1) 对任意 $\boldsymbol{\alpha}\in V$，$\boldsymbol{T}(\boldsymbol{\alpha})=\boldsymbol{\alpha}$，称 $\boldsymbol{T}$ 为恒等变换.

(2) 对任意 $\boldsymbol{\alpha}\in V$，$\boldsymbol{T}(\boldsymbol{\alpha})=\boldsymbol{o}$，称 $\boldsymbol{T}$ 为零变换.

(3) 对任意 $\boldsymbol{\alpha}\in V$，$k\in R$，$\boldsymbol{T}(k\boldsymbol{\alpha})=k\boldsymbol{T}(\boldsymbol{\alpha})$，称 $\boldsymbol{T}$ 为数乘变换.

例 7.3.1 平面上的向量构成实数域上的二维线性空间. 用 $\boldsymbol{T}$ 表示把平面围绕坐标原点按逆时针方向旋转 θ 角，则 $\boldsymbol{T}$ 就是一个线性变换. 如果平面上一个向量 $\boldsymbol{\alpha}$ 在直角坐标系下的坐标是(x, y)，

其像 $\boldsymbol{T}(\boldsymbol{\alpha})$的坐标，即 $\boldsymbol{\alpha}$ 旋转 θ 角之后的坐标(x', y')是按照公式

$$\begin{pmatrix} x' \\ y' \end{pmatrix}=\begin{pmatrix} \cos\theta & -\sin\theta \\ \sin\theta & \cos\theta \end{pmatrix}\begin{pmatrix} x \\ y \end{pmatrix}$$

来计算的. 同样的，空间中绕轴的旋转也是一个线性变换.

例 7.3.2　设 $A\in R^{n\times n}$，定义 R^n 上的变换 $\boldsymbol{T}$ 为

$$\boldsymbol{T}(\boldsymbol{\alpha})=A\boldsymbol{\alpha},\ \text{其中}\ \boldsymbol{\alpha}\in R^n,$$

由矩阵的运算规律易知，$\boldsymbol{T}$ 就是 R^n 上的一个线性变换.

二、线性变换的性质

性质 1　$\boldsymbol{T}(\boldsymbol{o})=\boldsymbol{o}$；$\boldsymbol{T}(-\boldsymbol{\alpha})=-\boldsymbol{T}(\boldsymbol{\alpha})$.

证　$\boldsymbol{T}(\boldsymbol{o})=\boldsymbol{T}(0\cdot\boldsymbol{\alpha})=0\cdot\boldsymbol{T}(\boldsymbol{\alpha})=\boldsymbol{o}$；

$\boldsymbol{T}(-\boldsymbol{\alpha})=\boldsymbol{T}((-1)\cdot\boldsymbol{\alpha})=(-1)\boldsymbol{T}(\boldsymbol{\alpha})=-\boldsymbol{T}(\boldsymbol{\alpha})$.

性质 2　$\boldsymbol{T}(k_1\boldsymbol{\alpha}_1+k_2\boldsymbol{\alpha}_2+\cdots+k_m\boldsymbol{\alpha}_m)=k_1\boldsymbol{T}(\boldsymbol{\alpha}_1)+k_2\boldsymbol{T}(\boldsymbol{\alpha}_2)+\cdots+k_m\boldsymbol{T}(\boldsymbol{\alpha}_m)$.
由线性变换定义中的两个条件容易证明，请读者自证.

性质 3　若 $\boldsymbol{\alpha}_1$，$\boldsymbol{\alpha}_2$，…，$\boldsymbol{\alpha}_m$ 线性相关，则 $\boldsymbol{T}(\boldsymbol{\alpha}_1)$，$\boldsymbol{T}(\boldsymbol{\alpha}_2)$，…，$\boldsymbol{T}(\boldsymbol{\alpha}_m)$ 也线性相关.

证　若 $\boldsymbol{\alpha}_1$，$\boldsymbol{\alpha}_2$，…，$\boldsymbol{\alpha}_m$ 线性相关，即存在一组不全为零的数 λ_1，λ_2，…λ_m，使得

$$\lambda_1\boldsymbol{\alpha}_1+\lambda_2\boldsymbol{\alpha}_2+\cdots+\lambda_m\boldsymbol{\alpha}_m=o.$$

于是

$$\boldsymbol{T}(\lambda_1\boldsymbol{\alpha}_1+\lambda_2\boldsymbol{\alpha}_2+\cdots+\lambda_m\boldsymbol{\alpha}_m)=\boldsymbol{T}(o),$$

即

$$\lambda_1\boldsymbol{T}(\boldsymbol{\alpha}_1)+\lambda_2\boldsymbol{T}(\boldsymbol{\alpha}_2)+\cdots+\lambda_m\boldsymbol{T}(\boldsymbol{\alpha}_m)=o,$$

而 λ_1，λ_2，…λ_m 不全为零，因此 $\boldsymbol{T}(\boldsymbol{\alpha}_1)$，$\boldsymbol{T}(\boldsymbol{\alpha}_2)$，…，$\boldsymbol{T}(\boldsymbol{\alpha}_m)$ 线性相关.

三、线性变换的矩阵表示

定义 7.3.2　设向量组 $\boldsymbol{\alpha}_1$，$\boldsymbol{\alpha}_2$，…，$\boldsymbol{\alpha}_n$ 是 n 维线性空间 $\boldsymbol{V}$ 的一个基，$\boldsymbol{T}$ 是 n 维线性空间 $\boldsymbol{V}$ 的线性变换，则基 $\boldsymbol{\alpha}_1$，$\boldsymbol{\alpha}_2$，…，$\boldsymbol{\alpha}_n$ 的像 $\boldsymbol{T}(\boldsymbol{\alpha}_1)$，$\boldsymbol{T}(\boldsymbol{\alpha}_2)$，…，$\boldsymbol{T}(\boldsymbol{\alpha}_n)$ 可由基 $\boldsymbol{\alpha}_1$，$\boldsymbol{\alpha}_2$，…，$\boldsymbol{\alpha}_n$ 线性表示，即

$$\begin{cases}\boldsymbol{T}(\boldsymbol{\alpha}_1)=a_{11}\boldsymbol{\alpha}_1+a_{21}\boldsymbol{\alpha}_2+\cdots+a_{n1}\boldsymbol{\alpha}_n,\\ \boldsymbol{T}(\boldsymbol{\alpha}_2)=a_{12}\boldsymbol{\alpha}_1+a_{22}\boldsymbol{\alpha}_2+\cdots+a_{n2}\boldsymbol{\alpha}_n,\\ \quad\cdots\cdots\\ \boldsymbol{T}(\boldsymbol{\alpha}_n)=a_{1n}\boldsymbol{\alpha}_1+a_{2n}\boldsymbol{\alpha}_2+\cdots+a_{nn}\boldsymbol{\alpha}_n.\end{cases}\tag{7.3.1}$$

或写成矩阵表示式

$$(\boldsymbol{T}(\boldsymbol{\alpha}_1),\ \boldsymbol{T}(\boldsymbol{\alpha}_2),\ \cdots,\ \boldsymbol{T}(\boldsymbol{\alpha}_n))=(\boldsymbol{\alpha}_1,\ \boldsymbol{\alpha}_2,\ \cdots,\ \boldsymbol{\alpha}_n)\begin{pmatrix}a_{11}&a_{12}&\cdots&a_{1n}\\a_{21}&a_{22}&\cdots&a_{2n}\\\vdots&\vdots&\ddots&\vdots\\a_{n1}&a_{n2}&\cdots&a_{nn}\end{pmatrix}$$

$$=(\boldsymbol{\alpha}_1,\ \boldsymbol{\alpha}_2,\ \cdots,\ \boldsymbol{\alpha}_n)\boldsymbol{A},\tag{7.3.2}$$

则称矩阵 $\boldsymbol{A}=(a_{ij})_{n\times n}$ 为线性变换 $\boldsymbol{T}$ 在基 $\boldsymbol{\alpha}_1$，$\boldsymbol{\alpha}_2$，…，$\boldsymbol{\alpha}_n$ 下的矩阵.

记 $(T(\boldsymbol{\alpha}_1), T(\boldsymbol{\alpha}_2), \cdots, T(\boldsymbol{\alpha}_n)) = T(\boldsymbol{\alpha}_1, \boldsymbol{\alpha}_2, \cdots, \boldsymbol{\alpha}_n)$，则式子(7.3.2)也可写为

$$T(\boldsymbol{\alpha}_1, \boldsymbol{\alpha}_2, \cdots, \boldsymbol{\alpha}_n) = (\boldsymbol{\alpha}_1, \boldsymbol{\alpha}_2, \cdots, \boldsymbol{\alpha}_n)\boldsymbol{A} \tag{7.3.3}$$

对于给定的线性变换 T，$\boldsymbol{A}$ 的第 j 列是 $T(\boldsymbol{\alpha}_j)$ 在基 $\boldsymbol{\alpha}_1, \boldsymbol{\alpha}_2, \cdots, \boldsymbol{\alpha}_n$ 下的坐标，坐标的唯一性决定矩阵的唯一性；反之，给定矩阵 $\boldsymbol{A}$，由等式(7.3.3)，基的像 $T(\boldsymbol{\alpha}_1), T(\boldsymbol{\alpha}_2), \cdots, T(\boldsymbol{\alpha}_n)$ 被完全确定，从而就唯一确定了一个线性变换 T. 线性变换 T 与 n 阶方阵之间是一一对应的.

例 7.3.3 在 R^3 中，T 表示将向量 $\boldsymbol{\alpha} = x\boldsymbol{i} + y\boldsymbol{j} + z\boldsymbol{k}$ 投影到 xoy 平面上的线性变换，即

$$T(x\boldsymbol{i} + y\boldsymbol{j} + z\boldsymbol{k}) = x\boldsymbol{i} + y\boldsymbol{j}.$$

(1) 求 T 在基 $\boldsymbol{i}, \boldsymbol{j}, \boldsymbol{k}$ 下的矩阵.

(2) 求 T 在基 $\boldsymbol{\alpha} = \boldsymbol{i}, \boldsymbol{\beta} = \boldsymbol{j}, \gamma = \boldsymbol{i} + \boldsymbol{j} + \boldsymbol{k}$ 下的矩阵.

解 (1) 因为

$$\begin{cases} T\boldsymbol{i} = \boldsymbol{i}, \\ T\boldsymbol{j} = \boldsymbol{j}, \\ T\boldsymbol{k} = o. \end{cases}$$

即

$$T(\boldsymbol{i}, \boldsymbol{j}, \boldsymbol{k}) = (\boldsymbol{i}, \boldsymbol{j}, \boldsymbol{k})\begin{pmatrix} 1 & 0 & 0 \\ 0 & 1 & 0 \\ 0 & 0 & 0 \end{pmatrix},$$

所以，T 在基 $\boldsymbol{i}, \boldsymbol{j}, \boldsymbol{k}$ 下的矩阵为

$$\boldsymbol{A} = \begin{pmatrix} 1 & 0 & 0 \\ 0 & 1 & 0 \\ 0 & 0 & 0 \end{pmatrix}.$$

(2) 因为

$$\begin{cases} T\boldsymbol{\alpha} = \boldsymbol{i} = \boldsymbol{\alpha}, \\ T\boldsymbol{\beta} = \boldsymbol{j} = \boldsymbol{\beta}, \\ T\gamma = \boldsymbol{i} + \boldsymbol{j} = \boldsymbol{\alpha} + \boldsymbol{\beta}. \end{cases}$$

即

$$T(\boldsymbol{\alpha}, \boldsymbol{\beta}, \gamma) = (\boldsymbol{\alpha}, \boldsymbol{\beta}, \gamma)\begin{pmatrix} 1 & 0 & 1 \\ 0 & 1 & 1 \\ 0 & 0 & 0 \end{pmatrix},$$

所以，T 在基 $\boldsymbol{i}, \boldsymbol{j}, \boldsymbol{k}$ 下的矩阵为

$$\boldsymbol{B} = \begin{pmatrix} 1 & 0 & 1 \\ 0 & 1 & 1 \\ 0 & 0 & 0 \end{pmatrix}.$$

由例 7.3.3 可以看出，同一个线性变换在不同基下有不同的矩阵. 一般有：

定理 7.3.1 **设 $\boldsymbol{V}$ 是一 n 维线性空间，在 $\boldsymbol{V}$ 中取定两组基 $\boldsymbol{\alpha}_1$，$\boldsymbol{\alpha}_2$，…，$\boldsymbol{\alpha}_n$ 和 $\boldsymbol{\beta}_1$，$\boldsymbol{\beta}_2$，…，$\boldsymbol{\beta}_n$，由基 $\boldsymbol{\alpha}_1$，$\boldsymbol{\alpha}_2$，…，$\boldsymbol{\alpha}_n$ 到基 $\boldsymbol{\beta}_1$，$\boldsymbol{\beta}_2$，…，$\boldsymbol{\beta}_n$ 的过渡矩阵为 $\boldsymbol{P}$，$\boldsymbol{V}$ 中的线性变换 $\boldsymbol{T}$ 在这两组基下的矩阵分别为 $\boldsymbol{A}$ 和 $\boldsymbol{B}$，那么**

$$\boldsymbol{B}=\boldsymbol{P}^{-1}\boldsymbol{A}\boldsymbol{P}. \tag{7.3.4}$$

该定理表明，同一线性变换在不同基下对应的矩阵是相似的，且两组基之间的过渡矩阵 $\boldsymbol{P}$ 就是相似变换矩阵.

习题 7-3

1. 判断下列变换哪些是线性变换.

(1) 在 R^2 中：$\boldsymbol{T}(x_1, x_2)=(x_1+1, x_2^2)$.

(2) 在 R^3 中：$\boldsymbol{T}(x_1, x_2, x_3)=(x_1+x_2, x_1-x_2, 2x_3)$.

2. 在 R^3 中：对任意的 $\boldsymbol{\alpha}=(x_1, x_2, x_3)$，定义

$$\boldsymbol{T}(x_1, x_2, x_3)=(2x_1-x_2, x_2+x_3, x_1),$$

证明 $\boldsymbol{T}$ 是 R^3 的一个线性变换.

3. $\boldsymbol{T}$ 是 R^3 的线性变换，$\boldsymbol{T}(x, y, z)=(2x+y, x-y, 3z)$.

(1) 求 $\boldsymbol{T}$ 在基 $\boldsymbol{e}_1=(1, 0, 0)^{\mathrm{T}}$，$\boldsymbol{e}_2=(0, 1, 0)^{\mathrm{T}}$，$\boldsymbol{e}_3=(0, 0, 1)^{\mathrm{T}}$ 下的矩阵.

(2) 求 $\boldsymbol{T}$ 在基 $\boldsymbol{\alpha}_1=(1, 0, 0)^{\mathrm{T}}$，$\boldsymbol{\alpha}_2=(1, 1, 0)^{\mathrm{T}}$，$\boldsymbol{\alpha}_3=(1, 1, 1)^{\mathrm{T}}$ 下的矩阵.

本章小结

一、线性空间的定义与性质

1. 线性空间定义

集合 $\boldsymbol{V}$ 和数域 $\boldsymbol{P}$，在 $\boldsymbol{V}$ 内部定义一个加法，在 $\boldsymbol{V}$ 和数域 $\boldsymbol{P}$ 之间定义一个数乘，如果这种加、乘满足定义中的 8 条运算规律，则称 $\boldsymbol{V}$ 是数域 $\boldsymbol{P}$ 上的线性空间(向量空间).

2. 线性空间的简单性质

(1) 零元素唯一.

(2) 每个元素的负元素唯一.

(3) $0\boldsymbol{\alpha}=\boldsymbol{o}$，$(-1)\boldsymbol{\alpha}=-\boldsymbol{\alpha}$，$k\boldsymbol{o}=\boldsymbol{o}$，$k$ 为实数.

二、线性空间的基、维数与坐标

$\boldsymbol{V}$ 是数域 $\boldsymbol{P}$ 上的线性空间，如果存在 n 个向量 $\boldsymbol{\alpha}_1$，$\boldsymbol{\alpha}_2$，…，$\boldsymbol{\alpha}_n\in\boldsymbol{V}$，满足：

(1) $\boldsymbol{\alpha}_1$，$\boldsymbol{\alpha}_2$，…，$\boldsymbol{\alpha}_n$ 线性无关.

(2) $\boldsymbol{V}$ 中任一向量都可由 $\boldsymbol{\alpha}_1$，$\boldsymbol{\alpha}_2$，…，$\boldsymbol{\alpha}_n$ 线性表示，则向量组 $\boldsymbol{\alpha}_1$，$\boldsymbol{\alpha}_2$，…，$\boldsymbol{\alpha}_n$ 称为线性空间 $\boldsymbol{V}$ 的一个基，n 称为线性空间 $\boldsymbol{V}$ 的维数，记为 $\dim\boldsymbol{V}=n$，并称 $\boldsymbol{V}$ 为 n 维线性空间.

说明 n 维线性空间 $\boldsymbol{V}$ 中的任意 n 个线性无关的向量都是 $\boldsymbol{V}$ 的一个基.

设向量组 $\boldsymbol{\alpha}_1$，$\boldsymbol{\alpha}_2$，…，$\boldsymbol{\alpha}_n$ 是线性空间 $\boldsymbol{V}$ 的一个基，线性空间 $\boldsymbol{V}$ 中的任一向量 $\boldsymbol{\alpha}$ 的唯一表示式

$$\boldsymbol{\alpha}=x_1\boldsymbol{\alpha}_1+x_2\boldsymbol{\alpha}_2+\cdots+x_n\boldsymbol{\alpha}_n$$

中的 $\boldsymbol{\alpha}_1$，$\boldsymbol{\alpha}_2$，…，$\boldsymbol{\alpha}_n$ 系数构成的有序数组 x_1，x_2，…，x_n 称为向量 $\boldsymbol{\alpha}$ 关于基 $\boldsymbol{\alpha}_1$，$\boldsymbol{\alpha}_2$，…，$\boldsymbol{\alpha}_n$ 的坐标，记为 $\boldsymbol{X}=(x_1, x_2, \cdots, x_n)^{\mathrm{T}}$.

三、线性变换及其矩阵表示

线性变换是线性空间当中最简单也是最基本的一种变换，取定了线性空间的一组基以后，线性变换对基的作用就可由基线性表示，且表示法唯一. 因此，有限维线性空间上的线性变换和一个 n 阶矩阵就构成了一一对应关系. 我们就可以用矩阵这个工具来研究线性变换中的相关问题.

综合练习题七

1. 判别下列集合对所指定的运算是否构成实数域上的线性空间.

(1) 所有 n 阶实对称矩阵，对于矩阵的加法及数量与矩阵的乘法.

(2) 所有次数不大于 $n(n\geqslant1)$的实系数多项式的全体，对于多项式的加法及数与多项式的乘法.

(3) 与向量(0，0，1)不平行的全体 3 维数组相量，对于数组向量的加法和数与向量乘法.

(4) 所有 n 阶可逆矩阵，对于矩阵的加法及数量与矩阵的乘法.

(5) 微分方程 $y''+2y'-3y=0$ 的全体解，对于函数的加法及数与函数的乘法.

(6) 微分方程 $y''+2y'-3y=x$ 的全体解，对于函数的加法及数与函数的乘法.

2. 在 n 维空间 R^n 中，分量满足下列条件的全体向量是否构成 $\boldsymbol{R}^n$ 的子空间.

(1) $x_1+x_2+\cdots+x_n=0$；(2)$x_1+x_2+\cdots+x_n=1$.

3. 证 $\boldsymbol{\alpha}_1=(1, 3, 5)^{\mathrm{T}}$，$\boldsymbol{\alpha}_2=(-1, 2, 3)^{\mathrm{T}}$，$\boldsymbol{\alpha}_3=(3, 2, 1)^{\mathrm{T}}$ 是线性空间 $\boldsymbol{R}^3$ 的一组基，并求向量 $\boldsymbol{\alpha}=(6, 1, 0)^{\mathrm{T}}$ 在这组基下的坐标.

4. 若在 xoy 平面上线性变换 $\boldsymbol{T}$ 的矩阵为(1) $\boldsymbol{A}=\begin{pmatrix}1&0\\0&0\end{pmatrix}$，2) $\boldsymbol{A}=\begin{pmatrix}0&1\\1&0\end{pmatrix}$，说明线性变换 $\boldsymbol{T}\begin{pmatrix}x\\y\end{pmatrix}$的意义.

第8章　习题答案

习题 1－1

1. (1) 34；(2) 1；(3) -4；(4) 8.

2. (1) $\begin{cases}x_1=-1\\x_2=2\end{cases}$　(2) $\begin{cases}x=a\cos\theta+b\sin\theta\\y=b\cos\theta-a\sin\theta\end{cases}$　(3) $\begin{cases}x_1=1\\x_2=2\\x_3=1\end{cases}$　(4) $\begin{cases}x_1=1\\x_2=0\\x_3=1\end{cases}$

习题 1－2

1. (1) 0；(2) $(-1)^{\frac{n(n-1)}{2}}a_{1n}a_{2,n-1}\cdots a_{n1}$.

2. 略.

3. (1) 35；(2) -7；(3) 14.

4. (1) 20；(2) -4；(3) -21；(4) 1.

5. (1) 2；(2) $1+ab+ad+cd+abcd$；(3) 10；(4) -6.

6. 计算行列式.

(1) -8；(2) -27；(3) 26；(4) $a+b+c+1$；(5) 0；(6) $-2(a^3+b^3)$.

习题 1－3

1. (1) $\begin{cases}x=1\\y=2;\\z=3\end{cases}$　(2) $\begin{cases}x_1=3\\x_2=-4\\x_3=-1\\x_4=1\end{cases}$.

习题 2－1

1. n 阶行列式是个数值，而 n 阶矩阵表示为一个表，例如表示为$\begin{pmatrix}1&2\\3&4\end{pmatrix}$为 2 阶矩阵，而 2 阶行列式 $\begin{vmatrix}1&2\\3&4\end{vmatrix}=-2$.

2. $x=2$，$y=0$，$z=0$.

习题 2－2

1. (1) $\boldsymbol{A}=\begin{pmatrix}8&14&27\\1&12&5\end{pmatrix}$；(2) $\begin{pmatrix}6&12&21\\3&9&6\end{pmatrix}$；(3) 没法乘，因为 $\boldsymbol{A}$ 的列数不等于 $\boldsymbol{B}$ 的行数；(4) 没法乘，因为 $\boldsymbol{B}$ 的列数不等于 $\boldsymbol{A}$ 的行数.

2. (1) $\boldsymbol{B}$ 的行数为 3，列数为 7.　(2) $\boldsymbol{B}$ 的列数为 4.

3. (1) $\begin{pmatrix}1&0\\5&2\end{pmatrix}$；(2) $\begin{pmatrix}1&6&7\\-4&8&1\end{pmatrix}$；(3) $\begin{pmatrix}9&-7\\1&-2\end{pmatrix}$；(4) $\begin{pmatrix}0&5\\-4&-3\\-1&2\end{pmatrix}$；

(5) $\begin{pmatrix}35\\-8\\49\end{pmatrix}$；(6) $\begin{pmatrix}6&2&-1\\6&1&1\\8&-1&4\end{pmatrix}$；(7) -6；(8) $\begin{pmatrix}2&3&4\\4&6&8\\2&3&4\end{pmatrix}$；

(9) $\begin{pmatrix}a_{11}d_1&a_{12}d_1&\cdots&a_{1n}d_1\\a_{21}d_2&a_{22}d_2&\cdots&a_{2n}d_2\\\cdots&\cdots&\cdots&\cdots\\a_{n1}d_n&a_{n2}d_n&\cdots&a_{nn}d_n\end{pmatrix}$；(10) $\begin{pmatrix}a_{11}d_1&a_{12}d_2&\cdots&a_{1n}d_n\\a_{21}d_1&a_{22}d_2&\cdots&a_{2n}d_n\\\cdots&\cdots&\cdots&\cdots\\a_{n1}d_1&a_{n2}d_2&\cdots&a_{nn}d_n\end{pmatrix}$；

(11) $x^2-2xy+6yz+2y^2+z^2$；

(12) $a_{11}x_1^2+a_{22}x_2^2+a_{33}x_3^2+2a_{12}x_1x_2+2a_{13}x_1x_3+2a_{23}x_2x_3$.

4. 试写出下列方程组的系数矩阵，并说出它们是几行几列的矩阵.

(1) $\begin{pmatrix}2&0&-1&2\\2&4&-1&5\\-1&8&3&0\end{pmatrix}$，是 2×3 矩阵；(2) $\begin{pmatrix}5&6&0&0&0\\1&5&6&0&0\\0&1&5&6&0\\0&0&1&5&6\\0&0&0&1&5\end{pmatrix}$，是 5×5 矩阵.

5. (1) 错误；(2) 错误；(3) 错误；(4) 错误；(5) 正确；(6) 正确；(7)错误；(8)正确；(9)错误；(10)正确；(11)正确.

6. $n=2$，$\begin{pmatrix}0&0&1\\0&0&0\\0&0&0\end{pmatrix}$；$n\geqslant 3$，有$\begin{pmatrix}0&1&0\\0&0&1\\0&0&0\end{pmatrix}^n=\boldsymbol{O}$.

7. $\boldsymbol{AB}=5$，$|\boldsymbol{AB}|=5$；$\boldsymbol{A}^{\mathrm{T}}\boldsymbol{B}^{\mathrm{T}}=\begin{pmatrix}4&-1&2&1\\4&-1&2&1\\0&0&0&0\\8&-2&4&2\end{pmatrix}$，$|\boldsymbol{A}^{\mathrm{T}}\boldsymbol{B}^{\mathrm{T}}|=\mathbf{0}$.

8. 略.　9. 略.

习题 2-3

1. (1) $\boldsymbol{A}^{-1}=\boldsymbol{A}^2+2\boldsymbol{A}+\boldsymbol{E}$；(2) $(\boldsymbol{A}+\boldsymbol{E})^{-1}=\dfrac{1}{2}(\boldsymbol{A}-2\boldsymbol{E})$.

2. -16.

3. (1) $\begin{pmatrix}1&-2&7\\0&1&-2\\0&0&1\end{pmatrix}$；(2) $\begin{pmatrix}-\frac{3}{5}&\frac{4}{5}&-\frac{8}{5}\\-\frac{4}{5}&\frac{2}{5}&\frac{1}{5}\\\frac{2}{5}&-\frac{1}{5}&\frac{2}{5}\end{pmatrix}$；(3) $\begin{pmatrix}1&0&2\\2&-1&3\\4&1&8\end{pmatrix}$；

(4) $\dfrac{1}{4}\boldsymbol{A}$.

4. (1) $\boldsymbol{X}=\begin{pmatrix}-3\\2\\2\end{pmatrix}$; (2) $\boldsymbol{X}=\begin{pmatrix}2\\3\\4\end{pmatrix}$.

习题 2-4

1. (1) $\begin{pmatrix}1&0&3&2\\-1&2&0&1\\-2&4&1&1\\1&1&3&3\end{pmatrix}$; (2) $\begin{pmatrix}5&-1&2&3\\5&0&9&1\\-2&11&0&0\\0&4&0&0\end{pmatrix}$.

2. (1) $\begin{pmatrix}-2&1\\1&-2\\3&-2\end{pmatrix}$; (2) $\begin{pmatrix}3&0&-2\\5&-1&-2\\0&3&2\end{pmatrix}$.

3. (1) $\boldsymbol{A}^{-1}=\begin{pmatrix}1&-1&0&0\\-2&3&0&0\\0&0&-\frac{1}{18}&\frac{5}{18}\\0&0&\frac{2}{9}&-\frac{1}{9}\end{pmatrix}$;

(2) $\boldsymbol{B}^{-1}=\begin{pmatrix}\cos\theta&-\sin\theta&0&0&0\\\sin\theta&\cos\theta&0&0&0\\0&0&1&-a&a^2-b\\0&0&0&1&-a\\0&0&0&0&1\end{pmatrix}$.

习题 2-5

1. $\begin{pmatrix}4&5&2\\1&2&2\\7&8&2\end{pmatrix}$.

2. (1) $\begin{pmatrix}1&0&0\\0&1&0\\0&0&1\end{pmatrix}$; (2) $\begin{pmatrix}1&0&0&0\\0&1&0&0\\0&0&0&0\end{pmatrix}$; (3) $\begin{pmatrix}1&0&0&0\\0&1&0&0\\0&0&0&0\end{pmatrix}$.

3. (1) $\begin{pmatrix}1&-1&0\\-2&3&-4\\-2&3&-3\end{pmatrix}$; (2) $\begin{pmatrix}1&0&0&0\\-2&1&0&0\\1&-2&1&0\\0&1&-2&1\end{pmatrix}$.

4. (1) $\boldsymbol{X}=\begin{pmatrix}-7&0\\6&\frac{3}{2}\end{pmatrix}$; (2) $\boldsymbol{X}=\begin{pmatrix}-2&2&1\\-8/3&5&-2/3\\-10/3&3&5/3\end{pmatrix}$.

5. $\boldsymbol{B}=\begin{pmatrix}5 & -2 & -2\\4 & -3 & -2\\-2 & 2 & 3\end{pmatrix}$.

习题 2-6

1. (1) $\begin{pmatrix}1 & 0 & 2 & -1\\0 & 0 & 1 & -3\\0 & 0 & 0 & 0\end{pmatrix}$；$\begin{pmatrix}1 & 0 & 0 & 5\\0 & 0 & 1 & -3\\0 & 0 & 0 & 0\end{pmatrix}$.

(2) $\begin{pmatrix}0 & 1 & -1 & -2\\0 & 0 & -1 & -3\\0 & 0 & 0 & 0\end{pmatrix}$；$\begin{pmatrix}0 & 1 & 0 & 5\\0 & 0 & 1 & 3\\0 & 0 & 0 & 0\end{pmatrix}$.

(3) $\begin{pmatrix}1 & -1 & 0 & 2 & 1\\0 & 0 & 2 & 1 & 1\\0 & 0 & 0 & 1 & -3\\0 & 0 & 0 & 0 & 0\end{pmatrix}$；$\begin{pmatrix}1 & -1 & 0 & 0 & 7\\0 & 0 & 1 & 0 & 2\\0 & 0 & 0 & 1 & -3\\0 & 0 & 0 & 0 & 0\end{pmatrix}$.

(4) $\begin{pmatrix}1 & 1 & 1 & 1 & 1 & 7\\0 & 1 & 2 & 2 & 6 & 23\\0 & 0 & 0 & 0 & 0 & 0\\0 & 0 & 0 & 0 & 0 & 0\end{pmatrix}$；$\begin{pmatrix}1 & 0 & -1 & -1 & -5 & -16\\0 & 1 & 2 & 2 & 6 & 23\\0 & 0 & 0 & 0 & 0 & 0\\0 & 0 & 0 & 0 & 0 & 0\end{pmatrix}$.

2. (1) 错误；(2) 正确；(3) 错误；(4) 错误；(5) 错误；(6) 正确；(7)正确 .

3. (1) $r=2$；(2) $r=3$；(3) $r=3$；(4) $r=2$.

4. (1) $k=-6$；(2) $k\neq-6$；(3) 无论 k 取什么值，$r(\boldsymbol{A})$都不会等于 3.

习题 3-1

1. (1) $(-7, 24, 21)^{\mathrm{T}}$；(2) $(0, 0, 0)^{\mathrm{T}}$.

2. $\boldsymbol{\alpha}=(1, 2, 3, 4)^{\mathrm{T}}$.

3. $\boldsymbol{A}^n=3^{n-1}\begin{pmatrix}1 & \frac{1}{2} & \frac{1}{3}\\2 & 1 & \frac{2}{3}\\3 & \frac{3}{2} & 1\end{pmatrix}$.

习题 3-2

1. (1) 错误；(2) 错误；(3) 错误；(4) 正确；(5) 错误；(6) 正确 .

2. (1) 线性无关；(2) 线性相关；(3) 线性无关；(4) 线性相关 .

3. (1) $\boldsymbol{\alpha}_1$ 能由 $\boldsymbol{\alpha}_2$，$\boldsymbol{\alpha}_3$ 线性表示；(2) $\boldsymbol{\alpha}_4$ 不能由 $\boldsymbol{\alpha}_1$，$\boldsymbol{\alpha}_2$，$\boldsymbol{\alpha}_3$ 线性表示.

4. (1) 线性无关；(2) 线性相关；(3) 线性无关.

习题 3－3

1. (1) 线性相关；(2) 线性相关；(3) 线性无关.

2. $a=2$，$b=5$.

3. (1) 线性无关；

(2) 线性相关，其中 $\boldsymbol{\alpha}_1$，$\boldsymbol{\alpha}_2$ 是其极大线性无关组，$\boldsymbol{\alpha}_3=3\boldsymbol{\alpha}_1+\boldsymbol{\alpha}_2$；

(3) 线性相关，其中 $\boldsymbol{\alpha}_1$，$\boldsymbol{\alpha}_2$，$\boldsymbol{\alpha}_4$ 是其极大线性无关组；$\boldsymbol{\alpha}_3=-\boldsymbol{\alpha}_1-\boldsymbol{\alpha}_2$，$\boldsymbol{\alpha}_5=4\boldsymbol{\alpha}_1+3\boldsymbol{\alpha}_2-3\boldsymbol{\alpha}_4$.

习题 3－4

1. (1) 6，54；(2) $\sqrt{7}$，$\sqrt{15}$；(3) 不正交.

2. (1) $\boldsymbol{\beta}_1=(1,1,1)^{\mathrm{T}}$，$\boldsymbol{\beta}_2=(-1,0,1)^{\mathrm{T}}$，$\boldsymbol{\beta}_3=\dfrac{1}{3}(1,-2,1)^{\mathrm{T}}$；

(2) $\boldsymbol{\beta}_1=(1,0,-1,1)^{\mathrm{T}}$，$\boldsymbol{\beta}_2=\dfrac{1}{3}(1,-3,2,1)^{\mathrm{T}}$，$\boldsymbol{\beta}_3=\dfrac{1}{5}(-1,3,3,4)^{\mathrm{T}}$.

3. (1) 错误；(2) 正确；(3) 正确；(4) 正确；(5) 正确；(6) 正确；(7)正确；(8)正确.

4. (1) 不是；(2) 是.

习题 4－1

1. 用高斯消元法解下列线性方程组：

(1) $\begin{cases}x_1=1\\x_2=2\\x_3=1\end{cases}$；(2) 无解；(3) $\begin{cases}x_1=k_1+k_2+\dfrac{1}{2}\\x_2=k_1\\x_3=2k_2+\dfrac{1}{2}\\x_4=k_2\end{cases}$ (k_1，k_2 为任意常数)；

(4) $\begin{cases}x_1=2k_1-11k_2\\ \quad x_3=\dfrac{15}{2}k_2\end{cases}$ (k_1，k_2 为任意常数).

习题 4－2

1. (1) 正确　(2) 正确　(3) 错误　(4) 正确

2. (1) $\boldsymbol{X}=k_1\begin{pmatrix}-1\\0\\1\\0\end{pmatrix}+k_2\begin{pmatrix}2\\-1\\0\\1\end{pmatrix}$ (k_1，k_2 为任意常数).

(2) $\boldsymbol{X}=k_1\begin{pmatrix}1\\1\\0\\0\end{pmatrix}+k_2\begin{pmatrix}1\\0\\2\\1\end{pmatrix}$ (k_1，k_2 为任意常数).

(3) $\boldsymbol{X}=k_1\begin{pmatrix}-\frac{3}{2}\\ \frac{7}{2}\\ 1\\ 0\end{pmatrix}+k_2\begin{pmatrix}-1\\ -2\\ 0\\ 1\end{pmatrix}$($k_1$，$k_2$ 为任意常数).

(4) $\boldsymbol{X}=k_1\begin{pmatrix}0\\ 1\\ 2\\ 1\\ 0\end{pmatrix}+k_2\begin{pmatrix}-2\\ 0\\ 0\\ 0\\ 1\end{pmatrix}$($k_1$，$k_2$ 为任意常数).

习题 4－3

1. (1) 错误　(2) 正确　(3) 正确　(4) 错误　(5) 正确
   (6) 错误　(7)错误　(8)正确　(9)错误　(10)正确

2. (1) $\boldsymbol{X}=k_1\begin{pmatrix}-\frac{1}{2}\\ 1\\ 0\\ 0\end{pmatrix}+k_2\begin{pmatrix}\frac{1}{2}\\ 0\\ 1\\ 0\end{pmatrix}+\begin{pmatrix}\frac{1}{2}\\ 0\\ 0\\ 0\end{pmatrix}$($k_1$，$k_2$ 为任意常数).

(2) $\boldsymbol{X}=k_1\begin{pmatrix}\frac{1}{4}\\ \frac{7}{4}\\ 1\\ 0\end{pmatrix}+k_2\begin{pmatrix}-\frac{3}{4}\\ \frac{7}{4}\\ 0\\ 1\end{pmatrix}+\begin{pmatrix}\frac{5}{4}\\ -\frac{1}{4}\\ 0\\ 0\end{pmatrix}$($k_1$，$k_2$ 为任意常数).

(3) $\boldsymbol{X}=k_1\begin{pmatrix}0\\ 0\\ -1\\ 1\\ 0\end{pmatrix}+k_2\begin{pmatrix}3\\ -2\\ -2\\ 0\\ 1\end{pmatrix}+\begin{pmatrix}-1\\ 0\\ 1\\ 0\\ 0\end{pmatrix}$($k_1$，$k_2$ 为任意常数).

(4) $\boldsymbol{X}=\begin{pmatrix}-\frac{1}{2}\\ \frac{1}{2}\\ \frac{1}{2}\\ 1\end{pmatrix}$

3. (1) $a=1$，$\boldsymbol{X}=k\begin{pmatrix}1\\1\\1\end{pmatrix}+\begin{pmatrix}1\\0\\0\end{pmatrix}$（$k$ 为任意常数）.

$a=-2$，$\boldsymbol{X}=k\begin{pmatrix}1\\1\\1\end{pmatrix}+\begin{pmatrix}2\\2\\0\end{pmatrix}$（$k$ 为任意常数）.

(2) $a=2$ 且 $b=4$，$\boldsymbol{X}=k_1\begin{pmatrix}1\\-2\\1\\0\\0\end{pmatrix}+k_2\begin{pmatrix}1\\-2\\0\\1\\0\end{pmatrix}+k_3\begin{pmatrix}5\\-6\\0\\0\\1\end{pmatrix}+\begin{pmatrix}0\\1\\0\\0\\0\end{pmatrix}$（$k_1$，$k_2$，$k_3$ 为任意常数）.

4. 略.

5. $\lambda=1$，$\boldsymbol{X}=k_1\begin{pmatrix}-1\\1\\0\end{pmatrix}+k_2\begin{pmatrix}-1\\0\\1\end{pmatrix}+\begin{pmatrix}1\\1\\0\end{pmatrix}$（$k_1$，$k_2$ 为任意常数）.

$\lambda\neq1$ 且 $\lambda\neq-2$，$\boldsymbol{X}=\begin{pmatrix}\dfrac{-2\lambda^2-5\lambda-1}{\lambda+2}\\\dfrac{2\lambda^2+4\lambda+1}{\lambda+2}\\\dfrac{\lambda^2+2\lambda+1}{\lambda+2}\end{pmatrix}$.

习题 5－1

1. (1) 正确；(2) 正确；(3) 错误；(4) 正确；(5) 正确；(6) 错误；(7)正确；(8)正确.

2. (1) $\lambda_1=4$ 对应特征向量为 $k_1(2,3)^{\mathrm{T}}$，$\lambda_2=-1$ 对应特征向量为 $k_2(1,-1)^{\mathrm{T}}$，k_1，$k_2\neq0$；

(2) $\lambda_1=\lambda_2=-2$ 对应特征向量为 $k_1(1,1,0)^{\mathrm{T}}+k_2(-1,0,1)^{\mathrm{T}}$，$k_1$，$k_2$ 不全为零，$\lambda_3=4$ 对应特征向量为 $k_3(1,1,2)^{\mathrm{T}}$，$k_3\neq0$；

(3) $\lambda_1=\lambda_2=-2$ 对应特征向量为 $k_1(1,1,0)^{\mathrm{T}}$，$\lambda_3=4$ 对应特征向量为 $k_2(0,1,1)^{\mathrm{T}}$，k_1，$k_2\neq0$；

(4) $\lambda_1=\lambda_2=\lambda_3=1$ 对应特征向量为 $k_1(1,1,0,0)^{\mathrm{T}}+k_2(1,0,1,0)^{\mathrm{T}}+k_3(-1,0,0,1)^{\mathrm{T}}$，$k_1$，$k_2$，$k_2$ 不全为零，$\lambda_4=-3$ 对应特征向量为 $k_4(1,-1,-1,1)^{\mathrm{T}}$，$k_4\neq0$.

3. $\lambda=\pm1$.

4. 1，8，27；$\frac{1}{2}$，$\frac{1}{4}$，$\frac{1}{6}$；6，3，2.

5. (1) 6, 0, 12; (2) 0.

6. $x=1$, $y=2$.

习题 5-2

1. (1) 正确; (2) 错误; (3) 正确; (4) 错误; (5) 正确; (6) 正确.

2. (1) 可以, $\boldsymbol{P}=\begin{pmatrix}1 & 2\\ -1 & 3\end{pmatrix}$, $\boldsymbol{P}^{-1}\boldsymbol{AP}=\boldsymbol{\Lambda}=\begin{pmatrix}-1 & \\ & 4\end{pmatrix}$;

(2) 可以, $\boldsymbol{P}=\begin{pmatrix}1 & -1 & 1\\ 1 & 0 & 1\\ 0 & 1 & 2\end{pmatrix}$, $\boldsymbol{P}^{-1}\boldsymbol{AP}=\boldsymbol{\Lambda}=\begin{pmatrix}-2 & & \\ & -2 & \\ & & 4\end{pmatrix}$;

(3) 不可以;

(4) 可以, $\boldsymbol{P}=\begin{pmatrix}1 & 1 & -1 & 1\\ 1 & 0 & 0 & -1\\ 0 & 1 & 0 & -1\\ 0 & 0 & 1 & 1\end{pmatrix}$, $\boldsymbol{P}^{-1}\boldsymbol{AP}=\boldsymbol{\Lambda}=\begin{pmatrix}1 & & & \\ & 1 & & \\ & & 1 & \\ & & & -3\end{pmatrix}$.

3. $a=-5$, $b=-3$, $\boldsymbol{A}$ 的特征值为 2, -1, $\boldsymbol{B}$ 的特征值为 2, -1.

4. $x=0$, $y=1$.　　5. $a=7$, $b=-2$, $\boldsymbol{P}=\frac{1}{3}\begin{pmatrix}5 & 1\\ 8 & 2\end{pmatrix}$.(注: 矩阵 $\boldsymbol{P}$ 不唯一)

习题 5-3

1. (1) 正确; (2) 正确; (3) 正确; (4) 错误; (5) 正确.　　2. $a=-3$.

3. (1) $\boldsymbol{C}=\begin{pmatrix}\frac{1}{\sqrt{2}} & -\frac{1}{\sqrt{2}}\\ \frac{1}{\sqrt{2}} & \frac{1}{\sqrt{2}}\end{pmatrix}$, $\boldsymbol{C}^{-1}\boldsymbol{AC}=\begin{pmatrix}4 & \\ & -2\end{pmatrix}$.

(2) $\boldsymbol{C}=\begin{pmatrix}-\frac{1}{\sqrt{2}} & -\frac{1}{\sqrt{6}} & \frac{1}{\sqrt{3}}\\ 0 & \frac{-2}{\sqrt{6}} & \frac{1}{\sqrt{3}}\\ \frac{1}{\sqrt{2}} & \frac{1}{\sqrt{6}} & \frac{1}{\sqrt{3}}\end{pmatrix}$, $\boldsymbol{C}^{-1}\boldsymbol{AC}=\begin{pmatrix}-1 & & \\ & 1 & \\ & & 4\end{pmatrix}$.

(3) $\boldsymbol{C}=\begin{pmatrix}-\frac{1}{\sqrt{2}} & \frac{1}{\sqrt{3}} & \frac{1}{\sqrt{6}}\\ 0 & -\frac{1}{\sqrt{3}} & \frac{2}{\sqrt{6}}\\ \frac{1}{\sqrt{2}} & \frac{1}{\sqrt{3}} & \frac{1}{\sqrt{6}}\end{pmatrix}$, $\boldsymbol{C}^{-1}\boldsymbol{AC}=\begin{pmatrix}0 & & \\ & 1 & \\ & & 4\end{pmatrix}$.

(4) $\boldsymbol{C}=\begin{pmatrix}-\frac{1}{\sqrt{2}} & -\frac{1}{\sqrt{6}} & \frac{1}{\sqrt{3}}\\ \frac{1}{\sqrt{2}} & -\frac{1}{\sqrt{6}} & \frac{1}{\sqrt{3}}\\ 0 & \frac{2}{\sqrt{6}} & \frac{1}{\sqrt{3}}\end{pmatrix}$，$\boldsymbol{C}^{-1}\boldsymbol{AC}=\begin{pmatrix}0 & & \\ & 0 & \\ & & 6\end{pmatrix}$.

习题 6－1

1. (1) 否；(2) 否；(3) 否；(4) 是．

2. (1) 正确；(2) 错误；(3) 正确；(4) 正确；(5) 正确；(6) 正确．

3. (1) $\begin{pmatrix}1 & -2 & 0\\ -2 & 2 & -2\\ 0 & -2 & -2\end{pmatrix}$，二次型的秩为 2.

(2) $\begin{pmatrix}1 & 2 & 0 & 0\\ 2 & 2 & 3 & 0\\ 0 & 3 & 1 & 1\\ 0 & 0 & 1 & 3\end{pmatrix}$，二次型的秩为 4.

习题 6－2

1. (1) $\begin{cases}x_1=y_1-y_2-\frac{1}{2}y_3,\\ x_2=y_2-\frac{1}{2}y_3,\\ x_3=y_3.\end{cases}$ $f=y_1^2+2y_2^2+\frac{5}{2}y_3^2$；

(2) $\begin{cases}x_1=z_1+z_2+z_3\\ x_2=z_1-z_2\\ x_3=z_3\end{cases}$ $f=y_1^2+2y_2^2+\frac{5}{2}y_3^2$.

习题 6－3

1. (1) $\boldsymbol{P}=\begin{pmatrix}1 & -1 & 1\\ 0 & 1 & -2\\ 0 & 0 & 1\end{pmatrix}$，$f(x_1, x_2, x_3)\xlongequal{\boldsymbol{X}=\boldsymbol{PY}}y_1^2+y_2^2$.

(2) $\boldsymbol{P}=\begin{pmatrix}1 & -1 & 2\\ 0 & 1 & -2\\ 0 & 0 & 1\end{pmatrix}$，$f(x_1, x_2, x_3)\xlongequal{\boldsymbol{X}=\boldsymbol{PY}}y_1^2+y_2^2$.

(3) $\boldsymbol{P}=\begin{pmatrix}1/2 & -1/2 & -1/2\\ 1/2 & 1/2 & -1/2\\ 0 & 0 & 1\end{pmatrix}$，$f(x_1, x_2, x_3)\xlongequal{\boldsymbol{X}=\boldsymbol{PY}}y_1^2+y_2^2-y_3^2$.

习题 6－4

1. (1) 正确；(2) 错误；(3) 正确．

2. (1) $\boldsymbol{C}=(\boldsymbol{\gamma}_1, \boldsymbol{\gamma}_2, \boldsymbol{\gamma}_3)=\begin{pmatrix} 0 & 1 & 0 \\ -\frac{1}{\sqrt{2}} & 0 & \frac{1}{\sqrt{2}} \\ \frac{1}{\sqrt{2}} & 0 & \frac{1}{\sqrt{2}} \end{pmatrix}$, $\boldsymbol{C}^{-1}\boldsymbol{AC}=\boldsymbol{C}^T\boldsymbol{AC}=\begin{pmatrix} 1 & & \\ & 2 & \\ & & 5 \end{pmatrix}$.

(2) $\boldsymbol{C}=(\boldsymbol{\gamma}_1, \boldsymbol{\gamma}_2, \boldsymbol{\gamma}_3)=\begin{pmatrix} -\frac{2}{\sqrt{5}} & \frac{2}{3\sqrt{5}} & \frac{1}{3} \\ \frac{1}{\sqrt{5}} & \frac{4}{3\sqrt{5}} & \frac{2}{3} \\ 0 & \frac{5}{3\sqrt{5}} & -\frac{2}{3} \end{pmatrix}$, $\boldsymbol{C}^{-1}\boldsymbol{AC}=\boldsymbol{C}^T\boldsymbol{AC}=\begin{pmatrix} 2 & & \\ & 2 & \\ & & -7 \end{pmatrix}$.

3. (1) $\begin{pmatrix} x_1 \\ x_2 \end{pmatrix}=\begin{pmatrix} \frac{1}{\sqrt{2}} & -\frac{1}{\sqrt{2}} \\ \frac{1}{\sqrt{2}} & \frac{1}{\sqrt{2}} \end{pmatrix}\begin{pmatrix} y_1 \\ y_2 \end{pmatrix}$, $f=y_1^2+3y_2^2$.

(2) $\begin{pmatrix} x_1 \\ x_2 \\ x_3 \end{pmatrix}=\begin{pmatrix} \frac{1}{\sqrt{3}} & \frac{1}{\sqrt{2}} & \frac{1}{\sqrt{6}} \\ \frac{1}{\sqrt{3}} & -\frac{1}{\sqrt{2}} & \frac{1}{\sqrt{6}} \\ \frac{1}{\sqrt{3}} & 0 & -\frac{2}{\sqrt{6}} \end{pmatrix}\begin{pmatrix} y_1 \\ y_2 \\ y_3 \end{pmatrix}$, $f=-3y_1^2+3y_2^2+3y_3^2$.

(3) $\begin{pmatrix} x_1 \\ x_2 \\ x_3 \end{pmatrix}=\begin{pmatrix} -\frac{1}{\sqrt{2}} & \frac{1}{\sqrt{2}} & 0 \\ \frac{1}{\sqrt{2}} & \frac{1}{\sqrt{2}} & 0 \\ 0 & 0 & 1 \end{pmatrix}\begin{pmatrix} y_1 \\ y_2 \\ y_3 \end{pmatrix}$, $f=4y_1^2+2y_2^2+2y_3^2$.

(4) $\begin{pmatrix} x_1 \\ x_2 \\ x_3 \end{pmatrix}=\begin{pmatrix} \frac{1}{3} & -\frac{2}{3} & \frac{2}{3} \\ \frac{2}{3} & -\frac{1}{3} & -\frac{2}{3} \\ \frac{2}{3} & \frac{2}{3} & \frac{1}{3} \end{pmatrix}\begin{pmatrix} y_1 \\ y_2 \\ y_3 \end{pmatrix}$, $f=-2y_1^2+y_2^2+4y_3^2$.

4. (1) $a=1$, $\boldsymbol{C}=(\eta_1, \eta_2, \eta_3)=\begin{pmatrix} 0 & 1 & 0 \\ -\frac{1}{\sqrt{2}} & 0 & \frac{1}{\sqrt{2}} \\ \frac{1}{\sqrt{2}} & 0 & \frac{1}{\sqrt{2}} \end{pmatrix}$.

(2) $a=3$，$b=1$，$\boldsymbol{C}=\begin{pmatrix} \frac{1}{\sqrt{2}} & \frac{1}{\sqrt{3}} & \frac{1}{\sqrt{6}} \\ 0 & -\frac{1}{\sqrt{3}} & \frac{2}{\sqrt{6}} \\ \frac{1}{\sqrt{2}} & \frac{1}{\sqrt{3}} & \frac{1}{\sqrt{6}} \end{pmatrix}$.

习题 6－5

1. (1) 错误；(2) 错误；(3) 错误；(4) 错误；(5) 正确；(6) 正确.

2. (1) 正惯性指数 2，符号差 1；(2) 正惯性指数 1，符号差 -1；(3) 正惯性指数 1，符号差 0.

3. (1) 正定；(2) 不正定；(3) 不正定.

4. (1) 当 $t>2$ 时，f 正定；(2) 当 $-\sqrt{2}<t<\sqrt{2}$ 时，f 正定.

习题 7－1

1. (1) 否；(2) 是；(3) 否.

2. (1) 不构成，对加法不封闭；(2) 构成.

3. 略.

习题 7－2

1. $(33, -82, 154)^{\mathrm{T}}$.

2. $\left(\frac{2}{3}, -\frac{2}{3}, -1\right)^{\mathrm{T}}$，$\left(\frac{4}{3}, 1, \frac{2}{3}\right)^{\mathrm{T}}$.

3. (1) $\boldsymbol{C}=\begin{pmatrix} 2 & 3 & 4 \\ 0 & -1 & 0 \\ -1 & 0 & 1 \end{pmatrix}$；(2) $(-1, 1, 0)^{\mathrm{T}}$.

习题 7－3

1. (1) 不是；(2) 是.

2. 略.

3. (1) $\begin{pmatrix} 2 & 1 & 0 \\ 1 & -1 & 0 \\ 0 & 0 & 3 \end{pmatrix}$；(2) $\begin{pmatrix} 1 & 3 & 3 \\ 1 & 0 & -3 \\ 0 & 0 & 3 \end{pmatrix}$.